商管叢書 全華圖書 BUSINESS MANAGEMENT

組織行為

Organizational Behavior

田靜婷、徐克成 編著

在知識經濟時代，提倡智慧資本的經營環境中，「人」扮演企業組織最關鍵、最重要的角色，欲使組織中的「人」發揮其價值，帶來組織源源不絕的競爭力，就必須瞭解組織對組織中「人」的行為影響，這是行為科學的一環，正是組織行為所欲探討的議題和內容。

本書系統性、整體性，以及攸關性地描述組織行為學科內涵，主要分成四大部分描述：

▶ 第一篇，前言：主要為組織行為概論的介紹。

▶ 第二篇，個體篇：為組織行為中個體層次的介紹，包括組織中個人的個體行為、人格與自我、知覺與認知、激勵、學習與創新，以及情緒與心情。

▶ 第三篇，團體篇：為組織行為中團體層次的介紹，包括團體行為、團隊與團隊工作、團體決策、溝通與領導，以及衝突、權力與政治。

▶ 第四篇，組織篇：為組織行為中組織層次的介紹，包括組織結構與設計、組織文化，以及組織變革與管理。

組織行為是一門非常有趣的學問，它除了讓我們能夠更加瞭解自己的心理、想法與行為之外，更可以讓我們清楚知道組織如何影響個體行為，以及個體如何適應組織。

「一樣米養百樣人」讓世界更豐富、更有趣，也使得組織行為不僅是一門學科，更是生活中的體驗。因此，本書除了對組織行為此門學問加以描述之外，盡量以更貼切生活經驗的方式闡述這個有趣的學科，對於學生、教師而言，本書更具有下列幾點特色：

1. 清楚的學習目標：每個章節均清楚地條列出學習該章節之後，可以從章節學習到的議題與內容。

2. **章首小品**：針對該章節之議題與內容，引用國內、國外、或是生活周遭案例，讓讀者可以快速融入該章節所欲探討的內容。

3. **重點摘要**：於章節主文內容之末，條列式摘要此章節學習的內容重點，利於學生進行學習重點的整理與回顧，也利於教師進行章節內容的重點提醒。

4. **問題與討論**：於章節末提出可供學習檢視的問題與討論。

5. **自我評估量表和團隊討論活動**：為了將組織行為和生活經驗結合，在本書章節末特別加了自我評估量表或是團隊討論活動，讓讀者可以深深感受組織行為相關議題與內容的切身性。

6. **個案討論**：本書於最後加入實務的個案討論，透過個案內容的介紹與討論，讓讀者可以充分運用章節主文內容於個案議題上，並深刻體會主文內容所闡述的學問。

田靜婷、徐克成 謹識

2021 年 11 月

目次

05 知覺、認知與個體決策

06 激勵

07 情緒與心情

08 團體行為

目次

12 衝突、權力與政治

13 組織結構與設計

14 組織文化

目次

15 組織變革與發展

A 參考文獻

B 教學活動

Chapter 1 組織行為概論

● 學習目標

1. 瞭解組織行為的定義
2. 描述組織行為微觀觀點與巨觀觀點
3. 明瞭組織行為研究的開端
4. 描述組織行為所涵蓋的學科領域
5. 解釋組織行為的目的
6. 明瞭當代組織行為研究的議題

● 章首小品

　　Cheers 雜誌第 192 期談到不懂心理，別談管理。人的外在行為表現，來自內在的情緒、觀點、動機、期待與自我等相對應的心理。管理員工必須在平日要聚焦於「觀察、察覺、選擇、行動」4 大步驟，觀察組織環境氛圍變化，察覺員工真正在組織中獲得的期待與需求，然後選擇適合員工心理的方法，再採取行動，才能影響員工行為，達成管理者所期待的成果（林奇伯，2016）。

資料來源：Cheers 快樂工作人　2016/9 月號 第 192 期

我們同樣也聽過「換了位置，就換了腦袋」這句話，透過現今科學儀器的實驗，證實人的大腦會不斷地解釋外在發生的現象，為了降低自己的憂慮，確實發現人們會為了新的證據或現象，而改變過去的想法，並且合理化過去的自己也是這樣，對過去自己和現在完全不同的主張，一點也不記得了！這就涉及了上述心理因素以及個人對於社會角色的認知與認同。

「人」的行為和心理是不是很有趣與複雜呢！如果管理者懂得心理，管理就是有趣的藝術了。在組織管理領域中，管理者為了確保達成組織任務與目標，不斷地在「人」與「事」中尋找更恰當、更完善的管理方法，而大多管理者也認同，對於「人」的議題，絕對比「事」更難掌控。因此，應該對「人」行為產生的原因有所瞭解，而「組織行為」這門學科，便是幫助我們瞭解「人」，瞭解個人、瞭解團體中的個人、更瞭解組織中的個人。

1-1 組織行為的意義

（一）組織行為的定義

組織行為（Organizational Behavior）是有系統地研究組織中個體所表現出的行為與態度。因此，組織行為學是研究組織中人的行為與心理規律的一門科學。它是行為科學的一個分支，隨著社會的發展，尤其是經濟的發展促使了企業組織的發展，組織行為學愈來愈受到人們的重視。一般組織行為依研究重點的不同，其定義可以分為三類，如表 1-1 所示。有大 B、脈絡 B 和大 O 三種，大 B 強調組織內個體行為的表現；脈絡 B 則強調在組織環境脈絡中，個體所表現出的行為和態度；大 O 則是強調組織形成的相關任務，因此組織行為的定義可以分為微觀點和巨觀觀點，大 B 和脈絡 B 屬於微觀觀點，而大 O 屬於巨觀觀點。

從開放性系統概念來看組織行為，系統是一個整體的概念，依據個人視為一個系統，人的系統內含許多心理因素，人的行為受到這些心理因素影響；人

處於開放的社會環境，大多時候受到社會環境的影響，而產生各種行為表現；組織是企業、家庭、軍隊等社會機構，組織也受著外在環境影響。因此，個人的行為會受到個人心理因素影響之外，也會受到企業組織以及組織外的環境影響，這也就是現代組織行為科學範圍擴及擴及巨觀觀點，不僅探討組織中個人心理，也探討組織內在環境以及外在環境的影響。

表 1-1　三種組織行為的定義

	視覺簡意表達	書寫簡意表達	OB的定義
傳統的定義（微觀觀點）	oB	大 B（Big-B）	強調與組織相關之個體有趣的行為
	Ⓑ	脈絡 B（Contextualized-B）	強調發生於組織環境脈絡中的個體
替代OB的定義（巨觀觀點）	O_b	大 O（Big-O）	強調關於組織形成的任務之行為

資料來源：劉世南（2003）。組織行為再定義與新典範：西方的回顧與展望。應用心理研究，20，頁146。

　　微觀組織行為指組織內的某一個體或團體的行為。它包括個體行為，如態度、能力、人格、動機、壓力、認知、學習等；人際行為，如領導、激勵等。

　　巨觀組織行為有團體行為和組織層次行為。團體行為，如溝通、群體決策、工作團隊、衝突、權力、政治活動等；組織層次行為指所有組織成員作為一個整體活動時表現出的行為，如組織結構、組織文化、組織變革、組織發展、組織學習等。

（二）組織行為研究的開端

　　十八世紀中期的工業革命，機器取代人力，資本家和管理者發現獲利的主要來源和效率有很大的關係，很快地，如何透過有效的管理方法，提升效率，達到獲利的目標，遂帶動管理思潮的蓬勃發展。

　　然而，工業革命的早期，管理者對「事」的重視超過對「人」的重視，員工只是眾多生產投入的因素之一，員工只要配合效率的提升便可。著名的科學管理學派強調的便是「工作的效率」，代表的人物是「科學管理之父」泰勒

織的效率」，代表人物有費堯（Henri Fayol, 1841-1925）和韋伯（Max Weber, 1864-1920），有「行政管理之父」著稱的費堯，他的十四點管理原則開啓管理的重要性，韋伯的官僚組織便是代表著一個有效率的組織。

直至 1924 年至 1932 年間，由梅育（Elton Mayo, 1880-1949）主導的「霍桑實驗」開啓管理思潮的轉捩點，霍桑實驗發現員工工作條件的改善如薪酬、照明條件或是休息時間，對於工作效率的影響並不明顯，而「人」才是影響生產效率的因素之一，著名的「霍桑效應」（Hawthorne Effect）則說明對員工的關心和團體的力量有助於生產效率的提升。

梅育的霍桑實驗開啓管理的「人群關係學派」，亦稱爲「組織行爲學派」，管理者開始重視組織中的「人」，一連串「以人爲本」管理思想逐漸形成。

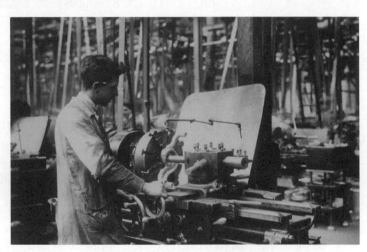

1-2 研究與學習組織行為的目的

組織行爲是社會科學的一支，爲一門應用的學科，爲瞭解組織行爲研究與學習的目的，首先瞭解組織行爲所涵蓋的學科領域。

（一）組織行為所涵蓋的學科領域

組織行爲所涵蓋的學科領域非常廣泛，如圖 1-1 所示，主要有心理學、經濟學、社會學、社會心理學、人類學和政治學，包含前述的微觀觀點（個體層次）和巨觀觀點（團體層次和組織層次），而心理學和經濟學貢獻於組織行爲個體層次的研究，經濟學、社會學、社會心理學、人類學和政治學則貢獻於團體層次和組織層次。

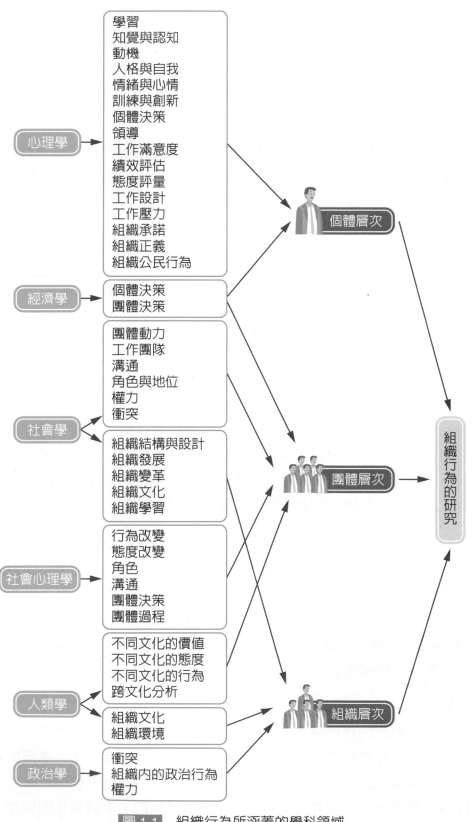

心理學
- 學習
- 知覺與認知
- 動機
- 人格與自我
- 情緒與心情
- 訓練與創新
- 個體決策
- 領導
- 工作滿意度
- 績效評估
- 態度評量
- 工作設計
- 工作壓力
- 組織承諾
- 組織正義
- 組織公民行為

經濟學
- 個體決策
- 團體決策

社會學
- 團體動力
- 工作團隊
- 溝通
- 角色與地位
- 權力
- 衝突
- 組織結構與設計
- 組織發展
- 組織變革
- 組織文化
- 組織學習

社會心理學
- 行為改變
- 態度改變
- 角色
- 溝通
- 團體決策
- 團體過程

人類學
- 不同文化的價值
- 不同文化的態度
- 不同文化的行為
- 跨文化分析
- 組織文化
- 組織環境

政治學
- 衝突
- 組織內的政治行為
- 權力

個體層次

團體層次

組織層次

組織行為的研究

圖 1-1　組織行為所涵蓋的學科領域

1. 心理學

心理學研究人類心理現象的變化，目的在從人的心理現象中，發現變化的原理原則，進一步測量、解釋、改變人的行為，而對組織行為有貢獻的領域有學習理論、認知與發展理論、人格理論、心理諮商與輔導等。

自從梅育的霍桑研究後，心理學便進入管理學的領域，最早的有組織心理學（Organizaitonal Psychology），漸漸地在組織行為相關研究的議題有學習、知覺與認知、動機、人格與自我、情緒與心情、訓練與創新、個體決策、領導、工作滿意度、績效評估、態度測量、工作設計、工作壓力、組織承諾、組織正義和組織公民行為等。

2. 經濟學

經濟學是一門研究人類在「稀少」問題下做選擇的科學，即在資源有限的情況下，做出效用最大的決定，因此在經濟學有限理性（Bounded Rationality）的研究範疇下，有關組織行為的相關研究為個體決策與團體決策。

3. 社會學

心理學談的是個體，而社會學則研究個體在社會中的角色與行為表現，從微觀的社會互動，即人與人之間的關係，到巨觀的社會系統和結構。人類有關的活動領域多數在社會結構或組織影響下形成，因此社會學影響組織行為的相關研究有團體動力、工作團隊、溝通、角色與地位、權力、衝突、組織結構與設計、組織發展、組織變革、組織文化和組織學習等。

4. 社會心理學

社會心理學結合社會學與心理學兩大領域的學科，社會心理學主要瞭解與解釋他人的存在如何影響個體的思想、行為和態度，「他人的存在」有可能是真實的存在，也有可能是想像或隱含的存在，相關的內容有社會知覺、社會影響與團體過程。組織行為的相關研究有行為改變、態度改變、角色、溝通、團體決策和團體過程。

5. 人類學

人類學是從對比的角度研究人類，強調人類行為的多樣性及解釋文化的重要性。從人類學此學科的貢獻中，瞭解文化的影響性與重要性，並幫助我們理解不同的國家文化、不同的組織文化會造成人思想、行為和態度的不同。組織行為的相關研究有團體層次的不同文化的價值觀、不同文化的態度、不同文化的行為和跨文化分析，組織層次有組織文化和組織環境。

6. 政治學

政治學是一門研究政治行為、政治體制和政治相關領域的學科，政治涉及社會價值的權威性分配、誰在何時以何種方法得到什麼、權力的爭奪和利益的追求，對組織行為相關領域的研究有衝突、組織內的政治行為和權力。

（二）組織行為的目的

如前所述組織行為是一門有系統地研究組織中個體所表現出的行為與態度的學科，其目的有三項：瞭解、預測和影響組織內，人的行為與態度，如圖 1-2。

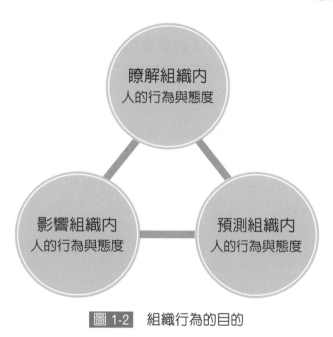

圖 1-2 組織行為的目的

1. 瞭解組織內人的行為與態度

組織行為在探討個體、個體在團體、個體在組織中的行為與態度時，會試圖理解組織內，人的行為與態度，例如：員工為什麼工作滿意度低落？為什麼組織的離職率高？為什麼跨部門間的溝通困難等，管理者藉由瞭解問題的原因，進而解決問題、防止問題的再發生。

2. 預測組織內人的行為與態度

組織行為的第二個目的為預測組織內，人的行為與態度。如果管理者可以預測員工的行為及行為所帶來的結果，便能事先進行預防的動作，例如：當組織面臨經濟不景氣、營業收益衰退而大幅緊縮人力時，管理者可以運用組織行為的相關知識進行必要的管理措施，以降低對員工和組織的傷害。

3. 影響組織內人的行為與態度

組織行為的第三個目的是管理者希望能進一步影響組織內，人的行為與態度，例如：如何讓員工更投入工作？如何提高員工的組織忠誠度？如何強化部門間的溝通？如何降低團隊內的衝突等。

1-3 當代組織行為研究的議題

組織行為的目的在瞭解、預測和影響組織內，人的行為與態度。一般研究組織行為有三個層次，即個體層次、團體層次與組織層次，其關係如圖 1-3。近幾年有關組織行為研究的議題大約有 48 項，如表 1-2 所示，從表中我們大約可以一窺組織行為研究議題的範疇。

表 1-2 最後的八項有較多研究，如公正和公平、談判和協議、自我效能、壓力與緊張、工作滿足、決策、組織公民行為和目標與目標設定。其餘 40 項研究比較不足的，前十名的為規範、溝通、績效、組織變革、家庭、冒險、跨文化、信任、相互依賴與合作。

圖 1-3　組織行為研究的層次

表 1-2　組織行為研究的議題

規範（Norms）	（過度）自信〔（Over-）Confidence〕
溝通（Communication）	關係（Relationship）
績效（Performance）	影響（Influence）
組織變革（Organizational change）	督導者／督導（Supervisors／Supervision）
家庭（Family）	承諾（Commitment）
冒險（Risk）	曠職／出席（Absenteeism／Attendance）
跨文化（Cross cultural）	正當性（Legitimacy）
信任（Trust）	心理契約（Psychological Contract）
相互依賴（Interdependence）	激勵（Motivation）
合作（Cooperation）	社會化（Socialization）
學習（Learning）	控制（Control）
網絡（Networks）	認定（Identity）
情緒／情感（Emotion／Affect）	策略（Strategy／Strategic）
離職（Turnover）	領導者／領導（Leaders／Leadership）
政治（Politics）	文化（Culture）
耗竭（Burnout）	績效評估（Performance Evaluation）
參與（Participation）	公正／公平（Justice／Fairness）
團隊／群體（Team／Group）	談判／協議（Negotiation／Bargaining）
回饋（Feedback）	自我效能（Self-efficacy）
衝突（Conflict）	壓力／緊張（Stress／Strain）
結構（Structure）	工作滿足（Job Satisfaction）
結盟（Alliance）	決策（Decision-making／Decision）
誘因／薪資／報酬（Incentives／Pay／Reward）	組織公民（Organizational Citizenship）
人格（Personality）	目標／目標設定（Goals／Goal Setting）

資料來源：劉世南（2003）。組織行為再定義與新典範：西方的回顧與展望。應用心理研究，20，頁 144。

隨著全球化與科技化，組織面臨經營環境的不確定性也愈來愈高，同樣地，個體面對的組織環境也和過去極爲不同，如此快速變遷的環境亦使組織行爲面臨許多新的議題。

（一）全球化趨勢

　　全球化的環境，使得組織面臨的挑戰來自於全世界各個國家的企業，全球政治、經濟和文化彼此相互牽動著，例如：2008 年的金融海嘯、2011 年的歐債問題，均影響著全球企業的營運，全球化趨勢意味著個體的就業環境不再局限於國內，至海外工作的機會愈來愈高。另外，組織內的員工所面對的同事或主管可能來自不同國家，例如：友訊科技擁有的數千名員工，分布在 67 個國家、190 個辦公室，而 IBM、Yahoo、台積電等大家熟悉的公司，也多宣稱他們的人才來自全球各地。

　　無論是外派至海外或在國內，全球化趨勢其中最大的挑戰便是語言和文化。語言是溝通的重要媒介，而文化代表價值觀、行爲和態度的差異，這些文化需要被瞭解與接受，並適應文化上的差異。

（二）員工多樣化的管理

　　隨著社會環境、人口結構的變遷與全球化趨勢，我們深深地感受到職場周圍人們的差異和以往多麼地不同，過去是男主外、女主內，職場上以男性爲主，而同事也都是同文同種的黑頭髮、黃皮膚，可是現今社會女性投入就業市場的比率逐年增加，如表 1-3，2010 年我國男性勞動力參與率爲 66.51%，女性爲49.89%，近十年來，勞動參與率的年齡層提高、教育程度也提高，再加上前述全球化趨勢所帶來組織中不同國家、文化的員工，這正意味著企業組織中的員工是多樣化的，即勞動力多樣化（Workforce Diversity），組織員工的成員在種族、性別、國籍、宗教、年齡及其他有關人口統計變項特質，更具異質性。

　　勞動力多樣化表示彼此在文化、價值觀上的差異更加明顯，也使得管理者在組織文化、溝通、激勵、領導、衝突等議題上更具挑戰。

圖 1-4　全球化使身邊同事也呈多種樣貌

表 1-3　人力資源概況

項目別	總計		男性		女性	
	2010年	2020年	2010年	2020年	2010年	2020年
勞動力（萬人）	1,107.0	1,196.4	624.2	663.8	482.8	532.6
按教育程度分 (%)						
國中及以下	22.41	17.49	25.33	11.80	18.63	56.9
高中（職）	34.28	36.77	34.30	21.87	34.6	14.90
大專及以上	43.31	60.78	40.37	30.11	47.12	30.67
勞動力參與率 (%)	58.07	59.14	56.39	67.24	43.61	51.41
按年齡分						
15-24 歲	28.78	96.2	26.46	51.4	31.06	44.8
25-44 歲	84.72	85.0	93.15	44.9	76.51	40.2
45-64 歲	60.31	44.73	75.36	25.96	45.61	18.76
65 歲以上	8.09	32.3	12.07	23.2	4.43	9.1

資料來源：行政院主計處「人力資源調查」。
說　　明：勞動力參與率 = 勞動力 /15 歲以上民間人口（勞動力 + 非勞動力）。

（三）工作與生活的平衡

　　還記得 2008 年的金融海嘯引發國內企業人力縮減計畫，包括裁員、無薪價、減薪、人事凍結等計畫，根據 1111 人力銀行於 2008 年 10 月 3 日至 10 月 16 日，針對國內金融從業族群的調查結果發現，三成八受訪者曾在近半年內自願或被迫離職，而許多大型高科技公司縮減人力少則上千人、多則上萬人；2011 年的歐債問題，因歐洲國家的財政問題，而影響的是全世界的金融市場與經濟成長率；我國勞工的工作時數是偏高的，依瑞士洛桑管理學院（IMD）2011 年的世界競爭力報告，臺灣在 59 個國家與市場中，勞工一年的工作時數是 2074 小時，排名第 14 名，高於日本和南韓。加上社會環境的變遷，根據 2010 年行政院主計處的統計，我國雙薪家庭占 15-64 歲有偶人口 54.47%，而 2008 年還不到五成。

　　員工工作壓力愈來愈大，職場憂鬱症也愈來愈多，醫界估算國內約有百萬人是中重度憂鬱症，而勞委會也預定將因工作引發的精神病納入勞保職災給付範圍，因此有關工作與生活平衡及幸福感（Well Being）的議題也正考驗著管理者如何在創造組織績效的同時，又能考慮員工工作與生活品質的衝突，並提升員工的幸福感。

（四）終身學習的挑戰

終身學習的時代來臨，資訊爆炸，快速的知識更新速度。在 18 世紀時，知識更新週期為 80-90 年，19 世紀到 20 世紀初為 30-40 年，而 20 世紀 50 年代為 15 年，60 年代的週期是 8 年，70 年代為 6 年，80 年代則縮短到 3 年，90 年代更短，每 1 年就增加 1 倍，21 世紀人工智慧的發展，科技與資訊更加快速變遷，過去在校時可獲得 80%，離校後再學習 20% 便可勝任工作，而今，有 80-90% 的知識靠離校工作後再學習而來的，至於現在的小學生將來進入職場工作時，有 2/3 的工作現在還未發明！

因此，組織必須帶領著員工不斷地學習，本書有關學習與創新、組織變革與管理等議題即在探討員工如何學習、組織如何學習與管理學習，以因應知識快速更新的時代。

圖 1-5　如何使員工的工作與生活平衡，產生幸福感，是管理者需要深入思考的問題

（五）倫理與道德的重視

倫理與道德的議題在社會環境中愈來愈受到重視，企業組織中亦不斷地強調倫理與道德，所謂倫理（Ethics），是社會環境中大家所共同遵行的規範。道德（Moral）指行為的正當性，比較主觀。倫理比道德客觀，有定義範圍，而在西方中，倫理即是道德。倫理和法律不同，倫理有較高的道德規範，而法律僅是最低的、基本的道德標準；倫理是一種自律性規範，法律是他律性規範；倫理有不成文的規範，而法律是成文的行為規範。

隨著社會環境的變遷，多元化的發展並且尊重多元化的思想、行為與態度，漸漸發現在對與錯行為的區分似乎也變得愈來愈模糊，組織也會常聽到「大家都這麼做！」的一句話，組織必須面對並重視道德與倫理的議題，針對此一議題有清楚的管理做法，在本書的組織文化章節中亦將探討如何透過組織文化的塑造，建立員工共同的價值觀。

（六）人工智慧的衝擊

聯合新聞網（2021/09/16）報載指出，美國銀行（BofA）策略師發表一份稱為科技「登月計劃」的全新清單，要幫投資人找到下一個亞馬遜（Amazon）或蘋果（Apple）。面對經營環境的改變，企業不斷地採取行動方案，不但為了獲利，更需確保長期的生存與發展。然而面臨巨大、趨勢化的改變，更加考驗經營者的能耐。可以預見人機協作將逐漸成為常態，而雲端運算、行動裝置、人工智慧與物聯網的應用，亦將越來越頻繁與改變。隨著科技發展與企業競爭的趨向更加激烈，企業的商業模式勢必不斷發生變革，將影響員工行為表現之角色期待，員工必須要有創造力、有熱誠。在本書的組織變革與發展章節中亦將探討增強創造力達成組織變革與發展。

1-4　本書的編輯大綱

組織行為的研究可以分為個體層次、團體層次與組織層次，因此本書在安排上亦以個體篇、團體篇和組織篇分別介紹組織行為的相關知識。

（一）個體篇

個體篇為組織行為中個體層次的介紹，分布在本書的第二章至第七章，包括個體行為的基礎；人格與自我；知覺、認知與個體決策；激勵；學習與創新及情緒與心情。

（二）團體篇

團體篇為組織行為中團體層次的介紹，分布在本書的第八章至第十二章，包括團體行為；團隊與團隊工作；團體決策；溝通與領導及衝突、權力與政治。

（三）組織篇

組織篇為組織行為中組織層次的介紹，分佈在本書的第十三章至第十五章包括組織結構與設計；組織文化及組織變革與管理。

1. 組織行為（Organizational Behavior）是有系統地研究組織中個體所表現出的行為與態度。因此，組織行為學是研究組織中人的行為與心理規律的一門科學。

2. 一般組織行為依研究重點的不同，其定義可以分為三類：大 B、脈絡 B 和大 O 三種。大 B 強調組織內個體行為的表現；脈絡 B 則強調在組織環境脈絡中，個體所表現出的行為和態度；大 O 則強調組織形成的相關任務，因此組織行為的定義可以分為微觀點和巨觀觀點，大 B 和脈絡 B 屬於微觀觀點，而大 O 屬於巨觀觀點。

3. 微觀組織行為是指組織內的某一個體或團體的行為。它包括個體行為，如態度、能力、人格、動機、壓力、認知、學習等；人際行為，如領導、激勵等。巨觀組織行為有團體行為和組織層次行為。團體行為，如溝通、群體決策、工作團隊、衝突、權力、政治活動等；組織層次行為指所有組織成員作為一個整體活動時表現出的行為，如組織結構、組織文化、組織變革、組織發展、組織學習等。

4. 梅育的霍桑實驗開啟管理的「人群關係學派」，亦稱為「組織行為學派」，管理者開始重視組織中的「人」，一連串「以人為本」管理思想逐漸形成。

5. 組織行為所涵蓋的學科領域非常廣泛，主要有心理學、經濟學、社會學、社會心理學、人類學和政治學，包含前述的微觀觀點（個體層次）和巨觀觀點（團體層次和組織層次），而心理學和經濟學貢獻於組織行為個體層次的研究，經濟學、社會學、社會心理學、人類學和政治學則貢獻於團體層次和組織層次。

6. 組織行為是一門有系統地研究組織中個體所表現出的行為與態度的學科，其目的有三項：瞭解、預測和影響組織內人的行為與態度。

7. 一般研究組織行為有三個層次，即個體層次、團體層次與組織層次。

8. 隨著全球化與科技化，組織面臨經營環境的不確定性也愈來愈高，同樣地，個體面對的組織環境也和過去極為不同，如此快速變遷的環境亦使組織行為面臨許多新的議題。有全球化趨勢、員工多樣化的管理、工作與生活的平衡、終身學習的挑戰、倫理與道德的重視與人工智慧的衝擊。

一、選擇題

( ) 1. 一般組織行為依研究重點的不同,其定義可以分為哪些類別?
(A) 大 B (B) 脈絡 B (C) 大 O (D) 以上均是。

( ) 2. 開始重視組織中的「人」是從哪項學派開始?
(A) 科學管理學派 (B) 行政管理 (C) 人群關係學派 (D) 權變學派。

( ) 3. 組織行為最主要的目的是對組織內人的行為與態度,產生哪一項作用?
(A) 瞭解 (B) 預測 (C) 影響 (D) 尊重。

( ) 4. 提升員工的幸福感,組織加強哪一項議題的努力? (A) 倫理與道德的重
視 (B) 工作與生活的平衡 (C) 人工智慧的衝擊 (D) 全球化趨勢。

( ) 5. 我國勞動力參與率之計算,是以幾歲以上人民為基礎?
(A) 15 (B) 16 (C) 17 (D) 18。

( ) 6. 哪項學科領域主要瞭解與解釋他人的存在如何影響個體的思想、行為和態
度? (A) 人類學 (B) 經濟學 (C) 社會學 (D) 社會心理學。

( ) 7. 哪項學科領域是一門研究人類在「稀少」問題下做選擇的科學?
(A) 人類學 (B) 經濟學 (C) 社會學 (D) 社會心理學。

( ) 8. 在全球化趨勢對於組織的最大的挑戰是語言和哪一變項文化?
(A) 價值 (B) 工作滿意 (C) 文化 (D) 創新。

( ) 9. 在我國精神病是否納入勞保職災給付範圍? (A) 是 (B) 否。

( ) 10. 世紀人工智慧的發展,科技與資訊更加快速變遷,過去在校時可獲得
80%,離校後再學習 20% 便可勝任工作,現今約需要再學習多少百分比才
能勝任工作? (A) 80 ～ 90 (B) 60 ～ 70 (C) 40 ～ 50 (D) 20 ～ 30。

二、簡答題

1. 從開放性系統概念來看組織行為,員工的行為受到什麼影響?

2. 組織行為所涵蓋的學科領域主要有哪些?

3. 組織行為的目的主要有哪三項?

4. 組織面臨經營環境的不確定性也愈來愈高,同樣地,個體面對的組織環境也和過
去極為不同,如此快速變遷的環境亦使組織行為面臨哪六項主要的議題的挑戰?

本章習題

三、問題討論

1. 試問組織行為研究的意義。

2. 管理者重視工作績效，為什麼要關心員工的態度與行為？

3. 請說明組織行為的研究涵蓋哪些學科？對組織行為研究的貢獻為何？

4. 請闡述組織行為研究的三個層次？有何差異性？關連性？

5. 當代組織行為研究的議題有哪些？

6. 除了本書介紹的當代組織行為研究議題之外，您認為還有哪些議題是值得關注的？為什麼？

Chapter 2
個體行為的基礎

● **學習目標**

1. 個體差異對個體行為的影響
2. 智力本質與其對個體行為的影響
3. 態度本質與其對個體行為的影響
4. 組織承諾對於工作績效的影響
5. 工作滿意對於組織有哪些影響
6. 文化對個體行為的影響

● **章首小品**

體制理論（Institutional Theory）

　　個體行為展現出的行為是對、是錯、是好還是是壞，各種社會則依據各種不同社會的行為準則與標準而有差異，這也就是所謂社會體制。體制大致可分為三個構面：認知性、規範性及法規性。認知性（cognitive）相關的體制項目，有社會價值觀、習俗、象徵代表等；規範性（normative）的體制項目，有作業標準、道德與專業倫理守則等；法規性（regulative）的體制項目，則有法律、政府行政命令等。

　　當個體表現符合體制準則與標準的行為，也就是符合該社會的期待，該個體行為就具有正當性，個體也較能被該社會或群體認同、接受與支持。

→ 前言

　　影響個體行為的因素極為複雜與多元，整體而論，個體行為的差異主要來自個體的能力、意願與環境等三方面的影響。能力包含擁有的知識、技術、技能與概念等，受到個體的心智能力影響之外，主要還透過學習而獲得個體的能力。能力的學習成效受到個體心智能力的差異而有不同，個體心智能力具有多元性，亦就是多元心智能力，不同個體在各項心智能力的發展會有不同，也導致學習所得的相關能力之強度不同，也形成個體擁有不同的能力。

　　至於是否運用能力於個體行為則主要受到個體意願所影響，意願除了需求差異產生影響之外，還受到個體對環境之主觀意識的重要性所影響。能力是否表現於行為上，端視個體的意願，亦即受到個體主觀的行為意圖（Behavioral intention）影響，也就是個體對於人、事、物等主體的態度所驅動。個體的能力與態度的發展與變化，深受個體所處的環境所影響，環境的影響因素中，體制決定個體行為的正當性與否，而體制的準則經常來自文化的影響，因此，文化不僅是最能影響個體主觀意識的一項因素，也是影響團體體制的重要因素。組織行為主要在於探討個體的行為，就能力部分而論，包含智力與學習（第六章會予以討論），意願主要包含態度與激勵（第十一章領導會予以討論）。基於文化是個體行為的正當性標準，因此，本章主要依序探討影響個體行為主要因素中的智力、態度及文化等三部分。

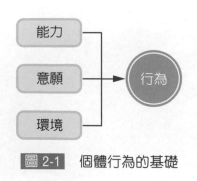

圖 2-1　個體行為的基礎

2-1 智力

　　智力（Intelligence）或心智能力（Mental Ability）是個體面對生活環境的適應能力與發展潛能，過去傳統看法認爲智力是個體獲得與應用知識的能力，然而現今環境變化快速並且複雜，現代對於智力，強調智力是包含個體適應與改善環境所需的心智能力。

　　智力是能力，也是能力的基礎，智力本身就是某些能力，而智力更是學習其他能力的一項主要基礎。個體知覺新知識及整合外在知識的價值、同化該知識、轉換及應用該知識的能力，是逐步累積發展形成，依附在先備知識，循序累積而成，能力的發展具有順序性及累積性，具有高智力的個體能更爲有效與快速地發展相關能力。

（一）傳統智力

　　傳統智力理論認爲，智力是以語言能力和數理一邏輯能力爲核心，以整合的方式存在的一種能力。英國著名的統計學者史比爾曼（Char les Spearman）於1920 年代末期利用統計方法推論人類的智力包含二個因子：一般性因子（general factor，簡稱 g-factor 或 g）與特殊性因子（specific factor，簡稱 s-factor 或 s）。史比爾曼認爲智力測驗必須包含 g 與 s 兩個因子。史比爾曼也認爲 g 是心智能力的控制力量。一般性因子是心智能力所共同具有的要素，代表著個體進行複雜心智活動的能力，在所有心智過程中，居於最高層級，並且支援其他心智能力，例如：抽象論證與推理能力即屬於一般性因子；特殊性因子，是因人而異的心智能力，通常因個體不同的潛能或學習而有特殊的能力表現。特殊性因子包含以下七項：

1. **語文理解（Verbal Comprehension）**：瞭解字詞和文章意義的能力，並能理解書寫和口語資訊。

2. **語詞流暢（Word Fluency）**：快速輕鬆使用語詞的能力，但並不特別強調語文理解。

3. **數字（Numerical）**：處理數字、進行數學分析與運算的能力。

4. **空間（Spatial）**：將形狀於空間中視像化並在心中模擬物體的能力，尤其是三度空間。

5. **記憶（Memory）**：將符號、語詞與數字及其他事物聯結的良好能力。

6. **知覺速度（Perceptual Speed）**：知覺視覺細節、辨別相似與不同之處的能力，並能從事高度要求視覺眼力的工作。

7. **歸納推論（Inductive Reasoning）**：發現原理或定律的能力，並能加以應用來解決問題與做出合乎邏輯的判斷。

　　傳統的智力測驗內容與方式過於窄化，測驗鼓勵個體從事片段、瑣碎知識的學習，而非概念的整合、統整。不易測量到個體的真正能力，測驗分數所能提供的訊息極為有限，往往不能說明個體的認知能力。

（二）現代智力

　　現代智力的研究趨勢則強調多元與統合化方式，同時採用多種效標、多種技巧，以深入完整的檢視學生多層面的知識及能力。其中代表性之一的理論則為多元智力論（Multiple Intelligences Theory）。美國心理學家嘉德納（Howard Gardner）認為，每個人都是具有多種能力組合的個體，而不是只擁有單一能力的個體。他認為現行智力測驗的內容，因偏重對知識的測量，結果窄化人類的智力，甚至曲解人類的智力。依據嘉德納的解釋，智力是在某種人文環境的價值標準之下，個體用以解決問題與創新所需的能力。至於智力內涵中所包括的多元，嘉德納認為，構成智力的成分則是以下八種能力：

1. **語言能力（Linguistic）**：包括說話、閱讀、書寫的能力。

2. **數理能力（Logical-mathematical）**：包括數字運算與邏輯思考的能力。

3. **空間能力（Spatial）**：包括認識環境、辨別方向的能力。

4. **音樂能力（Musical）**：包括對聲音之辨識與韻律表達的能力。

5. **運動能力（Bodily／Kinesthetic）**：包括支配肢體以完成精密作業的能力。

6. **內省能力（Intrapersonal）**：認識自己，並且據以做出適當行為，選擇自己生活方向的能力。

7. **人際能力（Interpersonal）**：包括與人交往且和睦相處的能力。

8. **自然能力（Naturalist）**：個體對生物的分辨能力，並且運用的能力。

　　顯然，嘉德納的智力多元論，對傳統的智力觀念提出新的詮釋。按其所列八種能力，如以傳統的智力理論觀點看，只有前面所列的三種能力，才算智力。後面的五種能力，一向並非智力測驗所要測驗的項目，嘉德納將這些能力綜合為智力，顯現出近代對於智力理論的研究趨勢走向新的改變。此外，嘉德納認為智力可以透過學習而發展出不同智力，同樣地，若不經常練習，所有智力都會逐漸退化。

圖 2-2　嘉德納認為人際能力是構成智力的成分之一

2-2　態度

　　態度（Attitude）是個體對特定人、事、物等對象，所持有的一種相對穩定的正向或負向的評價，即是喜歡或是不喜歡的評價性陳述（Evaluative Statement）。態度的形成主要受到個體本身經驗與社會學習的影響，可以說是個體透過學習對於態度之對象所形成評價性行為，態度是可以學習而形成，也能夠改變。其主要成分包含認知、情感及行為傾向。換言之，態度是個人對特定對象所持有的一套複雜而穩定的心理反應。在此一定義下的態度，主要有三個成分：

1. **認知成分（Cognitive Component）**：對態度之對象本身及其相關人事物的認識、知識及信念。

2. **情感成分（Affective Component）**：對態度之對象本身及其相關人事物的情感、情緒、感受、好惡及接受與否。

3. **行為傾向成分（Intentional Component）**：對態度之對象本身及其相關人事物的行為意向或反應傾向。

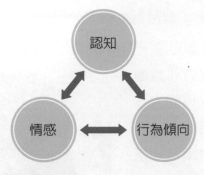

圖 2-3　態度三成分的相互影響

　　從態度的三成分進一步的探討，有助於更加清楚態度與行為間的相互影響。由圖 2-3 顯示態度的三項成分彼此相互影響，認知成分以理性思考為主要心理歷程，能夠影響情感與行為傾向，這是組織行為傳統強調理性的影響過程，然而，近代組織行為理論清楚瞭解理性迷失所造成的不當行為預測，即是個體不全然處於理性狀態，情感對於理性的干擾效果經常存在於組織行為裡，當情感干擾理性認知過程，就可能形成不同的認知信念，甚而造成不一樣的行為傾向，導致對於人、事、物等對象其他評價的態度。在有意識的情境下，行為傾向受到認知與情感成分的影響，但是個體往往處於無意識的情境下表現出各種行為，此種情境下，則經常由行為傾向影響態度的認知與情感成分，而致使行為影響態度的情形。從大腦觀點分析，情感的產生有兩個途徑：

(1) 反射性途徑（沒有被個體意識到）：大腦的視丘接收到感覺訊息，傳導訊息至杏仁核，杏仁核產生情緒，接著將情緒傳導給下視丘，下視丘接收情緒後，啟動自律神經系統（緊急應變）及內分泌系統（長期抗戰）做出反應。

(2) 意識的途徑（使個體能控制情感）：視丘接收到感覺訊息後，將訊息傳導給主掌思考、推理與知覺的大腦皮質，經由思考後的訊息傳導給杏仁核，經過大腦皮質思考後的情緒訊息再傳導給下視丘，接著下視丘啟動自律神經系統及內分泌系統做出反應，接續地再將訊息回饋至大腦皮質。大腦皮質的介入，可使我們有意識地調控情緒帶來的自動反應。

　　個體可以藉由理性來調整情感反應，但是，由於情感的反應是先發於理性的反應，並且是自律性地反應，較為快速以及先於理性反應。

（一）態度如何影響行為

至於個體的態度如何影響其行為表現，主要受到態度的穩定性（Stability）與可近性（Accessibility）如何調節態度與行為之間的關係。

態度的穩定性是指，個人對某一人、事、物所持有的態度，從過去到現在的一致程度，藉由此種穩定的態度可以預測個體行為。例如：個人從過去到現在均重視工作倫理，此種穩定的態度，可以預測個體對待上司與工作的行為表現。態度的高度穩定性主要來自於接收同向訊息而沒有受到其他訊息的挑戰，也可能來自個體對態度所評價的人事物等對象，具有高度信心而未曾懷疑動搖其信念。

態度的可近性是指，某一態度可以從腦海中提取出來的程度。若某些態度容易取得，則該態度較能用來預測該個體的行為。影響態度可近性的因素包括親身經驗、訊息反覆的灌輸、價值關聯及涉及自身利益等。態度的可近性表現在思考的數量及經常性的表達上，也就是愈常思考及愈是常表達的態度，愈具有可近性。

1. 態度影響行為的情境變項

在有意識的情境下，行為傾向受到認知與情感成分的影響，在此狀況下，表示個體清楚意識到該項行為傾向的態度是如何，而有哪些情境是致使個體更加意識到本身對於該人、事、物等對象的態度，該等情境變項又稱為干擾變項（Moderating Variables）。導致態度影響行為的干擾變項主要有五項：

(1)態度的重要性： 與個體價值系統、自身利益及個體認同有相當關係的態度，最具有重要性。

(2)態度的可近性： 如前所述，表示某態度可以從記憶中喚醒出來的程度。若某些態度容易取得，則該態度較能用來影響個體的行為。若態度的可近性愈高，則此態度所影響的行為出現的頻率就愈高。

(3)態度與行為的具體性： 態度與行為愈是能清楚描述或是呈現時，態度愈能影響行為。

(4)個體的直接經驗： 當個體的態度主要受到其自身的直接經驗所形成，會強化個體該項態度，進而影響個體行為。

(5)社會壓力： 個體尋求認知一致，主要來自於認知失調所產生的心理壓力，當社會壓力大於個體認知失調所帶來的壓力時，個體很可能放棄追求認知的一致性，進而造成態度和行為的改變。

2. 影響追求認知一致性的因素

從態度的穩定性與可近性可以瞭解，一般而言，個體行為會依循態度與行為的一致。當個體的態度與行為或是態度與態度產生差異，即所謂的認知失調（Cognitive Dissonance），為了降低認知失調所帶來的壓力，個體會嘗試調和態度與行為，使兩者趨於一致。然而，個體行為不全然是理性思考的結果，亦即個體在某些情境下，會傾向不再追尋認知的一致性。

(1)態度之對象的重要性：當態度的人、事、物等對象對個體來說是不重要時，個體並無追求認知一致性的壓力。

(2)可控制性：個體自認本身對於調和認知失調的控制力，會影響個體調和的意願，個體認為對於調和認知失調的控制力低的時候，也就是當個體知覺認知失調的因素並非個體能夠控制時，傾向無意願調和認知失調。

(3)外在動機：影響個體行為的意願，除了態度之外，還包含其他需求所產生的動機。例如：失調所帶來的財務獎勵足夠多的時候。

3. 行為會影響態度

當個體對於某些態度是不明確時，個體的行為往往會導致其態度的形成。自我知覺理論（Self-Perception Theory）主張，在未形成態度前的個體行為經常會影響其態度。也就是態度未達穩定時或是未能喚醒該態度時，個體可能透過社會學習的社會化歷程習得某些行為，個體潛意識地在尋求認知的一致性，極可能合理化該行為，而產生與行為一致的態度。例如：當個體對於工作態度尚未養成前，個體的工作表現會受到上司與同事的工作行為所影響，當個體養成某些工作行為時，對於工作態度會受到現有的工作表現所影響。有些組織偏好招募社會新鮮人，主要理由是希望培育符合組織期望的工作態度。

（二）與工作有關的態度

組織行為相關研究對於與工作有關的態度極感興趣，而其中廣泛討論的有組織承諾與工作滿意。

1. 組織承諾

組織承諾（Organizational Commitment）是個體對組織與組織目標的認同（Identification）與投入（Involvement）的程度及期望保有組織成員身分的行為傾向。可以用以說明個體對組織奉獻心力及對組織盡忠的意願，與選擇任職於組織裡，持續工作的承諾。組織承諾的相關研究之所以應受重視，主

要原因是組織承諾能預測員工的工作投入、工作績效與離職傾向等行為，如高組織承諾的員工在工作績效上表現較佳，以及組織承諾可作為組織效能的預測指標，同時這些因素亦影響企業與同業的競爭能力。

組織承諾是個體內化的行為規範，使個體行為配合組織目標及利益，高度組織承諾感所導致個體的行為，具有下列特性：對組織的高度投入，願意為組織付出更多心力；堅定信仰與接受組織目標與價值；可望繼續成為組織成員。

依據個體心理承諾狀況分析，組織承諾包含三項構面：

(1) 情感性承諾（Affective Commitment）：指個體對組織有情感並認同組織，願意且希望繼續留在該組織任職。

(2) 持續性承諾（Continuance Commitment）：個體考量離開組織所需承擔的成本，在考慮本身利益得失後選擇留在企業。

(3) 規範性承諾（Normative Commitment）：組織讓組織成員獲得利益，使個體認為自己有義務留在組織。

相關研究顯示個人特質（成就動機、年齡、教育程度）、工作特性（工作完整性、互動性、回饋性）及工作經驗皆會影響組織承諾，而組織承諾與留職意願及留職傾向有高度相關；組織承諾與出席率為中度相關；組織承諾與工作績效卻不必然存有相關。組織承諾與工作績效不相關之可能成因，或因研究對象所處環境所致，或可能是組織承諾的不同構面類型所產生的承諾強度的差異所導致。

2. 工作滿意

工作滿意（Job Satisfaction）對於組織之所以重要，是因為工作滿意的程度會影響個體對於工作與組織的正向態度與負向態度發展，進而影響工作品質。研究顯示工作滿意能促使工作績效提升、個體產生組織公民行為、降低缺勤與離職傾向。工作滿意是個體對於其工作所抱持一般性的態度，屬於主觀性的概念性態度。本質上是個體對於工作本身或因工作伴隨而來的一些環境、條件等因素的一種情感性反應，是工作者心理與生理兩方面的環境因素之滿足感受，也就是工作者對工作情境的主觀反應。亦即，每個個體都會因時空的不同，而有不同的工作滿足感。

為了有效提升工作滿意度，組織行為相關研究提出工作滿意的衡量指標與準則。工作滿意的衡量準則主要包含個體對於工作特性的認知評價與個體實際獲得的結果與期望獲得的結果之落差感受程度。從相關衡量準則能夠歸納出影響個體工作滿意的主要因素有個體的需求、價值觀及參考架構。

(1) 需求（Needs）：需求理論主張個體行為而產生動機，有了動機而產生行為。個體對於工作滿意程度，會受到個體需求的不同所影響。當個體判斷人、事、物等對象時，個體之參考架構極容易受到需求的內容與強度的影響。

(2) 價值（Value）：價值屬於個體持有一種基本信念，代表個體或社會對於某種行為模式或最終狀態之偏好，個體擁有其本身的價值系統（Value Systems），在該價值系統中，各種行為模式或最終狀態的相對重要程度會產生優先順序，這些價值的優先順序同樣以相對的權重影響著個體參考架構。

(3) 參考架構（Frame of Reference）：指個體傾向將經驗、知覺與解釋予以組織形成個體持有的觀點、標準或概念體系。個體對於人、事、物等對象之客觀特徵的主觀知覺及解釋，是受個人自我參考架構的影響。

正向的工作態度對於工作滿意具有相當重要影響。尤其當個體對於工作抱有負向態度時，往往會與工作滿意產生惡性循環的相互影響。參考認知理論（Referent Cognition Theory）係以相對剝奪的理論前提，說明個體對於不公平分配所引起的不滿。當個體將既有的事實與更有利的選擇進行比較時，會對既有的事實賦予不公平的評價。換言之，若個體參考架構中存在一個可以導致更有利結果的替代解時，個體會知覺目前的狀態是不正義、不公平的。

圖 2-4　工作滿意之影響架構

相關研究提出研究結果顯示，工作的挑戰性、薪資、晉升、好主管與同事能夠提升工作滿意。從圖 2-4 工作滿意之影響架構來看，工作的挑戰性與晉升滿足了成長需求，而好的主管與同事增進社會需求滿意程度，而薪資縮短個體價值期望的落差。

2-3 價值

價值（Value）屬於個體持有一種抽象的持久信念（Enduring Belief），代表個體或社會對於某種行為模式或最終狀態之偏好，例如：華人社會重視的百善孝為先、家和萬事興等都屬於華人社會的價值。價值具有引導個體行為、個體決策、衝突解決及激勵個體自我實現的功能，對於個體行為的意願層面深具重大影響。價值與文化之關係緊密難分，價值是文化環境下的產物，價值觀也會形成一種文化類型，價值與文化同樣地極大程度影響著個體行為表現。

個體擁有許多偏好的行為模式或最終狀態，這些在其本身的價值系統（Value Systems）中，各種行為模式或最終狀態的相對重要程度會產生優先順序。每個人擁有的價值系統可能有重疊與相似處，更有可能存在不同差異，也就是每個人對於價值內容的重要順序不同，強度也就不同，而在人際衝突中最難以解決的衝突就是價值衝突（Value Conflict），個體間理念或是意見上的衝突來自彼此價值的不同。

（一）羅凱曲（Rokeach, M.）的價值分類

羅凱曲將價值分為兩大類：工具價值與目的價值。工具價值（Instrumental Values）是與個人行為模式有關的價值，如獨立、負責、心胸開闊等，是個體喜愛的行為模式，或是達成目的價值的手段與工具。另一類價值為目的價值（Terminal Values），是與個體追求的目的有關聯，如成就感、和平世界與自由等價值。

圖 2-5　獨立、負責屬於工具價值，是個體喜愛的行為模式

（二）工作價值

工作價值（Work Values）是個體在工作上所追求的目標，或是自工作活動中渴望的事物，或是滿足個體強烈需求的工作特質與屬性，工作價值往往是藉由工作代表的意義、相關的規範、道德倫理與行為準則等表徵概念所呈現。工作價值影響著個體職業生涯的規劃，同時也影響個體的工作意願，致使影響工作努力程度與工作表現等行為表現。

（三）個體與組織價值的契合

高度的個人與組織契合度（Person-Organization Fit, P-O Fit），是對於工作表現的最理想狀態，也就是個體的價值與組織的價值一致，個體與組織基於價值一致，產生共同目標，個體工作意願強度極高，績效表現自然相較提升。相反地，如果個體的價值與組織的價值全然相左，個體對於組織目標極度不認同，工作意願將降低，如個體產生角色衝突（Role Conflict），個體本身的價值喜好的行為模式，與組織給予的工作角色應有的行為模式衝突。

2-4　文化差異

本章已經談論與工作能力相關的智力，還有與工作意願有關的態度、組織承諾、工作滿意及價值。社會學或是行為學派等理論充分告知我們，個體的行為受到所處的社會影響程度極為強大。不論是智力發展、態度的習得與價值的養成等，個體與工作能力及工作意願有關的行為，均受到所處社會的影響，而社會影響中有關個體行為的影響主要因素首推文化。因此，在談論個體行為的基礎之相關議題時，有必要對於文化給予清楚的介紹。

文化（Culture）是一種複雜體，包含知識、信念、藝術、道德、法律、習慣和其他的能力，為處於社會中個體經由後天學習而來。文化元素包含符號、語言、儀式和神話皆為觀察文化元素的特徵。在文化的層面中，又可以細分為團體文化、組織文化和國家文化，其中又以組織文化、國家文化對於個體行為影響較為重要。至於組織文化的部分在本書第十四章會做專章介紹與論述，以下以國家文化進行論述。

（一）國家文化衡量的五大構面

在探討國家文化差異上，最具有代表性的研究為霍夫斯泰德（Goert Hofstede）所提出文化的五大構面，他針對全球 73 個國家進行文化的研究，並且提出了五大構面來衡量國家之間的文化差異。五個構面分別為：權力距離、不確定性規避、個人主義、陽剛傾向、長期導向。

1. 權力距離

權力距離（Power Distance）為一個社會在個人、組織或制度上，對於權力分配不平等的接受程度。在權力距離較遠的情況下，人們會依賴於聽從長輩或上司的命令，容易受到權力上的限制而封閉，整個組織會傾向階層式的體系而趨近於保守，加上早已劃分清楚的職責權力，較不渴望彰顯自己的身分與地位，並且不容易接收新奇的事物。

2. 不確定性規避

不確定性規避（Uncertainty Avoidance）是指在不確定或不清楚的情況下，感覺到威脅或焦慮的程度。在高度不確定性之特質的國家，人們對於新的事物容易感到恐懼及對於可能產生的風險較容易逃避，所以不確定性規避愈高的國家對於新事物的接受度愈低。亞洲國家有較高儲蓄率，即是一種高不確定性規避文化的表現。

3. 個人主義

個人主義（Individualism）是指個人追求自利、自我表現，只關心自身利益跟家人的程度。擁有這樣特性的人通常會有高度的自我依賴並且強調自由思想，可以自由的表達出自己真實的意見，會比具有集體主義文化的人更容易嘗試新的事物。

4. 陽剛傾向

陽剛傾向（Masculinity）是指重視工作目標、自信、物質、成功的文化特質。工作目標是傾向於賺錢、身分識別、升遷、挑戰與成就，而與其意義相反的則是陰柔傾向，陰柔傾向包含個人目標為友善的氣氛、舒服的工作環境、生活品質跟溫暖的人際關係。

圖 2-6　比起美國社會的個人主義，臺灣社會較偏向團體主義

5. 長期導向

長期導向（Long-Term Orientation） 是指文化評估自己的傳統性跟個人重視過去跟未來的程度。長期導向所採用的途徑是導向未來的結果，特別是在堅持、節約方面，也就是說，在一段長時間的堅持、節約下所期待的是未來的回報；長期導向的文化具有堅持、節約、具有廉恥心的特徵。

（二）霍夫斯泰德（G.Hofstede）國家文化的研究

有關 Hofstede 的國家文化研究，可以參考 http://geert-hofstede.com/ counties .hstml 網站，列舉數個國家資料，如表 2-1 所示。

表 2-1　各國文化研究

	權力距離 （PDI）	不確定性規避 （UAI）	個人主義 （IDV）	陽剛傾向 （MAS）	長期導向 （LTO）
英國	35	35	89	66	25
法國	68	86	71	43	39
德國	35	65	67	66	31
阿拉伯世界	80	68	38	52	無資料
臺灣	58	69	17	45	87
中國大陸	80	30	20	66	118

	權力距離 (PDI)	不確定性規避 (UAI)	個人主義 (IDV)	陽剛傾向 (MAS)	長期導向 (LTO)
香港	68	29	25	57	96
新加坡	74	8	20	48	48
日本	54	92	46	95	80
美國	40	46	91	62	29
全球最高	104 （馬來西亞）	112 （希臘）	91 （美國）	95 （日本）	183 （中國大陸）
全球最低	11 （奧地利）	8 （新加坡）	6 （瓜地馬拉）	5 （瑞典）	0 （巴基斯坦）
全球平均	55	64	43	50	45

　　美國與我國在此五大文化構面上存在著相當的差異，美國偏向個人主義，臺灣則傾向集體主義，亦即個體必須將集體利益置於個人利益之上。美國社會屬於低權力距離，臺灣則偏向高的權利距離社會。美國社會強調陽剛傾向，我們則趨向陰柔傾向社會文化。相較於美國社會能夠忍受不確定，臺灣社會較為不喜歡不確定性。在長期導向則臺灣相較於美國社會更為傾向長期導向。我們所學習之相關管理理論多數來自美國，因此，相關理論的應用更需考量跨文化問題，亦即文化差異可能產生不同影響與干擾效果。

1. 個體行為的差異主要來自個體的能力、意願與環境等三方面的影響。

2. 能力包含擁有的知識、技術、技能與概念等，受到個體的心智能力影響之外，主要還透過學習而獲得個體的能力。

3. 能力的學習成效受到個體心智能力的差異而有不同，個體智力具有多元性，不同個體在各項智力的發展會有不同，也導致學習所得的相關能力之強度不同，也形成個體擁有不同的能力。

4. 智力是個體獲得與應用知識的能力，是包含個體適應與改善環境的所需的心智能力。智力本身就是能力，而智力更是學習其他能力的一項主要基礎。

5. 現代智力的研究趨勢則強調多元與統合化方式，其中代表性之一的理論則為多元智力論。美國心理學家嘉德納認為，每個人都是具有多種能力組合的個體，而不是只擁有單一能力的個體。

6. 嘉德納認為，構成智力得成分則是以下八種能力：語言能力、數理能力、空間能力、音樂能力、運動能力、內省能力、人際能力與自然能力。

7. 態度的形成主要受到個體本身經驗與社會學習的影響，可以說是個體透過學習對於態度之對象所形成評價性行為，態度是可以學習而形成，也能夠改變。其主要成分包含認知、情感及行為傾向。

8. 態度影響行為的干擾變項主要有五項：態度的重要性、態度的可近性、態度與行為的具體性、個體的直接經驗與社會壓力。

9. 個體會傾向忍受認知失調的三項干擾情境下：態度之對象的重要性低、低可控制性、強烈外在動機。

10. 自我知覺理論主張，在未形成態度前的個體行為經常會影響其態度。

11. 組織承諾是個體對組織與組織目標的認同與投入的程度及期望保有組織成員身分的行為傾向。組織承諾包含三項構面：情感性承諾、持續性承諾與規範性承諾。

12. 工作滿意是個體對於工作本身或因工作伴隨而來的一些環境、條件等因素的一種情感性反應，是工作者心理與生理兩方面的環境因素之滿足感受，也就是工作者對工作情境的主觀反應。

13. 價值屬於個體持有一種抽象的持久信念，代表個體或社會對於某種行為模式或最終狀態之偏好。個體擁有其本身的價值系統，在該價值系統中，各種行為模式或最終狀態的相對重要程度會產生優先順序。羅凱曲將價值分為兩大類：工具價值與目的價值。

14. 高度的個人與組織契合是對於工作表現的最理想狀態，也就是個體的價值與組織的價值一致，個體與組織基於價值一致，產生共同目標，個體工作意願強度極高，績效表現自然相較提升。

15. 文化影響個體智力發展、態度的習得與價值的養成。文化是一種複雜體，包含知識、信念、藝術、道德、法律、習慣和其他的能力，為處於社會中個體經由後天學習而來。文化元素包含符號，語言、儀式和神話皆為觀察文化元素的特徵。霍夫斯泰德所提出文化的五大構面：權力距離、不確定性規避、個人主義、陽剛傾向、長期導向。

一、選擇題

(　　) 1. 個體行為的差異主要來自個體的方面影響？
(A) 能力　(B) 意願　(C) 環境　(D) 以上均是。

(　　) 2. 強調智力是包含個體適應與改善環境所需的心智能力，是哪項智力的意義？　(A) 傳統智力　(B) 現代智力　(C) 情緒智力　(D) 以上均是。

(　　) 3. 內省能力屬於哪項智力的內容？　(A) 傳統智力　(B) 現代智力　(C) 情緒智力　(D) 以上均是。

(　　) 4. 個體對特定人、事、物等對象，所持有的一種相對穩定的正向或負向的評價，是指哪項定義？　(A) 態度　(B) 價值　(C) 承諾　(D) 文化。

(　　) 5. 從大腦觀點分析，個體接收刺激後，在有意識的情況下，哪一項態度成分會先產生？　(A) 認知　(B) 行為傾向　(C) 情感反應　(D) 無一定順序。

(　　) 6. 某一態度可以從腦海中提取出來的程度，是指下列哪一項？　(A) 態度的穩定性　(B) 態度的可近性　(C) 個體的直接經驗　(D) 社會壓力。

(　　) 7. 自我知覺理論（Self-Perception Theory）主張？　(A) 在未形成態度前的個體行為經常會影響其態度　(B) 影響個體行為的意願，除了態度之外，還包含其他需求所產生的動機　(C) 當態度的人、事、物等對象對個體來說是不重要時，個體並無追求認知一致性的壓力。

(　　) 8. 組織讓組織成員獲得利益，使個體認為自己有義務留在組織。是指哪一類組織承諾？　(A) 規範性承諾　(B) 持續性承諾　(C) 情感性承諾。

(　　) 9. 屬於個體持有一種基本信念，代表個體或社會對於某種行為模式或最終狀態之偏好，是指哪一心理特質？　(A) 需求　(B) 價值　(C) 參考架構　(D) 行為傾向。

(　　) 10. 個人與組織契合度（Person-Organization Fit, P-O Fit）高，能產生共同目標，是指哪一項契合？　(A) 需求　(B) 價值　(C) 參考架構　(D) 行為傾向。

(　　) 11. 通常會有高度的自我依賴並且強調自由思想，可以自由的表達出自己真實的意見，是傾向哪類文化？　(A) 長期導向　(B) 陽剛傾向　(C) 個人主義　(D) 高權力距離。

二、問答題

1. 說明美國心理學家嘉德納（Howard Gardner）的多元致力主張。

2. 態度是個體對特定人、事、物等對象，所持有的一種相對穩定的正向或負向的評價，其主要成分包含哪些成分？

3. 態度影響行為的情境變項主要有哪五項？

4. 個體在哪些情境下，會傾向不再追尋認知的一致性？

5. 依據個體心理承諾狀況分析，組織承諾包含哪三項構面？

6. 羅凱曲（Rokeach, M.）將價值分為哪兩大類？

7. 在探討國家文化差異上，最具有代表性的研究為霍夫斯泰德（Goert Hofstede）所提出文化的五大構面，他針對全球 73 個國家進行文化的研究，並且提出了五大構面來衡量國家之間的文化差異。五個構面分別為哪些？

三、問題討論

1. 嘉德納的多元智力論包含哪八項智力？

2. 態度包含哪三項成分？彼此如何影響？

3. 致使個體會傾向忍受認知失調的三項干擾情境是什麼？

4. 組織承諾包含哪三項構面？哪項組織承諾較為激勵創新行為？

5. 影響個體工作滿意的主要因素有個體的需求、價值觀及參考架構。三者之間的關係如何？

6. 霍夫斯泰德在國家文化的研究上提出五大文化構面，對於管理有什麼意義？

Chapter 3

人格與自我

章首小品

職能包含人格條件

　　陳課長具有專精技術，因此由技術工程師調升製造課長，非常勝任製程問題的排除，但是經常要請求經理前來，處理員工不遵守作業標準書以及加班意願低等人員行為管理問題。章經理不斷告知應該如何要求員工以及員工績效討論等技能。陳課長傾向內向人格特質，總是輕聲細語地要求員工遵守工作規則，但是，員工似乎沒改善工作行為。三個月後，情況依然沒獲得改善，章經理換下陳課長，改由許專員調任課長，許課長每日晨會宏亮有力地說明昨天工作情況，私下也會與行為有待改善的員工進行晤談，堅定地說明工作目標與工作績效，幾次仍不改善的員工，許課長會清楚告知應該改善，同時嚴厲警告該員工，對於自己本身工作帶給部門的困擾以及績效的落差。

　　兩週後，章經理發覺製造課似乎都沒反應員工不遵守工作規則，許課長說明自己的管理做法後，章經理想起了公司在做職能評鑑的期間，人力資源部要求職能評鑑項目要包含知識、技術與能力等外顯項目外，還要包含動機、價值、自我概念、與人格特質等內隱項目。陳課長屬於極為內向人格特質，一直沒能堅定指出員工績效落差以及應當改善的工作行為，許課長清楚堅定指出員工績效應當改善的行為。章經理深且理解人格特質也是一項重要職能條件了。

→ 前言

　　自從人際關係學派注意到個體面對外在環境的反應，並非過去理性假設的經濟人所展現的相同行為反應，而是會有差異行為反應的有機體社會人。

　　個體面對外在刺激而會有如何的行為反應，受到個體的潛意識與意識的作用所影響，也就是說，除受到個體潛意識的人格的差異影響之外，也會因為有意識的個體對於自我的認知差異所影響。藉由對於人格與自我的理解，更能瞭解個體行為的成因，以及對於自尊的認知，進而有效運用相關知識來強化個體行為功能。

3-1　人格

　　人格（Personality）是指個體回應外在環境時，藉以展現於其行為上的重要特質，是一種個體內在持久且穩定的行為類型。人格涵蓋個體特徵、屬性和特性，除了可當作辨識個人差異的一項表徵之外，並且具有影響個 體行為的作用，使得個體藉以回應他人與環境。人格一詞係源自於拉丁語「Persona」，指個體真正的自我，包括內在動機、情緒、習慣與思想等。深入地認知人格的意涵能夠更加有效運用人格的相關知識，而要明白人格的意涵，就需要清楚地瞭解人格包含以下三項特性。

　　首先，人格具有一致性，超越時間與情境，具有某種程度的穩定性。人格謹慎的人在工作上表現出按部就班、一絲不苟的行為，在生活上也總是表現出中規中矩的行為。當然，這不是意味著個體的行為不會改變，由於，個體行為表現不只是受到個體內在人格所影響。同時，人格也有可能隨著環境而產生改變，人格是持久的，而非永久的，必須清楚認識人格的穩定性並非永久性。

　　第二，人格主要源自於個體內在。天生因素與環境因素影響人格的形成，就短期的當下，情境會影響個體的行為，但是，個體面臨情境所展現出的行為方式，卻是受到個體內在人格特質的影響。

　　最後，某一個體的人格不等同於多個個體的平均。情境對於多個個體所導致的行為，並不能解釋單一個體必然會展現出相同行為，人格具有相異性，或

稱爲個殊性，這也正是研究人格的一項主要原因，個體間存在著某些共同性的特質，稱之爲共同性；同時也存在著某些差異性特質，稱之爲個殊性。

想要認識個體的人格，則必須藉由人格特質來呈現，因爲，人格是由一系列的人格特質（Personality Trait）所組成，並且，無法依據單一的人格特質來界定人格，而是由人格特質的整體表現所組成。個體的人格特質指的是一致性、持續性、廣泛地及相對穩定地推測個體的行爲特點，換言之，如果將人格分爲幾個構面，每個構面代表一個人格特質，而人格就由數個連續的構面所形成，藉由觀察個體在行爲上的表現就可瞭解其人格特質。因此，如同人格的形成過程一樣，人格特質也是受到先天遺傳、後天的學習及環境的影響等因素交互作用所影響而形成。

3-2 人與工作的適配（Person-Job Fit）

組織競爭力源自效率與效能，而組織成員的人格特質與其工作績效有顯著相關性，尤其，當人格特質與工作性質適配時，工作績效最好。因此，組織關心成員的績效表現，而績效表現除了工作能力與環境影響之外，成員的工作意願也形成關鍵性的影響。

對於組織行爲而言，研究人格能夠產生四項貢獻：

1. **瞭解人格**：能夠理解在工作中發生的各項行爲，是如何受到個體人格差異的影響。

2. **量測人格**：獲知個體人格特質，有助於預測個體的工作選擇與適配性。

3. **培育人格**：人格受到先天遺傳之外，同時也受到後天的學習與環境影響，組織能夠藉由組織環境的塑造與訓練培育，孕育組織成員適配於工作與環境的人格特質。例如：工作價值觀與態度的養成。

4. **人員遴選**：作爲組織招募與任用等管理決策考量依據，適才適所除了考量能力之外，人格特質的適配與否，關係著人員的工作意願。人格是一個體的行爲傾向，各項特質相互影響，無法以單一特質來說明人格，爲了預測個體的行爲，則需要透過人格特質的構面進行人格的研究與分析。個體的人格特質對於行爲的影響及對於相關工作反應的工作意願差異，正是引起組織行爲相

關研究對於個體人格特質及人格與工作的適配的興趣與投入，希望能探索人格特質與行為及人格特質與工作特性的最佳組合模式。

 ## 3-3 與工作相關的特定人格

人與工作的適配極為有助於工作績效的達成，以下針對工作職場較為攸關的人格進行描述。

（一）六項人格類型模式

約翰・霍蘭德（John Holland）於 1953 年編製了職業偏好量表，1959 年提出了具有廣泛社會影響的人格－職業適配理論，於 1970 在此基礎上發展六項人格類型模式（Six-Personality-Types Model），是極具代表性的人格類型與工作適配理論（Personality-Job Fit Theory）。我國不少高級職業學校也常用此人格量表，提供學生選擇學習科別的參考。此理論主張個體人格類型、興趣與工作密切相關，而興趣是人類活動的強大動力來源，個體對於工作具有高度興趣，則可以提高積極性，能夠讓人類積極地、愉快地從事感興趣的工作，而影響個體對於工作興趣的一項主要因素是人格特質。霍蘭德將人格類型分為實際型（Realistic）、研究型（Investigative）、藝術型（Artistic）、社會型（Social）、企業型（Enterprising）和傳統型（Conventional）六種類型。

六項人格類型模式的意涵與主張：首先，由圖 3-1 中顯示，相鄰的人格類型彼此互動相容性較高，而對角的人格類型彼此在人際互動方面比較難以融洽相處；再則，不同的個體存在不同的人格特質；第三，工作也有不同差異需求；最後，通常傾向選擇與自我興趣類型適配的職業，員工滿意度較高，離職率較低。

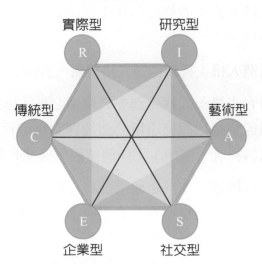

圖 3-1 霍蘭德（John Holland）人格類型關係圖

表 3-1 霍蘭德（John Holland）人格類型與適配職業表

類型	人格特質	適合職業
社交型（S）	喜歡與人交往、善言談、願意教導別人、關心社會問題、渴望發揮自己的社會作用	教育工作者、社會工作者
企業型（E）	喜歡競爭、敢冒風險、有野心、抱負、為人務實，以利益得失、權利、地位、金錢等來衡量做事的價值，做事有較強的目的性	中小企業主管、營銷管理人員、政府官員、法官、律師
傳統型（C）	尊重權威和規章制度，喜歡按計劃辦事，細心、有條理，習慣接受他人的指揮和領導。較為謹慎和保守，缺乏創新想像，富有自我犧牲精神	秘書、記事員、會計、行政助理、圖書館管理員、出納、資料處理員、投資分析員
實際型（R）	動手能力強、做事手腳靈活、動作協調。偏好於具體任務，不善言辭，做事保守，較為謙虛。缺乏社交能力，通常喜歡獨立做事	技術性職業（電腦硬體人員、攝影師、製圖員、機械裝配工），技能性職業
研究型（I）	抽象思維能力強、肯動腦、善思考、喜歡獨立的和富有創造性的工作，做事喜歡精確，喜歡邏輯分析和推理，不斷探討未知的領域	科學研究人員、教師、工程師、電腦編程人員、醫生、系統分析員
藝術型（A）	有創造力，樂於創造新穎、與眾不同的成果，渴望表現與實現自身的價值	演員、導演、設計師、雕刻家、建築師、攝影家、廣告製作人、作曲家、小說家、詩人

（二）麥布二氏人格類型量表（MBTI）

麥布二氏人格類型量表（Myers-Briggs Type Indictor , MBTI）量表的發展，為美國一對母女 Katherine Briggs 和 Isabel Myers 根據著名的心理分析家榮格（Carls Jung）的心理類型（Psychological Type）理論為基礎，長期對於人類人格差異的觀察和研究而建構完成。

MBTI 將人格分為四個構面，如圖 3-2 所示。

1. 外向型（E, Extraversion）與內向型（I, Introversion）

外向型專注於外在的人和事，傾向樂於人際互動、自我肯定；內向型專注於自己的思想、想法及印象，傾向內斂、羞怯。

2. 感覺型（S, Sensing）與直覺型（N, Intuition）

感覺型喜歡著眼於當前事物，習慣於先使用感官來感受環境刺激；直覺型著眼未來情況，著重可能性及預感，藉由潛意識及事物間的關聯來認識環境刺激。

3. 思考型（T, Thinking）與感性型（F, Feeling）

思考型偏好用脈絡的因果或對錯的邏輯來分析結果及影響；感性型偏好運用自己價值觀或自我中心的主觀評價來做決定。概略地說，思考型運用理性思考來做決定，而感覺型則採用內心評價來作決定。

4. 判斷型（J, Judging）與知覺型（P, Perceiving）

判斷型傾向於結構化及有組織性的環境，喜歡安頓一切事物；知覺型傾向於自然發生及開放的環境，對任何意見都抱開放態度。

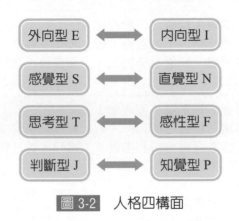

圖 3-2　人格四構面

MBTI 量表涵蓋四項構面，每個構面各包含兩極端特質，在構面組合下，2×2×2×2=16 將人格分為十六種類型：大男人型（ESTJ）、挑戰型（ESTP）、主人型（ESFJ）、表演型（ESFP）、將領型（ENTJ）、發明家（ENTP）、教育家（ENFJ）、記者型（ENFP）、公務員（ISTJ）、冒險家（ISTP）、照顧型（ISFJ）、藝術家（ISFP）、專家型（INTJ）、學者型（INTP）、作家型（INFJ）、哲學家（INFP）。

各項類型都具有優點與缺點，無法絕對性地指出哪一項優秀或是拙劣。基於 MBTI 量表深受教育與商業等領域的廣泛使用，因而，也引起許多研究興趣與討論，其中不乏對於 MBTI 量表的質疑，認為 MBTI 量表缺乏相當程度的效度，然而卻有更多研究顯示，MBTI 的人格類型對於生涯選擇與工作滿意度具有關聯性，生涯諮商員更是非常樂於運用作為人格類型的量測，提供生涯發展的考量依據。

（三）五大人格理論（The big Five-Factor theory）

　　許多人格心理學家一致認同五大人格理論，能充分描述一般人格的基本面向，確信人格特質的五大因素模式，最能代表人格架構，五大人格理論又稱為五大人格模式，英文名稱則有 The Big Five 或是 The Five-Factor Model of Personality，其模式包含外向性（Extraversion）、親和性（Agreeable）、情緒穩定性（Emotional Stability）、開放性（Openness）及嚴謹性（Conscientiousness）。

1. 外向性

外向性用來衡量人際互動的量與強度，指一個人對於與他人間關係感到舒適之程度或數目。若一個人對於和他人間之舒適關係愈高或愈多，則表示愈外向。外向的人樂於與他人發展個人關係並喜歡人群，具有自信及合群，注重自己在團體中的重要性及重視自己在團體中的形象，因此，為維護合群及樂於與人交往的形象及好面子。傾向外向的人生活步調很快，喜歡保持在忙碌狀態下，具有自信、主動活躍、喜好刺激與興奮等行為特徵。

2. 親和性

指一種易相處、溝通與合作的人格特質。若對他人所訂下之規範的遵循程度愈高，則其親和性程度愈高。高親和性的人格特質傾向合作、慷慨、體貼及利他主義，產生衝突情境的時候，傾向採行合作型方式解決衝突，強調合作及互相信任。

3. 情緒穩定性

低情緒穩定性的人格特質，又稱為神經質的人格特質，屬於比較容易感受到負面情緒，經常產生非理性的念頭、難以控制本身的衝動，情緒穩定性較低、拙於處理他們所面臨的壓力，與人相處上，不善與人交往、不喜歡人群，對人較有戒心，容易緊張、焦慮、沮喪、缺乏安全感。神經質是指能激起一個人負面情感之刺激所需之數目及強度。當一個人所能接受的刺激愈少，則其神經質表現愈高。

4. 嚴謹性

指一個人對追求的目標專心、集中程度。若一個人的目標愈少，愈專心致力於其上，則其嚴謹自律程度愈高。嚴謹性強的人傾向於負責、自律、盡忠職守。比較具有分析問題的人格特質，會做好充分的準備，比較講求證據及就事論事。高嚴謹性的人典型的特徵是成就導向、努力、有始有終、負責守紀律、細心、有責任感。

5. 開放性

指個人興趣的多寡及深度。若個人興趣愈多樣化，但相對深度較淺，則其開放性愈高。具開放性格的人對於新鮮與新奇事物擁有興趣，對陌生事物的容忍和探索能力較強，願意接受與分享新的想法和價值觀。具開放性的人具有的特徵有好奇、充滿想像力、喜歡思考、富創造力及求新求變。

五大人格理論不僅提供一組人格特質架構外，更貢獻人格與工作績效的相關性之研究。例如：外向性與情緒穩定性對於工作滿意具有相關；高嚴謹性特質的人之工作績效較好，生涯成功機率較高，整體工作表現較佳，反之，神經質傾向者，其生涯成功機率較低，整體工作表現較差；外向的人較能勝任管理職與銷售工作；開放性則能強化訓練績效。人格特質與工作態度、滿意度亦具相關性，其中以外向性、嚴謹性、親和性與開放性之人格特質員工，其工作態度較佳；而神經質人格通常工作滿意度會較低。

（四）其他影響個體工作行為的人格特質

影響個體行為表現的人格特質，除了上述人格理論之外，還有一些單一構面的人格理論，也同樣具有顯著影響。

1. A 型與 B 型行為類型（Type A and Type B Behavior Patterns）

A 型行為模式乃是一種行動與情緒的複雜體，從具有這種人格模式的人身上，可以看到一種長期、不中止的奮鬥，企圖在最短時間內做出最大的成果，面對必要達成的目標時，無論任何人、任何事干擾，A 型人格特質者，不達目標絕不終止。通常 A 型人格的人具有高度的競爭性、企圖心、野心、強烈自我需求，勇於表現、接受挑戰、追求較高成就、也較專注於工作；但是，他們同時也缺乏耐性、安全感較低、容易緊張。

B 型人格的人則與 A 型人格呈現相反的特質，B 型人格，為 A 型人格的相反，較安靜沉著且成就慾望較低，工作放慢步調、講究悠閒，較具耐心，不具攻擊性、不注意競爭及成就感等。A 型與 B 型人格特質是行為的兩個極端，大部分的人都是在這兩個極端之間，因此他是屬於一種連續性的構面。可參考本書第十五章的自我評估量表。

A 型人格特質的人容易產生工作壓力，罹患心血管疾病的機率較高，相較於 B 型人格特質的人，在焦慮、疲勞、心理症狀、離職意願、角色過度負荷及角色衝突等方面，有顯著具有較高機率。工作表現上，A 型人格特質的人在

工作量方面，績效會較佳，而 B 型行為特質的人在質的方面，會有較理想的表現，工作方式具體明確且不需要創意的工作適合 A 型人格特質的人，他們重於追求目標的達成數量，容易忽略工作品質，一般而言，需要創意的工作，B 型行為特質的人會比 A 型行為特質的人表現較好。

2. 內外控人格特質（Locus of Control）

內外控取向之概念，源自社會學習理論（Social-Learning Theory），根據社會學習理論的論點，內外控人格特質差異在於當個體察覺到報酬物的獲得，與自己是否有關，或是歸因於外在因素，此為內控者與外控者的主要區別。個體對內外控人格的認知，是來自於對社會的期待，當個體的努力成果與酬償或成功形成關聯時，將會產生內控的人格特質；相對的，若人們認為自己的努力並未成功時，將會產生外控的人格特質。因此，內控者會認為自己的行為與報酬是具有關聯性的，而外控者反之。

內控型特質的人，認為相信自身可以控制環境帶來的影響。事件之發生，係由本身之行為、屬性及能力所造成，能夠藉由自己本身加以控制。換句話說，也就是認為自己可以掌控自我的命運。外控型特質的人，則認為事件是由環境、機會、命運等外在因素而非自身行為所能控制。但此分類法僅是程度上的差異，而非絕對的區別。

具有內控人格傾向的個體，比較專注於個人成就感，遇到困難與挫折時，會以積極、具有建設性的態度來面對種種挑戰與困難，能夠做到自我要求與自我引導，會專心致力於自己所感興趣和重要的事情；相對的，具外控人格傾向的個體，容易感到焦慮與不安全感，在遇到困難與挫折時，常會表現出較不具建設性的行為，在意失敗所帶來的恐懼會高於成功後所帶來的成就感，容易產生依賴的心理，易受人指導，較能夠服從權威。

3. 自我監控（Self-Monitoring）

自我監控是指個體觀察周遭環境，調整自己行為以符合情境中人際間的適當性。高自我監控的個體會依據外在環境的線索，調整自我的行為表現；低自我監控者在不同情境中，所表現行為一致性較高，也就是說，縱然，在不同情境下，個體顯現的行為相當一致穩定，不會因為外在情境而調整。低自我監控的人經常會缺乏社會敏感度（Social Sensitivity），做事欠缺彈性；而高自我監控者具有社會敏感度，比較能獲取他人的社會支持，然而，過度自我監控者有可能因為給予他人虛假造作的觀感，不信任他的行為。

從心理層面而論，高自我監控者除了在乎自己的行為是否符合情境中的適當性之外，對於情境中的人物表情與心思都極為敏感，並且運用情境中互動的社會線索，作為調整自己行為的依據指標；而低自我監控者比較著重以其本身的價值觀、感覺和態度作為行為依據的標準。在高度經濟發展的社會，消費者在消費的過程經常在乎當下的感受，亦即所謂的情緒勞務（Emotional Labor），低自我監控的組織成員在情緒勞務的表現容易產生顧客抱怨。

4. 馬基維利主義（Machiavellianism）

馬基維利主義（Machiavellianism）人格是一種為達成目的可以不擇手段的人格，他們精明、圓滑，但是容易說謊且冷漠無同情心。因此在職場上可能以不信任，欺騙和剝削等行為，操縱、奴役他人。再現今強調團隊工作模式的職場，容易製造團隊衝突，影響團隊互動與績效。

3-4 自我（Conscious Self, Ego）

心理分析學派的代表性學者佛洛依德（Sigmund Freud）提出人格結構理論，認為人格是一整體，包含本我、自我與超我三部分。主張自我是有意識的的自我，也就是個體有意識地展現出的自我。同樣是心理分析學派的代表性學者榮格（Carl Jung）主張自我有其獨特性、連續性與統合性。兩位學者所談論的自我包含了潛意識與有意識的狀態。本章先前所論述的人格理論傾向潛意識的個體，本節所論述的自我則偏向有意識的個體，兩者對於個體的影響，大抵發生在潛意識與有意識的狀態下。

（一）自我察覺、自我概念與自尊的關係

自我察覺、自我概念與自尊的關係如圖 3-3 所示，自我察覺影響自我概念的發展，自我概念影響自尊的高低強度，自尊回饋給個體於自我察覺。自尊是個體對於自我的評價與喜愛，本質包含自我效能（Self-Efficacy）與自重（Self-Respect）。

自我效能是指個體對於某項任務達成程度的自我主觀評價。自重指喜歡做自己的強度。高自尊者對於自已的感覺良好，具有正向看法，因為相信自己的才能而持續發展正向態度與行為，容易發展有利的工作態度，工作滿意度與工作績效都較高。

　　自尊屬於自我的主觀評價，此項主觀評價主要來自個體經驗所產生的自我概念，例如：自我效能是個體對於某任務達程度的評價，與自我概念所形成的自信有關。正向自我概念者大多具有高度自信，這樣的概念不僅提升自我效能也增強對於自我的喜愛。自我概念的形成是個體直接性經驗與評價性經驗交互作用所形成，兩項經驗則主要源自個體自我察覺的引導而發展。高自尊的個體成功的經驗回饋給個體自我，再次修正自我察覺的經驗。

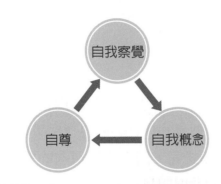

圖 3-3　自我察覺、自我概念與自尊的關係

（二）自我察覺（Self-Awareness）

　　自我察覺是指個體對於自己人格、能力與慾望等各方面的瞭解。績效良好的管理者，傾向自我察覺的能力較強，個體要能有效運用知識於本身，個體必須展開自我察覺的起端。自我察覺當然可以藉著自己經驗的探索，不過如此的的探索曠日費時，就功效而言，不僅事倍功半，更可能陷入低估個體本身的自我意識陷阱（Self-awareness Trap），或是落入自我高估的正向幻想（Positive Illusions）。因此，自我察覺的途徑不僅可以透過自我經驗之外，還可以透過獲得人類行為的相關知識與資訊、他人回饋與評量工具的回饋。

1. 自我經驗

自我察覺可以透過生理感官、肢體動作、情緒感覺與想法念頭等線索進行自我察覺，亦即個體有意識地運用生理與心理的功能檢視與察覺個體本身的生活與工作等相關經驗，獲得對於本身性格、能力與慾望等 各方面的瞭解。

2. 相關知識

研究人類的科學已經累積許多的知識，透過吸收相關知識與資訊，能夠更加有效理解自我的人格、能力與慾望等訊息。

3. 人際回饋

人際回饋是指透過他人的訊息回饋，檢視自我本身，亦即讓自己明白在他人眼裡的自己是什麼樣的人。例如：上司、同事、同儕與親朋好友等的回饋。職場中，一段時間都會舉行績效評估，透過績效評估的過程，藉由彼此溝通更加能夠察覺無意識與潛意識的自我。360 度的績效評估，評估者更涵蓋同儕與更多相關人員，其中可能包含顧客、供應商等。

4. 評量工具

學校或是企業的諮商輔導中心、生涯發展中心都能提供某些人格與性向等量表。

不論透過何種途徑與線索，個體以本身的內在經驗為主要焦點，向外發展各種不同層次的自我狀態。個體的內在經驗包含個體成長過程中的記憶、學習、累積的觀點、思考與反應模式等。隨著不同層次的運作與呈現，產生所謂的個人自我、家庭自我、社會自我與組織自我等不同角色的自我。

（三）自我概念（Self-Concept）

自我概念是指個體認為自己是什麼的人，是個體對自己的認識，這種對於自我的描述是以參照各種角色及認同為基礎。自我概念具有自我維護的功能，也就是說，個體會追求自我概念的一致。成功人士會努力達成目標，形成正向自我概念，而不成功者容易形成負向自我概念。

人本主義心理學家羅吉斯（Carl R. Rogers）指出，個體意識中所經驗到的自我，是個人憑其主觀所知覺到的心理世界，而非客觀的真實世界。亦即，個體的自我概念發展前，首先發展的是自我察覺，個體對於自己的人格、能力、興趣、慾望的瞭解之外，也對於個體與他人、環境的關係、處理事務的經驗等的產生概念。

自我概念的形成是屬於動態的發展，是個體對於自我整體的觀點與判斷，是個體成長的過程中不斷地累積與他人互動的結果而形成。羅吉斯提出現象論（Phenomenalism）的看法說明自我概念的動態發展，個體所經驗到的一切經驗整體稱為現象場，現象場內的經驗，屬於個體從自身所得到的經驗，此經驗稱為直接性經驗，個體從經驗中對於自己的知覺、瞭解與感受，形成自我概念，在自我概念的發展過程，個體會接收到他人對於其行為的評價，此間接性經驗

又稱爲評價性經驗。當個體的直接性經驗與評價性經驗一致，則自我概念會變得更爲確定，當直接性經驗與評價性經驗產生衝突時，則個體自我概念的發展會遭受到困難。

自我概念不同於自尊，自我概念是對自我的知覺反應，而自尊則是對自我的情感反應。自尊包含著自我接受的成分，自尊是對自己的整體性評價與自我價值具有相同的意義，換句話說，也就是對自己的評價或喜愛程度。

（四）自尊（Self-Esteem）

自尊包含自我效能以及自重，自我效能是指個體對於達成某活動的自我認知程度，也就相信自己能完成該活動的成功機會有多少。而自重是指對於自我的價值感與重要感的認知，高自尊者更接納自己、喜愛自己。自尊程度之差異會影響個體內在人格，因而導致外在行爲及對環境之適應程度有不同呈現。自尊不但是情緒穩定及生活適應的預測因子，與健康行爲的選擇及持續也有非常密切的關係，是心理健康的一項重要影響因素，高自尊者情緒穩定且有較好的生活因應能力。低自尊者之自我概念較具模糊、不確定性，易隨時間變動，在不同情境下一致性較低；反之，高自尊者之自我概念較具確定性，較爲穩定不易變動，不因情境而變動。通常男性自尊感比女性高，教育程度愈高者，亦較會有高自尊心態。

個體在組織當中如何看待他自己，會決定形成何種組織和個人特殊認知，並且以過去經驗作爲參考，進而發展成組織自尊（Organizational-Based Self-Esteem），組織自尊反應個人在組織及同儕間之自我認知價值；而自尊爲個體在自我評價中，對其自己的尊敬程度，屬於一種自我認同的程度。但是，自尊不止反應出個體對於自己本身的判斷價值，其個人評價亦會反應出他人對自我之看法，因此，高組織自尊的組織成員傾向相信自己是組織中的一份子，使他們之認同需求能夠得到滿足，通常，高自尊者認爲自己在組織中之角色很重要、具有貢獻、有效果且有價值。Saul Kassin（2001）指出高自尊循環包含：高度自尊影響正向期待，正向期待激勵個體高度努力，高度努力促使成功機會大增，成功則強化自我努力的歸因，進而增強個體自尊。自尊是可以學習與發展而增強。增強自尊可以透過完成個體認爲有價值的工作，給予適度挑戰的目標，強化提升自我效能，引導個體產生正向期待，藉由高自尊循環來發展個體自尊。

1. 個體面對外在刺激而會有如何的行為反應,受到個體的潛意識與意識的作用所影響,也就是說,除受到個體潛意識的人格的差異影響之外,也會因為有意識的個體對於自我的認知差異所影響。

2. 人格包含三項特性:人格具有一致性、人格主要源自於個體內在、某一個體的人格不等同於多個個體的平均。

3. 如同人格的形成過程一樣,人格特質也是受到先天遺傳、後天的學習及環境的影響等因素交互作用所影響而形成。

4. 研究人格對於組織行為能夠產生四項貢獻:瞭解人格、量測人格、培育人格與人員遴選。

5. 六項人格類型模式係屬一項人格 - 職業適配理論,主張個體人格類型、興趣與工作密切相關,分為實際型、研究型、藝術型、社會型、企業型和傳統型六種類型。

6. MBTI 量表涵蓋四項構面,每個構面各包含兩極端特質,將人格分為十六種類型。

7. 五大人格理論能充分描述一般人格的基本面向,其模式包含外向性、親和性、情緒穩定性、開放性及嚴謹性。

8. A 型人格特質的人在工作的量方面績效會較佳,而 B 型行為特質的人在質的方面,會有較理想的表現。需要創意的工作,B 型行為特質的人會比 A 型行為特質的人表現較好。

9. 內控人格傾向的人,會以積極、具有建設性的態度來面對種種挑戰與困難;相對的,具外控人格傾向的人,常會表現出較不具建設性的行為。

10. 高自我監控者對於情境中的人物表情與心思都極為敏感,能適切調整自己行為,而低自我監控者比較著重以其本身的價值觀、感覺和態度作為行為依據的標準。

11. 自我察覺、自我概念與自尊的關係:自我察覺影響自我概念的發展,自我概念影響自尊的高低強度,自尊回饋給個體於自我察覺。

12. 自我察覺途徑有經驗的探索、相關知識、人際回饋與評量工具的回饋。

13. 成功人士會努力達成目標,形成正向自我概念,而不成功者容易形成負向自我概念。

14. 當個體的直接性經驗與評價性經驗一致,則自我概念會變得更為確定,遭遇衝突時,則個體自我概念的發展將遭受到困難。

15. 自我概念不同於自尊,自我概念是對自我的知覺反應,而自尊則是對自我的情感反應。

16. 自尊會影響個體內在人格,因而產生不同的外在行為及反應,高自尊者大多感到工作滿意並且工作績效良好。

一、選擇題

(　　) 1. 天生因素與環境因素影響人格的形成，個體面臨情境所展現出的行為方式，卻是受到個體內在的哪項影響？ (A) 能力　(B) 人格特質　(C) 環境　(D) 以上均是。

(　　) 2. 尊重權威和規章制度，喜歡按計劃辦事，細心、有條理，習慣接受他人的指揮和領導，屬於霍蘭德（John Holland）所指的哪項人格類型？ (A) 企業型　(B) 社交型　(C) 傳統型　(D) 實際型。

(　　) 3. 喜歡保持在忙碌狀態下，具有自信、主動活躍、喜好刺激與興奮等行為特徵，屬於五大人格的哪一類型？ (A) 開放性　(B) 外向性　(C) 情緒穩定性　(D) 親和。

(　　) 4. 缺乏耐性、安全感較低、容易緊張，是指哪項行為類型？ (A) A 型行為類型　(B) B 型行為類型　(C) 內控人格特質　(D) 外控人格特質。

(　　) 5. 個體對於達成某活動的自我認知程度，也就相信自己能完成該活動的成功機會有多少，是指什麼特質？ (A) 比馬龍效應　(B) 自重　(C) 自我效能　(D) 自我概念。

(　　) 6. 人本主義心理學家羅吉斯（Carl R. Rogers）指出，個體意識中所經驗到的自我，是個人憑其所知覺到哪類心理世界？ (A) 主觀　(B) 客觀　(C) 直接經驗　(D) 社會情境。

(　　) 7. 人與工作的適配主要是指工作與員工的哪項變項的適配？ (A) 知識　(B) 技術　(C) 能力　(D) 心理特質。

(　　) 8. 霍蘭德的六項人格類型模式中，實際型人格類型的人除了研究型之外，還有哪項類型容易相處？ (A) 藝術型　(B) 社會型　(C) 企業型　(D) 傳統型。

(　　) 9. 傾向哪項人格特質的人比較自我肯定？ (A) 外向型　(B) 內向型　(C) 嚴謹型　(D) 開放型。

(　　) 10. 自我察覺的途徑不僅可以透過自我經驗之外，還可以透過什麼途徑來進行？ (A) 獲得人類行為的相關知識與資訊　(B) 他人回饋　(C) 評量工具的回饋　(D) 以上均是。

本章習題

二、問答題

1. 要明白人格的意涵，就需要清楚地瞭解人格包含哪三項特性？

2. 研究人格能夠產生哪四項貢獻？

3. MBTI 將人格分為哪四個構面？

4. 羅吉斯提出現象論（Phenomenalism）的看法說明自我概念的動態發展，說明他的主張。

5. 自我察覺的途徑主要有哪四項？

6. 說明如何依循 Saul Kassin（2001）指出高自尊循環來提升自尊？

三、問題討論

1. 人格的意涵包含哪三項特性？

2. 對於組織行為而言，研究人格能夠產生哪四項貢獻？

3. 六項人格類型模式的意涵與主張有哪四項？

4. 哪一項人格特質有助於個體學習？

5. 自我察覺的途徑有哪些？

6. 說明羅吉斯（Rogers）所提出現象論的內容。

7. 自我概念與自尊的意義有何不同？

8. 自尊與自我概念的強度有什麼樣的關係？

Chapter 學習與創新

● 學習目標

1. 學習的定義與涵義
2. 學習理論：古典制約學習論、操作制約學習論、認知學習論、社會學習論
3. 應用學習理論於個體的學習
4. 創新能力的定義與涵義
5. 創造力與創新能力的關係
6. 創造力的組成
7. 知識處理能力

● 章首小品

學習以提升創新

　　勞動部勞動力發展署推動人才發展品質管理系統（TTQS），強化訓練績效。「人力資本」是最重要的生產力要素之一，所以人才培訓已經成為各產業升級發展的基礎工作，為提升臺灣人力資本素質及訓練單位辦訓品質，本署積極建立及推廣我國訓練品質保證系統，並謀求與國際訓練品質系統接軌，強化勞動生產力與國家競爭力。近年來，本署為強化國人職場競爭力，致力於整合政府與民間資源推動各項職前與在職訓練。在職前訓練方面，每年辦理區域職業訓練供需調查，規劃辦理多元化就業導向訓練，提供未就業者及特定對象參加，積極促進其就業，並配合政府重點政策產業推動策略性產業人才培訓；在職訓練方面，為協助企業提升人力資源並激發在職人員自主學習，補助在職者進行實務訓練課程，持續提升其職場工作職能。

　　在結合民間資源發展培訓產業的同時，更應致力於確保訓練單位辦訓品質，強化事業機構及培訓單位的辦訓意願與能力，進而協助國人有效提升職場競爭力。因此，勞動力發展署特別引進國際標準組織（International Organization for Standardization，ISO）於西元 1999 年 12 月頒布的「ISO10015 品質管理——訓練指南」（Quality management － Guidelines for training）及英國人才投資認可制度（Investors in People，IIP），參酌其內容就訓練有關的計畫（Plan）、設計（Design）、執行（Do）、查核（Review）、成果評估（Outcome）等五大構面，制定我國人才發展品質管理規範（TTQS）的訓練品質保證系統，以落實訓練流程的可靠性與正確性，透過此系統型塑投資人才的優質訓練環境。

資料來源：勞動部勞動力發展署 TTQS 網站

→ 前言

學習不僅僅是能獲得知識，學習知識與創新思維的過程也是一致的，學習知識的過程也訓練與培養出思維能力，經常學習較有難度的知識，需要不斷地思考，能夠打破既有的思維，因此提高了創新思維能力。本章首先以學習相關理論與方法進行說明與描述，再描述創新能力的理論與相關應用。

4-1 學習

心理學關心人類的學習，而學習在心理學的領域占相當重要的地位，不同的心理學派演變出不同的學習理論。

有關學習的心理學理論，以行為主義的制約學習和認知心理學的認知學習為兩大理論。依據兩項理論觀點，學習有兩種定義：

1. **行為學派的學者定義**：指個體因經驗（直接或間接）使其行為產生持續時間（持久性）的改變。

2. **認知學派學者的定義**：指學習經由經驗的歷程造成認知上永久的改變。

兩派學者的觀點形成學習歷程的兩大理論觀點：增強論、認知論。增強論又稱刺激反應理論，主要包含古典制約與操作制約論點。增強論主張學習時，行為的改變乃是刺激與連結的結果，該連結則透過制約作用而產生古典制約（被動學習）與操作性制約（主動學習）；認知論則主張複雜的學習過程為一項認知過程，必須做出判斷與觀察或進行心智活動。

（一）行為學派論點

行為學派最早對學習原理提出相關發現，這些發現確實提供人類在學習上許多助益，其主要發現的理論為古典制約及操作制約理論，以下概述行為學派上述理論主張。

1. 古典制約

古典制約（Classical Conditioning）指出，當兩件事物經常同時出現時，大腦

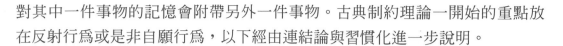

對其中一件事物的記憶會附帶另外一件事物。古典制約理論一開始的重點放在反射行為或是非自願行為，以下經由連結論與習慣化進一步說明。

(1) 連結論（Association）

任何一個反射，皆為中性刺激與產生的反應兩者的關係。透過非制約刺激與非制約反應的自然連結，加上制約刺激與非制約刺激的聯結，使制約刺激與非制約反應產生聯結，產生刺激的類化、辨識及高層次制約等作用，影響因素為時間的接近度與刺激間順序。在制約刺激出現後，非制約刺激能在半秒鐘內呈現效果最佳，制約刺激在非制約刺激之前出現，會產生預測效果，形成聯結作用，當制約刺激出現時，雖然沒出現非制約刺激，也會產生非制約反應。例如：廣告中呈現空中飛人喬登（非制約刺激）拿著 NIKE 籃球（制約刺激），喜好喬登的消費者看到喬登自然內心喜悅（非制約反應），經過多次廣告的呈現，當消費者選購運動商品時，看到 NIKE 品牌（制約刺激），自然產生喜悅情緒（制約反應），選購 NIKE 品牌用品的機率自然增強許多。

行為主義的連結論，認為學習為漸進式而非頓悟，將因為嘗試錯誤的次數增加，使問題解決所耗費的時間減少，經由學習的安排與環境的刺激，將可以改變學習者的行為。

(2) 習慣化（Habituation）

學習行為最簡單化的一種是習慣化，這是一種對重複刺激出現逐漸熟悉後，反應行為減低的現象，所以動物皆有習慣化的現象。此現象使個體可以忽略熟悉的刺激，專注於新的可能危險信號上。習慣領域理論主要論點：每個人大腦所編碼儲存的概念、思想、方法、經驗、技巧及各種信息等，經過相當時間後，如果沒有重大的事件刺激，這個編碼和存儲的總體，將處於相對的穩定狀態，思想或想法處於穩定狀態下，個體對人、對事、對問題、對刺激的反應，包括認識、理解、判斷、做法等，即有一種習慣性。習慣為一種不易被察覺，更不易改變的行為，它的形成及穩定主要有幾項原因：

① 習慣領域隨個體的學習過程形成。學習積累的知識愈多，個體較不會覺知新事物的新奇性，尤其當個體接觸的外界範圍和事物沒有較大變化的情況下，這種現象會更加明顯。

② 個體經常用過去的經驗和思維方式解釋新的刺激、事物，有扭曲外在刺激和事物的意義。

③ 基於個體追求其主觀上的一致性，將新的訊息與既有的儲存訊息、知識等結合起來，使個體認為它有新意的機會大為降低，從主觀上不願意接受新事物。

④ 外界的環境雖然為動態且變化的，但這些變化皆在一定的範圍內發生，個體能覺知到的機會也存在著相當程度的局限性。

由於上述幾個原因的共同作用，人們的習慣領域將逐漸趨於穩定，除非有重大的事件發生（即有壓力產生），否則不會刻意地擴展習慣領域。習慣領域的基本涵義有兩個方面：個體大腦編碼和儲存訊息、知識的總體，稱為潛在能力；人們認識問題、處理問題的習慣性，稱為表現。習慣領域一旦穩定後所表現出來的作用具有「兩重性」，一方面，它表明行為主體累積的智慧和經驗，反映該主體具有一定的能力，有助於提高主體工作的效率和效果，可將其稱為正面效應；另一方面，它可能阻礙新訊息的進入和接收，容易產生守舊思想，缺乏創新精神，可將其稱為負面效應。

2. 操作制約

操作制約論（Operant Conditioning Theory）又稱為工具制約論，認為行為是其後果的函數，人們做某些事，以得到想要的或想避開的後果。操作制約（Operant Conditioning）為一種由刺激引起行為改變的過程與方法，又稱為工具制約或工具學習。操作制約與古典制約有所不同，操作制約的作用行為，為個體自願的行為；古典制約則使個體產生非自願反應的作用。心理學家愛德華‧桑代克觀察他的貓試圖逃出迷箱的行為。第一次貓花費很長的時間才從箱子裡逃出，有此經驗之後，無效的行為出現頻率逐漸減少，成功的行為出現頻率則逐漸增加，貓成功逃出迷箱所用的時間也愈來愈少。在桑代克的效果律中解釋，成功的行為產生滿足的結果，這種結果經由經驗被「印入」（Stamped in），使得成功行為的出現頻率增加；失敗的行為則產生厭惡結果，因而被剔除（Stamped out），造成失敗行為的出現頻率減少。

操作制約論以桑代克的理論作為基礎，建立關於正增強、負增強、懲罰與消弱的操作制約理論。在桑代克的效果律中說明某些結果能夠增強行為，某些結果能夠減弱行為。增強和懲罰兩種刺激為操作制約的核心思想。另外，消弱（Extinction）指沒有產生作用的刺激。增強、懲罰或是消弱不但能使用在實驗室中，也能用在形容包括人類以外其他動物的自然環境。增強指使反應行為出現頻率增加；懲罰則指目的抑制行為出現頻率的刺激；消弱指生物個體對某刺激沒有產生厭惡也沒有喜愛，但將使行為出現頻率減少。

正增強與負增強在操作制約理論中代表增加與減少之意。正向指在生物個體境所處環境增加刺激並產生反應;負向指在生物個體所處環境減少刺激並產生反應,由此導出四種操作制約分類如下:

(1) 正增強(Positive Reinforcement): 在進行某個行為之後,增加個體喜愛的效果或成果,使該行為的出現頻率增加。在史金納的實驗中,以食物或糖水作為刺激,經由老鼠按下槓桿的行為供給食物和糖水,造成老鼠按下槓桿的頻率增加。

(2) 負增強(Negative Reinforcement): 在進行某個行為之後,減少個體厭惡的效果或成果,使該行為的出現頻率增加。在史金納的實驗中,以噪音作為刺激,經由老鼠按下槓桿的行為停止噪音,造成老鼠按下槓桿的頻率增加。

(3) 懲罰(Punishment): 在進行某個行為之後,增加對象厭惡的效果或成果,使該行為的出現頻率減少。例如:員工遲到須扣薪資、學生服裝不整將遭到記申誡處罰。

(4) 消弱(Extinction): 原來的增強刺激不再產生效果。在史金納的實驗中,原本老鼠能透過按下槓桿獲得食物,當按下槓桿不再供給食物的時候,老鼠將會逐漸減少按下槓桿的行為。

圖 4-1 藉由懲罰,可以使不被認同的行為減少

(二)認知觀點學派

行為主義者稱人的內心為黑箱(Black Box),刻意加以忽視,致力於操弄刺激(S),然後觀察反應(R),以找出刺激與反應間的關係。因此,行為主義心理學又稱為 S－R 心理學(S－R psychology)。現今已有足夠的證據顯示,

黑箱裡頭的活動相當重要。除刺激、反應、強化物之外，認知活動在學習中扮演著舉足輕重的角色，例如：知覺、記憶、思考等認知活動皆相當程度地影響著學習。

現代學習理論的觀點，從行為學派轉移傾向以認知學派理論為主要觀點，認為個體才是學習過程中最重要的因素，學習者需要主動積極地將外在 刺激予以知覺、練習並儲存於記憶中。注意是學習的開端，人們往往隨性地選擇性注意，學習容易失去目標以及零落片段的學習，因此學習者主動積極地學習，能清楚學習目標，也能聚焦注意學習的主體或內容。以下就認知發展的特性、皮亞傑認知理論以及資訊處理理論等三項認知理論觀點，說明認知學習理論的主要觀點。

1. 認知發展的特性

多數心理學家認為，成長與發展為人類特質的結構與功能之改變、遺傳及環境互動的結果。大部分的認知論為發展性的，皮亞傑為此理論的代表，他認為學習為主動而非被動，學習是行為與環境交互作用而產生，而智力由結構、功能與內容三個要素所組成，智力的發展即為認知發展。認知發展具有五項特性：

(1)關連的：認知的發展與現存的知識有關連性。

(2)功能的：個人對外在的刺激有二項功能，即適應與組織。適應是個體的認知結構，因為環境的限制而主動改變的心理歷程，組織則為個體在處理周圍事務時，能統合運用其身體的與心智的各種功能，從而達到目的的一種身心活動歷程。

(3)辨證的：個體發揮適應功能時，將因環境的需要而產生兩種彼此互補的心理歷程，即同化與調適。同化指的是外在的訊息與內在知識相合，而調適代表現有知識加以改變使其能結合新知識，個體能對環境適應，表示他的認知結構或基模的功能，能在同化與調適之間維持平衡的心理狀態。

(4)內發的：認知發展的動機源自於個人內部。

(5)階段的：認知發展有階段性。

2. 皮亞傑認知理論

在社會互動中，人們必須面對不同的意見，透過同化與調適等過程，人們的認知能力獲得提升。人們在不斷的團隊互動中，調整自己的認知結構，如此

可促使個人認知發展，提升自己的能力，進而提升團隊績效。因此透過團隊學習，人們有機會探知，並加以整合，以獲得全新的、周延的看法，使問題解決更有效率。透過同化（Assimilation），將新訊息納入現有基模的過程，即是能理解新知識，並且結合融入既有的知識或認知結構；調適（Accommodation）則是修正原存在的基模，此過程能改變既有的認知結構或基模。

3. **資訊處理理論（Information-Processing Theory）**

近代研究認知發展的理論學者認為所有認知行為皆為處理資訊的方法。早先已經存在而未受重視的認知學習理論，又復受到重視，進而發展出資訊處理理論。

資訊處理中的心理運作為交互作用的複雜歷程。資訊處理非單向進行，為個體和刺激之間發生複雜的交互作用。環境中原屬於物理事件的刺激，影響到個體的感官時會先轉換為生理事件（神經傳導），後經輸入而產生感官收錄，訊息轉換形成心理事件的開始。個體能收錄該刺激，主要為該刺激的特徵與個體長期記憶中既有的訊息或知識存有連帶關係，此現象正好符合個體適應環境時，以既有經驗為基礎而處理新問題的原則。

(1) 資訊處理的內在歷程，一般認為其中包括三個心理特徵：

① 訊息處理為階段性。

② 各階段的功能不一，居於前者屬暫時性，居於後者屬永久性。

③ 訊息處理不是單向直進式，而為前後交互作用。

(2) 資訊處理理論推論，認知歷程分為三部分： 感官收錄、短期記憶與長期記憶。

① 感官收錄（Sensory Register）：又稱為感官記憶，指個體憑著視覺、聽覺、嗅覺、味覺、觸覺等感覺接收器，感應外在刺激而引起暫時性記憶，通常停留僅三、四秒，將因衰退或被新刺激所取代而消失。感官收錄的暫時記憶仍然保留著刺激本身原來的形式，唯有個體對該刺激進一步注意，經過編碼（Encoding）才會形成知覺存入短期記憶中。

② 短期記憶（Short-term Memory）：指感官收錄後在經注意而在時間上延續到 20 秒以內的記憶。短期記憶對個體的行為，具有兩種重要的作用：其一是對刺激表現出適當反應，當反應過後，目的達到，短期記憶作用完成後，不再繼續做進一步的處理，記憶即流失，變成遺忘。另一作用是如個體認為所處理的訊息是重要的，即會採用複習

（Rehearsal）的方式，保持較長久的時間然後輸入長期記憶。故短期記憶在有限的時間內，除接受從感官收錄進來的訊息，並適時做出反應外，另具有運作記憶（Working Memory）的功能。運作記憶是指個體對訊息性質的深一層認識和理解，理解後刻意予以保留，是將之轉換成長期記憶的主要原因。

③ 長期記憶（Long-term Memory）：指保持訊息長期不忘的永久記憶（Permanent Memory），理論上長期記憶和短期記憶除在時限上的不同外，另有兩點差異。一為短期記憶是限量記憶，而長期記憶是無限的。二為長期記憶中儲存的訊息或知識，在性質上與短期記憶中暫時儲存者不同，儲存在長期記憶中的訊息，大致分為兩類：一為情節記憶（Episodic Memory），只有關生活情節的實況記憶；另一類為語意記憶（Semantic Memory）是指有關語文所表達的意義的記憶。

（三）社會學習論

社會學習論（Social Learning Theory）說明學習的模仿過程，又稱為觀察式學習或模仿學習，成功模仿的步驟有包含注意、保留、動機與展示。社會學習論的集大成者為班杜拉（Albert. Bandura），班杜拉從社會的觀點認為人類的學習是透過個人與社會環境因素交互作用的過程，經由社會的交互作用，運用增強、模仿與認同作用而自我增長，建立個人的行為模式。

社會學習論結合行為學派的增強論與認知學派的認知論原理，分兩層次說明行為的變化，第一個層次以操作制約學習與行為塑造原理，解釋人格結構中較為簡單的特徵與行為，此一層次的學習可以稱為增強學習；第二層次則採用認知論的原理，解釋個體經由對他人行為的模仿、認同後索引，此一層次包含模仿學習（Learning by Modeling）與認同學習（Learning by Identification）。較為複雜的學習，經歷的社會學習歷程由心理內在控制的歷程，又稱為內控歷程（Internal Control），經由內控的轉換，學習使得內化（Internalizing）為學習者的特質。內化涵蓋兩個重要學習歷程：模仿與認同。

1. 模仿學習

促使模仿行為產生的四項條件：(1) 行為示範者比他人更突出；(2) 行為示範者被觀察者喜歡或尊敬；(3) 行為示範者被觀察者認為與觀察者相似；(4) 行為示範者的行為被增強。

2. 認同學習

認同為深入的模仿,個人在社會化的適應歷程中,將他人的某些行為內化於本身的行為體系中。認同的對象可以為個人、團體,也可以是具體人物或是想像的人物。

圖 4-2　偶像崇拜也是一種模仿學習

社會學習論主要強調行為不僅受到環境刺激和外在增強物的影響,同時也會被認知中介歷程所影響。此認知的中介歷程構成社會學習的四個次歷程:(1) 注意歷程:對楷模的行為產生注意力;(2) 保留歷程:對觀察到的現象保持記憶;(3) 動機歷程:產生模仿觀察到行為的動機,呈現增強效果;(4) 展示歷程:模仿行為的潛能,模仿者透過記憶,展現出先前觀察到的行為。

(四)學習型態(Learning Style)

庫伯(David Kolb)提出學習型態(Learning Style)相關理論,學習型態又稱為為學習風格,指學習者的學習方式,學習者學習偏好方式會產生差異。了解學習者的學習偏好,使用是當的學習方法,則能提升學習成效。庫伯認為學習者傾向不同的方式學習,可分為四種學習特性,依據學習者對於資訊的吸收以及資訊的處理兩項構面分析學習者的學習型態,如圖 4-3 所示。

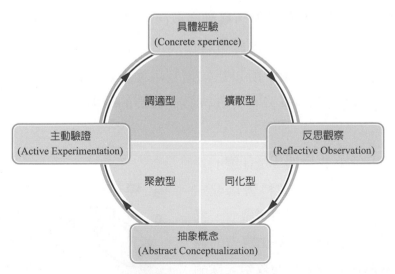

圖 4-3　庫伯的學習型態

資料來源:Kayes, Anna B., Kayes, D. Christophor & Kolb, David (2005). Experiential learning in teams. Simulation and Gaming, 36(3), pp. 334.

　　垂直構面為資訊接收的偏好，代表知識的具體和抽象構面，其兩端分別代表具體經驗和抽象概念；水平構面為資訊處理的偏好，代表知識的內涵與延伸構面，兩端分別表示主動驗證和反思觀察。學習型態是個人從連續不斷的學習經驗中累積成偏好的學習行為特性。兩個構面形成的四個象限分別代表四種學習型態：

1. 聚斂型（Converger）

可以將點子實現、決策與選擇可行方案，擅長將理論作實際的運用，能處理科技性的問題勝於社會性的問題，具「非情緒性格」。學習偏好主動驗證、抽象概念。

2. 擴散型（Diverger）

廣泛思考者。具創造、善於匯集可行方案、瞭解人們；腦力激盪方面上的表現好、喜歡觀察別人、蒐集資訊、有廣泛的文化興趣、具創新性格。學習偏好省思觀察與具體經驗。

3. 同化型（Assimilator）

創建理論模式、歸納推理、定義問題，擅長處理大量資訊與歸納成理論、對人較沒興趣、重邏輯輕實用價值。學習偏好省思觀察、抽象概念。

4. 適應型（Accommodator）

行動實踐者。傾向依感覺行動、易適應環境、喜歡用直覺勝於邏輯分析、依賴他人資訊勝於技術性的分析、具動作取向。學習偏好主動驗證、具體經驗。

　　各種學習型態偏好的學習喜好也有差異，例如：擴散型學習者喜歡 問「原因」，關懷知識背後的動機，所以想知道其用途，對背後不為人知的小故事極感興趣。因此，擴散型的學習者喜歡啟發性較高的學習方式或雙向式的溝通與分組討論。

　　同化型的學習者喜歡問「是什麼」、喜愛抽象的表達、自己讀教科書求取知識；聚斂型的學習者會問「如何做」，喜歡回家習題演練或做實驗，經由實做的過程學習，也喜歡使用電腦輔助教學、樣品展示與工廠參觀；調適型的學習者喜歡問「假設在什麼情形下會發生什麼情況」，偏好開放式的習題或開放式的實驗。

圖 4-4　同化型的學習者擅長處理資訊

在設計學習活動時，為激發學生使用完整的學習循環，建議在課程中能包含以上各種學習型態。例如：在學習中加入可以訓練主動實驗求證的學習活動，如開放式實驗設計（Open-ended Laboratories）在學習中加入電腦模擬與示範（Computer Simulation and Demonstration）。利用各種類型學習者喜歡的授課方式，設計不同授課方式所占的合理比例，即設計學習多元化的學習單元。

4-2 引導個體學習

經由學習理論的原理與原則，本節將上述三種主要學習理論應用於員工學習，依序描述行為塑造（Shaping）、示範（Modeling）與蓋聶（R.M. Gagne）學習條件論等三項方法，逐步地導引員工在行為上的學習，以符合組織的期待與效益。

（一）行為塑造（Shaping）

增強論（Reinforcement Theory）又稱效果論（Effect Theory），為美國心理學家和行為科學家史金納（B.F.Skinner）等人提出的理論，以學習的增強或效果原則為基礎，理解和修正人的行為。所謂增強，從最基本的形式表示，指對一種行為的肯定或否定的後果（增強或懲罰），它至少在一定程度上決定這種行為今後是否會重覆發生。

根據強化的性質和目的，可將強化分為正增強和負增強。在管理上，正增強即獎勵組織上需要的行為，從而加強這種行為；負增強為懲罰與組織不相容的行為，從而削弱這種行為。正增強的方法包括獎金、對成績的認可、表揚、改善工作環境、提升人際關係、安排擔任挑戰性的工作、給予學習和成長的機會等。負增強的方法包括批評、處分、降級等，有時不給予獎勵或少給獎勵也是一種負強化。

史金納認為，通過正增強，員工因原有行為受到鼓勵和肯定而自覺地加強該行為；通過負增強可以使員工感受到物質利益的損失和精神的痛苦，從而自動放棄不良行為。史金納認為，正增強或負增強必須緊隨行為之後才最具效果。

行為塑造則從效果論觀點增強或消除某些行為的產生，即針對個體的行為發生後給予四項類型的處理效果，塑造有益的行為重複發生。行為塑造處理即採用操作制約論的四種類型操作制約。

表 4-1　四種類型的操作制約

	期望的行為	不受期望的行為
學習者的行為效果	正增強	懲罰
	負增強	削弱

依據增強論而言，管理者可以通過行為後的效果，強化他們認為有利的行為影響員工。史金納主張強化的重點應該多採用獎勵等正增強而少採用懲罰等負增強。懲罰的功效確實可以消除職場上不被認同的行為，卻會讓管理與訓練產生不良的影響，其原因包含：

1. 懲罰能禁制員工停止不被期望的行為，但無法激勵員工努力於期望的行為。

2. 若懲罰無法持續維持，員工可能只會專注於避開懲罰，例如：上班遲到扣薪資，員工則會找人代為打卡。

3. 若有其他誘因激勵不好的行為，必須用相當嚴格懲罰抵制該行為的產生，將會加劇員工負面影響。

4. 執行懲罰者被視為敵對者，影響領導互動，將產生管理上的負向效果。

效果能產生增強效果的原因，在於行為背後所帶來的結果是否具有激勵效果，因此須依照增強對象的不同而採用差異的增強物。個體因年齡、性別、職業、學歷、經歷的不同，擁有不同的需求差異，增強方式也不同。有人重視物質獎勵、有人重視精神獎勵，應區分情況，採用不同的強化措施，以達到有效激勵員工行為的目的。（詳細激勵做法，請參考本書第五章激勵）

（二）行為示範（Modeling）

行為示範指向學習者提供一個展示關鍵行為的模式，並且給予他們提供實踐的機會。該方法基於社會學習理論，適應於學習某一種技能或行為，不適合事實訊息的學習。有效的行為示範，以社會學習論的四項認知歷程，呈現四個主要的步驟：

1. 明確關鍵行為

關鍵行為指完成一項任務所必須的一組行為。通過確認完成某項任務所須的技能和行為方式，以及有效完成該項任務的員工所使用的技能或行為確定關鍵行為。

2. 設計示範演示

為受訓者提供一組關鍵行為。錄影為示範演示一種主要的方法。科學技術的應用使得示範演示可通過電腦進行，有效的示範演示應具有幾個特點：

(1) 演示能清楚地層示關鍵行為。

(2) 示範者對學習者可以信賴。

(3) 提供關鍵行為的解釋與說明。

(4) 向學習者說明示範者採用的行為與關鍵行為之間的關係。

(5) 提供正確使用與錯誤使用關鍵行為的模式比較。

3. 提供實踐機會

讓受訓者演練並思考關鍵行為，將學習者置於必須使用關鍵行為的情景中，並向其提供回饋意見。如條件允許還可利用錄像將實踐過程錄製下來，學習者觀察自己模擬正確的行為及如何改進自己的行為。

4. 學習遷移的規劃

為員工學習遷移做好準備，在工作當中應用關鍵行為，以促進學習成果的遷移。工作環境中是否調整適合新行為，例如：組織系統與工作程序的再設計與調整、主管與同儕是否支持員工採用新的做法與行為。

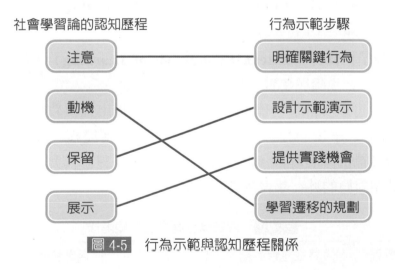

圖 4-5　行為示範與認知歷程關係

（三）蓋聶學習條件論

蓋聶的學習條件論是基於心理學的觀點建構而成。蓋聶先以行為主義的觀點為基礎，提出學習階層的主張，1965 年後又增加認知的元素，如概念、原則、

解決問題等心智歷程。因此，有人說蓋聶屬於認知學派和行為學派的折衷派，不僅著重刺激反應的連結，也關心刺激和反應之間中介的心智活動。蓋聶認為學習理論的任務在於釐清及解釋人類各種學習的複雜性。歸納蓋聶學習理論的要點包括：

1. 學習階層（Learning Hierarchies）

蓋聶認為教學活動應有合理的次序存在，因此將人類學習分八類，表示經由練習或經驗產生的學習有八種方式。這八類學習之間擁有層次之分與先後之別，居於低層的學習簡單，卻是構成複雜學習的基礎。八種由簡至繁的學習如下：(1) 訊號學習；(2) 刺激反應聯結學習；(3) 連鎖學習；(4) 語文聯結；(5) 多重辨別；(6) 概念學習；(7) 原則學習；(8) 解決問題。

2. 學習條件（Conditions of Learning）

學習為一種機制作用，使個體成為有能力的社會成員，讓人獲得技能、知識、態度和價值，導致各種不同種類的行為（能力）。能力為學習的結果，人類由環境中的刺激與史金納的認知歷程習得。換言之，學習為一種認知歷程，將外在環境中的刺激轉化為一個資訊處理階段，從中獲得新知識和能力。每一種學習結果皆需要不同的學習條件。

(1)內在的學習條件（Internal Conditions of Learning）： 指各類學習不同的先備知識與不同的認知處理技能。

(2)外在的學習條件（External Conditions of Learning）： 指可以影響學習效果的學習步驟與學習活動。

組織或主管可以安排這些學習活動，因此蓋聶提出九項教學事件（Events of Instruction）。學習過程必須依照學習的內在學習歷程，設計不同的學習事件。根據蓋聶的學習理論，將史金納內在學習歷程分為九個階段。內在學習歷程與其相對應的外在學習活動簡述如下表 4-2。

表 4-2　內在學習歷程的九個階段

內在學習歷程	外在學習活動	活動實例
注意力警覺	引起注意	使用突然的刺激（提出問題、使用媒體等）
期望	告知學習者學習目標	告知學習者在學習後能做什麼
檢索至工作記憶	喚起舊知識	要學習者回想過去所學的知識與技能
選擇性知覺	呈現學習教材	顯示具有明顯特徵的內容

內在學習歷程	外在學習活動	活動實例
語意編碼	提供學習輔導	提出有意義的組織架構
反應	引發行為表現	要求學習者參與討論
增強	提供回饋	給予訊息性回饋
線索恢復	評量行為表現	評量學習者的表現
類化	加強學習保留與遷移	設計類似情境做學習單元

4-3 創新能力（Innovation Capabilities）

在與對手競爭的策略和手段上，以及提供消費者更多樣化的產品與服務選擇維持長期的競爭優勢上，創新能力具備關鍵性的功效。創新可以被學習，同時創新也是組織經營的必要關鍵能力。

管理大師彼得杜拉克明確表示：「創新可以被訓練和學習。」其 1986 所著作的書中也多次闡釋創新的內涵，在其所著作《創新與創業家精神》（Innovation and Entrepreneurship）一書中，以較完整及系統化的方式討論創新，他反對創新為靈機一動的想法，認為創新可以被訓練和學習。

此外，創新為預防組織資源退化、被不同能力所取代或受到更高層次能力的超越的重要方式；組織必須學習創新，以防止更高層次能力的取代或以創新提升更高的自我能力。

創新的意義涵蓋「改變已建立的事物」和「引介新的事物」兩者，創造力為想出新事物，創新能力則是做出新事物的能力。創新能力發展歷程涵蓋創造力的發展與知識處理能力的發展，本節依序說明創新能力、創造力及知識處理能力。

圖 4-6　創新並非靈機一動，而是可以被學習

（一）創新能力的意義與類型

創新（Innovation）將有用的構思予以產生、採用，進而執行。創新能力（Innovation Capability）指新產品的產出、新服務的出現及創造出新產品價值的能力，此產品價值可增進經濟利潤的成長。

根據上述的定義，將創新能力的面向，分別為產品創新、製程創新及服務創新三個面向。不同型態的創新其發展過程存在著差異。例如：漸進式創新能精進現有產品、勞務、技術，強化已有的產品、勞務設計、技術的潛能，利用與改善現有技術的軌跡；激進式創新轉化大部分現有產品、勞務與技術，經常淘汰現有或是先前產品、勞務及技術與技術的設計；促發激進式創新的知識則屬於內隱性的知識，內隱性知識的轉換主要藉由人際互動達成，即其創新能力發展的歷程不同於漸進式創新能力的發展。創新能力的類型在程度上的分類為破壞性創新（Disruptive Innovation）與持續性創新（Sustaining Innovation）。破壞性創新又稱突破性創新，它將不同的價值前提帶入市場，將削弱主流市場的既有產品性能與效用，經常使市場的領導品牌產生變化；持續性創新有漸進性創新（Incremental Innovation）與激進性創新（Radical Innovation），兩者在既有的產品性能上做不同程度的改善，針對既有的產品做性能創新，通常不會產生領導品牌上的大幅變化。

在應用構面上有製程的創新、產品創新及服務創新；從活動構面上分析，創新為新的活動，包括新的計畫、產品或服務、新的生產技術、新的管理系統。

創新的廣泛定義在問題解決上，一種新概念或方法的發展與執行，創新可以為一個產品、一項服務、一個組織的程式、一個管理計畫，也可以是一項科技、一個政策或與組織成員息息相關的系統。

圖 4-7　智慧型手機為市場帶來革命

（二）創造力的組成

創造力指產生新奇又有效能的創意，也是依創新的思維能力。個人不但可以透過互動得到替代經驗而學習、成長。心理學家班杜拉（Albert Bandura）

更認為個人自我的評量與調節是個人行為的大部分來源，它由環境回饋而來。Amabile（1997）更加主張創造力形成創新能力，組織的資源、激勵及管理作為，影響著創造力。因此，可以明瞭創造力為組織產生創新能力的重要基礎影響因素。根據 Amabile, T. M.（1996）創造力成分模式（Component Model of Creativity），個人創造力為內在工作動機（Intrinsic Task Motivation）、專業（Expertise）及創造力相關技能（Creativity-relevant Skills）的綜合組成。

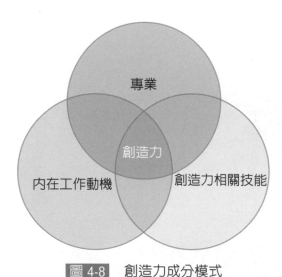

圖 4-8　創造力成分模式

1. 內在工作動機

內在工作動機指動機來自對工作本身的喜愛與興趣。個人創造力受到內在動機驅動，若組織成員感受到工作為有趣、吸引人、令人滿足且具挑戰性的時候，將受到工作本身的激勵，更加投入於工作，促進創造性成就。組織成員的內在工作動機經常受到組織情境的影響，獲得組織的支持以取得資源，在提案審查過程中無法說服主管與同仁而飽受批評而受挫、受限於組織的無效率、不良的人際關係而難以專注於工作等產生阻力的經驗，皆不利發揮創造潛能。

個人創新動機也受到自我的創新效能影響。創新效能源自班杜拉的自我效能（Self-Efficacy）理論，指個人在特定情境下，自信能完成工作的程度。班杜拉表示當人們論述特定工作或任務的效能時，可使用該特定工作的效能描述，如愛迪生的發明效能（Edison's Inventive Efficacy）。社會認知理論學者認為，自我效能決定於個人的認知、動機及心理等歷程，並對其行為活動的選擇與績效產生影響，自我效能愈高的人，在從事特定工作歷程中具有較高的自信並因此獲致成功。

2. 專業

個體知覺新知識、整合外在知識的價值、同化該知識、轉換及商業化地應用該知識的能力，為依附在先備知識，循序累積而成。先備知識影響個體對知識的理解與評價，當缺乏專業的知識時，往往破壞原系統功能，產生負向的功能性破壞。個體必須具備足夠專業知識、技能與能力，始得認定、同化及利用外在的知識的能力，藉以解決問題、產生創造力。專業知識、技能與能力可以增強成員創造力，尤其當產品製造過程愈加著重在知識強度時。

3. 創造力相關技能

創新需要強調對於外在知識的應用能力。應用能力需要透過認知的歷程，採用創造力相關技能。例如：創造思考法的整個過程主要包含界定問題、接受各種可能的解決方法、找出最佳方案及付諸行動。從心理認知的改變而論，包括結合新的想法、新的關聯、新的意義、新的應用方式；過程包含的技巧則為集中焦點、把握要點、擴展要點、提示想法、列舉奇想、自由幻想、綜合妙想、統整構想、強化構想與激勵構想。例如：透過譬喻原則（Analogy）或洞察（Insight），將某些情境的創意轉換應用於其他情境，從一般習以為常的習慣中，覺知可以應用的構想。簡單地描述，從認知心理學的觀點，創造力的產出結果即是認知結構（Cognitive Structure）或基模（Schema）的轉換。

表 4-3　創造力的心理認知歷程與技巧

界定問題	找出所有解決方法	找出最佳方案	付諸行動
集中焦點 把握要點 擴展要點	提示想法 列舉奇想 自由幻想 綜合妙想	統整構想 強化構想	激勵構想

資料來源：呂勝瑛（1981），創造思考的藝術，資優教育，創刊號，頁 13-14。

（三）知識處理能力（Knowledge Process Capability）

　　知識處理能力包含四項能力：知識的取得（Knowledge Acquisition）、知識的同化（Knowledge Assimilation）、知識的轉化（Knowledge Transfer）、知識的應用（Knowledge Exploitation）。

　　知識本身的創造及創新的產生，源自於知識與其他資源間的新結合，許多有關創新的研究指出，知識處理能力對創新具有顯著影響。知識處理能力為組織程序與過程，藉以取得、同化、轉化及利用知識產生新知識的動態能力；認定、同化及利用組織外的知識的能力；學習與解決問題的能力。知識處理能力構念、組織資源基礎觀點發展及知識基礎發展的概念一致，已經成為學習、知識管理及創新管理等研究的核心概念。

　　知識處理能力區分為潛在吸收能力及實際吸收能力兩項進行探討。潛在吸收能力定義為取得與同化新知識的能力；實際吸收能力則包含轉化與利用的能力。知識轉換如同學習過程，必須經由同化完成後，才能藉由調整認知結構產生新知識，因此潛在組織吸收能力為取得知識與同化知識過程的能力；實際組織吸收能力則為調整經過同化的知識，產生新知識的轉化過程的能力，最後才得以整合與利用新知識於組織活動過程與結果。

1. 心理學當中有關學習的理論以行為主義的制約學習和認知心理學的認知學習為兩大主要理論。兩派學者的觀點形成學習歷程的兩大理論觀點：增強論、認知論。

2. 增強論又稱刺激反應理論，主要包含古典制約與操作制約論點。增強論主張學習時，行為的改變乃是刺激與連結的結果，該連結則是透過制約作用而產生古典制約（被動學習）與操作性制約（主動學習）。

3. 認知論則主張在複雜的學習過程為一項認知過程，必須做出判斷與觀察或進行心智活動。

4. 古典制約指出，當兩件事物經常同時出現時，大腦對其中一件事物的記憶會附帶另外一件事物。古典制約理論一開始的重點放在反射行為或是非自願行為，在學習過程主要有連結論與習慣化。

5. 操作制約論認為行為是其後果的函數，人們做某些事，以得到想要的或想避開的後果，為一種由刺激引起行為改變的過程與方法，又稱為工具制約或工具學習。建立正向增強、負增強、懲罰與消弱的操作制約理論。

6. 現代學習理論的觀點，從行為學派轉移傾向以認知學派理論為主要觀點，認為個體才是學習過程中最重要的因素，學習者需要主動積極地將外在刺激予以知覺、練習並儲存於記憶中。

7. 社會學習的四個次歷程：注意歷程、保留歷程、動機歷程、展示歷程。社會學習論結合行為學派的增強論與認知學派的認知論原理，分兩層次說明行為的變化，第一個層次以操作制約學習與行為塑造原理；第二層次則採用認知論的原理，解釋個體經由對他人行為的模仿、認同後內化。認同是更深入的模仿，是個人在社會化的適應歷程中，將他人的某些行為，內化於本身的行為體系中。

8. 促使模仿行為產生的四項條件則有：(1) 行為示範者比他人更突出；(2) 行為示範者被觀察者喜歡或尊敬；(3) 行為示範者被觀察者認為與觀察者相似；(4) 行為示範者的行為被增強。

9. 學習型態指出學習者的學習偏好方式會產生差異，庫伯認為學習者傾向不同的方式學習，可分為四種學習型態：聚斂型、擴散型、同化型、適應型。各種學習型態偏好的學習者的學習喜好也有差異。

10. 行為塑造則從效果論觀點增強或除去某些行為的產生，即針對個體的行為發生後給予四項類型的後果處理效果，塑造有益的行為重複發生。行為塑造的處理即是採用操作制約論的四種類型操作制約：正增強、負增強、懲罰、消弱。

11. 行為示範指向學習者提供一個展示關鍵行為的模式,並且給予他們提供實踐的機會。該方法基於社會學習理論,適應於學習某一種技能或行為,不太適合於事實訊息的學習。有效的行為示範,以社會學習論的四項認知歷程,呈現四個主要的步驟: 明確關鍵行為、設計示範演示、提供實踐機會、學習遷移的規劃。

12. 蓋聶認為學習理論的任務在於釐清及解釋人類各種學習的複雜性。歸納 Gagne 學習理論的要點包括:學習階層與學習條件。八項學習階層:訊號學習、刺激反應聯結學習、連鎖學習、語文聯結、多重辨別、概念學習、原則學習、解決問題。

13. 創新可以為一個產品、一項服務、一個組織的程式、一個管理計畫,也可以是一項科技、一個政策或是系統。創造力指產生新奇又有效能的創意。創造力成分模理論:個人創造力是個人內在工作動機、專業及創造力相關技能的綜合組成。

14. 知識處理能力包含四項能力:知識的取得、知識的同化、知識的轉化、知識的應用。

一、選擇題

( ) 1. 現代學習理論的觀點，主要是傾向哪項心理學派理論為主要觀點？
(A) 行為學派　(B) 認知學派　(C) 社會心理學派　(D) 人文學派。

( ) 2. 在進行某個行為之後，減少個體厭惡的效果或成果，屬於哪項操作制約？
(A) 正增強　(B) 懲罰　(C) 負增強　(D) 削弱。

( ) 3. 皮亞傑認知理論指出，將新訊息納入現有基模的過程，即是能理解新知
識，並且結合融入既有的知識或認知結構，是屬於哪項作用？　(A) 同化
(B) 調適　(C) 內化　(D) 轉化。

( ) 4. 個體憑著視覺、聽覺、嗅覺、味覺、觸覺等感覺接收器，感應外在刺激而
引起暫時性記憶，唯有個體對該刺激進一步進行如何行為，經過編碼才會
形成知覺存入短期記憶中？　(A) 注意　(B) 組織　(C) 解釋　(D) 推論。

( ) 5. 擅長處理大量資訊與歸納成理論、對人較沒興趣、重邏輯輕實用價值，是
屬於哪項學習型態？　(A) 聚斂型　(B) 擴散型　(C) 同化型　(D) 適應
型。

( ) 6. 說明學習的模仿過程是哪項學習理論的主要內容？　(A) 行為論　(B) 認
知論　(C) 社會學習論　(D) 人本論。

( ) 7. 哪項行為塑造的方法會讓管理與訓練產生不良的影響？　(A) 正增強
(B) 懲罰　(C) 負增強　(D) 削弱。

( ) 8. 行為示範的步驟中，學習遷移的規劃與社會學習論的哪項認知歷程有關
係？　(A) 注意　(B) 動機　(C) 保留　(D) 展示。

( ) 9. 蓋聶學習條件論最複雜學習層級是？　(A) 多重辨別　(B) 概念學習
(C) 原則學習　(D) 解決問題。

( ) 10. 創新能力包含什麼面向？　(A) 產品創新　(B) 製程創新　(C) 服務創新
(D) 以上均是。

二、問答題

1. 學習有哪兩種定義？

2. 資訊處理理論在資訊處理理論推論，認知歷程分為哪三部分？

3. 社會學習理論包含哪四項歷程？

4. 懲罰的功效確實可以消除職場上不被認同的行為，卻會讓管理與訓練產生不良的影響，其原因包含哪四項？

5. 蓋聶學習條件論主張內在學習歷程有那九個階段？

6. 有效的行為示範，以社會學習論的四項認知歷程，呈現哪四個主要的步驟？

7. 創造力包含哪三項主要成分？

8. 知識處理能力過程包含哪些能力？

三、問題討論

1. 學習與創新之間存在什麼關聯？

2. 行為塑造如何採用操作制約理論？

3. 行為學派與認知學派在學習理論存在哪些差異？

4. 創新能力與創造力之間存在著什麼關聯？

5. 創新能力與知識處理能力之間存在著什麼關聯？

Chapter  5
知覺、認知與個體決策

● 章首小品

　　著名的心理學照片如圖一，看到花瓶或是兩張臉？圖二中的橫線是平行的還是曲線？圖一有人第一眼看到花瓶、也有人看到兩張臉，而圖二實際是平行的，看到的卻不是如此。看到的是同一張圖，但得到的答案是不一樣，為什麼會有如此不同的答案？這其中的奧妙便在我們個人身上，不是眼睛有問題、更不是生病了，常言道：一樣米養百樣人，同樣的訊息，每個人的解讀會不一樣，更何況每天在我們身邊的資訊數以萬計，哪些訊息會我們會記住？而留住、記住的相同資訊，每個人又會有不同的解讀！相同地，在生活上、職場上，我們每天接觸那麼多的訊息，我們理解的是真的？還是自己以為的？我理解和你理解的一樣嗎？本章節來談談這其中的奧妙。

圖 -1　　　　　　　　　　圖 -2

圖片來源：心理測驗－最詭異的 23 張圖！（經濟通）

→ 前言

　　人們面對人、事、物的時候，傾向於快速解釋並做出決策，如此讓人們輕易回應外在刺激，也更加激勵人們往後持續快速解釋及回應外在刺激的行為，此種行為經常導致不適當知覺與決策品質。適當的決策需要正確地知覺外在刺激，給予合理的認知以做出恰當的選擇與決定。我們經常以本身對情境的解釋，作為決策準則的主要依據，這樣的主觀解釋，雖然可以迅速地做出決策，卻忽略確認資訊真偽的程序。決策的品質良莠必須依賴正確資訊的提供，而知覺的過程卻經常對情境做出主觀的解釋，認為自我的解釋就是真相，往往依據可能的錯誤資訊做出不適當的決策。面對工作與任務上的決策，必須提升與強化決策品質，此為組織成功營運的一項主要影響因素。本章主要分別探討知覺的過程、認知的過程及個體決策。

5-1　知覺

　　知覺（Perception）是集合所感覺到的資訊並賦予意義的過程，為主動處理感覺資料的過程。知覺的歷程分三階段：選擇、組織及解釋。其在五官接受刺激後，有系統地整理與傳遞，使我們瞭解訊息的意義，進而使個體產生行為。感覺的產生屬於個體本身器官的生理性活動歷程，其所接受的為「事實」的資料，沒有所謂的好與壞之分；知覺的產生，卻是經歷過整理並加以解釋的心理活動的歷程。知覺的歷程包含產生感官刺激、組織感官刺激與評價感官刺激。

　　知覺屬於認知歷程的一項心理歷程，人們總愛好捷徑性的認知，想在處理訊息時盡可能地愈簡單愈好。這樣的捷徑處理過程可以經由對基模的理論論述窺見一般。基模理論（Schema Theory）嘗試將人們藉以理解複雜社會世界的機制予以獨立，基模被概念化而成為一種心智結構，它包含對世界的一般期望和知識，包括對人、社會角色事件及如何在某種場合舉止的一般期望。例如：社會認知結構提出原型、人格構念、刻板印象及腳本等四項類型基模，說明個體如何運用本身存在的基模知覺他人。想愈容易處理外在刺激，人們常利用這樣的心智結構以選擇與處理從外在環境輸入的訊息。

　　基模習自經驗或社會化，沒有先前環繞我們周遭的人、事的知識或期望，在日常生活中我們將寸步難行。因此，基模讓我們對環境有預測與控制，它是我們生活必需，幫助我們瞭解這個複雜的社會生活，但是基模的概念強調我們主動建構社會的現實，幫助我們注意我們要看的、我們知覺到的、我們記憶的及我們的推論。它是一種心智的速寫，人們用它來簡化現實環境的刺激所帶來的訊息，卻也可能選擇性地造成知覺偏誤。

　　正確的知覺外在刺激，為達成有效決策的主要輸入。正確無誤的資訊才足以支撐決策品質的有效性，因此，為避免知覺的偏誤，須對知覺深度地瞭解，本節以知覺的形成基礎、影響因素、心理特徵及知覺的偏誤等分項探討，引導人們進行適當的知覺歷程。

圖 5-1　知覺的歷程

（一）知覺形成的基礎

　　心理學家對知覺的定義：個人對經由感覺器官及周圍環境中的事物所產生的關係，進行瞭解的內在歷程。因為個人與個人之間有差異，在感覺、傳遞訊息與交互作用的整個過程當中，不同的個體會對相同的環境有不同的解釋。知覺以感覺做依據，但知覺未必由感覺形成，瞭解兩者差異更能理解知覺如何產生個體的知覺差異，知覺與感覺兩者最主要的不同在於：

1. 感覺以生理為基礎，而知覺除心理因素之外，也受外在環境的影響。

2. 感覺只接受訊息，不做選擇；知覺卻在接受訊息之後，受到個人心理與環境的影響而產生不同的選擇。

3. 感覺依個體的成熟度與遺傳而不同；知覺則在個人成長過程當中，因不同的經驗學習而有所差異。

4. 感覺為事實性的資訊；知覺則經判斷所得結論性且具意義的資訊。

　　知覺的主觀成分受到個體內外環境影響而形成，透過主觀性的選擇、組織與解釋形成知覺，其主要的知覺形成基礎在於外在刺激因素及個人內在生、心理的因素。所謂外在刺激指事件本身或物體的特質，包括其顏色、形狀、大小、

環境及結構等。刺激若呈現明顯差異或一再地重複，較能加深個人的印象，也較能促使知覺的意識；個人內在生心理的因素（個人本身的特性），亦會影響知覺的不同。個人特性包含本身的感官、情緒、動機及過去的經驗等。若個人過去的經驗對某種刺激產生很大的感受，而且具有很強的情緒，會增加個人知覺的意識。無論刺激本身或個人狀況，基本上，二者皆能單獨或共同建構，形成個體知覺經驗的基礎。一般而言，外在刺激因素與個人內在身心因素，二者交互作用的結果影響人類的知覺經驗，此二者也可能彼此牽制、相互消長。

由於知覺的形成受到外在刺激與知覺者個體生心理因素的交互作用影響，因此知覺形成的基礎則有個體生理方面、個體心理方面、知覺環境方面及知覺主體方面。

圖 5-2　知覺的基礎

1. 個體生理方面

涉及到知覺的三類器官。

(1) 受納器官：包括視覺、聽覺、嗅覺、觸覺及平衡等感覺器官，其中視覺與聽覺最為重要。

(2) 反應器官：包括肌肉，肢體與面部的表情。

(3) 聯結器官：主要為個體的神經系統，包括中樞神經與周圍神經兩大系統，中樞神經指大腦，周圍神經則是體幹系統或末稍神經等。

上述三種器官只接受訊息，而知覺為一種意識性的活動，對於接受到的事實要組合成知識，必須經過動機與學習的過程才能完成。知覺的選擇歷程，除分別受生理上的限制，更重要的是受到三個心理因素的控制：興趣、需求及期待，知覺的組織則依賴語意清楚的程度和情感狀態，大腦選擇與組織感官所接收的資訊後會加以解釋。由於人很少選擇相同的刺激，並且以完全相同的方式組織刺激，所以經常產生不同的解釋。

2. 個體心理方面

在相同的環境之下，不同的個體，也可能會有不同的知覺。通常個體有一種相似的傾向，即會知覺到自己想要且希望知覺的事物，也就是個體會主動依過去的經驗，選擇並解釋刺激而達到知覺。例如：人格、態度、動機、興趣、經驗、價值觀與期待等個體間的差異，皆會影響對於事物的知覺選擇、組織與解釋。

3. 知覺環境方面

知覺的主體所處的環境，對事物是否被察覺有很大的關係，甚至被察覺後，知覺的方式也因環境的不同而有不同的效果。例如：時間、地點、光線、溫度及其他情境因素。知覺的環境除物理環境外，也包含社會環境，如相鄰的與相近的個體常被歸為同類型的人格特質。

4. 知覺主體方面

知覺的主體通常具有與眾不同的特性，因此容易被察覺。例如：強度較大、發生頻率較多、新奇或移動中的事物，較容易被注意而引起知覺，這些易被察覺的事物，經常為被知覺的主體。刺激物的性質、特點與知覺主體的經驗是影響知覺整體性的兩個重要因素。一般來說，刺激物的關鍵部分、強的部分在知覺的整體性裡有著決定作用。有些物理、化學強度很弱的因素，因與人的生活實踐密切關係，也會成為強烈的刺激成分。

（二）影響知覺的因素

知覺為一個反覆處理感覺訊息，引發情感與認知活動的心理歷程，其雖為生物先天本能的運作，卻受後天的主、客觀因素影響。除經驗、態度和價值所累積的心向之外，無論刺激對象所在的時空、情境或是個體主觀覺受的能力和習性，皆可能干擾、增強或修正知覺的結果。

雖然每個人的周圍充滿各種刺激，但感官所能接收的訊息卻相當有限。一方面可能受到生理條件的限制，另一方面則因個人的心理因素，影響訊息的選擇，即知覺者本身的因素，經常影響知覺主觀成分的主要來源。

1. 學習與經驗

人類的行為，有一部分為天生就會，另外一部分的行為則是經學習而得來。學習的累積，會得到經驗，不同的經驗有不同的心理反應，即個人以前不同的學習，會形成個人不同的知覺。個體的知覺往往受到過去所學習到的知覺

模式的影響。此外，須注意學習經常在無意識的情況下產生，個體可能在本身不能察覺的情況下，學習獲得許多經驗，這些經驗也經常在不被察覺的情況下，影響個體的知覺。

知覺透過學習得來，知覺活動是促進知覺發展的關鍵。個體透過知覺運作可以覺察外在的學習，使其生理感官與心理的認知基模得以成長發展，而能覺知一切事物的時空特性，建構其知識、概念，藉此認識且適應環境，以解決各項問題，提升自我的生活品質。瑞士心理學家皮亞傑從觀察幼兒的認知發展得知：知覺為一種有機體的運作，從刺激學習中成就而得。例如：知覺並不會隨年齡增長而自然進步，而是透過各種知覺活動的反覆學習成長。

知覺可以透過學習與經驗而形成發展，學習與經驗相對地影響著認知基模與知覺。學習並不全在有意識的情況下發生，經常於無意義的情況下耳濡目染而完成學習。因而，個人生長環境的不同，產生的學習環境則有差異，對周遭環境的解釋，也相對有不同的知覺，個人從小生長的環境也會影響其對某些事物的知覺。

2. 人格

人格指個人對自己、對其他人事物以致於整個環境適應時，表現出由身心各方面的特質所組成的獨特個性。人格在不同情境中，會引導人類的選擇行為，以達成個體目標，並且人格的特質會持續很長的一段時間。

人格可視為個體對他人的反應及互動方式的彙總，也就是個人心理特質的組合。社會行為模式理論指出：人的行為除受到社會角色影響之外，人格差異所導致的需求與傾向不同影響會個人行為。例如：具有敞開經驗特質者較可能具有客觀性的知覺，因為敞開經驗特質人格者，有接收新奇事物的需求，進而有注意新奇事物的傾向，由於這樣的注意而察覺到相較客觀的事實，減低主觀性的注意所帶來的偏誤。

3. 動機與需求

個體對於某種刺激，若覺得需要時會特別注意，因為個體有不同的動機，所產生的知覺也有不同的意義與價值。海市蜃樓的幻覺為一項例子，荒漠中的行者，在無水可喝的情況下，容易產生知覺偏誤，動機與強烈需求導致嚴重的知覺偏誤；法官必須先假設嫌疑人無罪，才不至於因為先入為主的有罪動機，影響後續的知覺產生偏誤而誤判案件。

4. 生理與心理的反應

個人因生理的差異，對知覺的選擇也有所不同。一位身心健康且沒有憂慮的

人，對任何刺激會保持正面的知覺；若生理不健全或身體有所病痛，某些刺激會變成悲觀的知覺，產生悲觀的行為。在體能狀況佳的情境下，個體較能耐煩地選擇與理解外在環境，並且較仔細地解釋所覺知的外在事物。

正向心理的個體往往會正面覺知外在環境，相對地，較為負向心理的個體則常會負面選擇組織與解釋外在情境與事務，例如：情緒經常會干擾著知覺，個體在情緒高昂與低落時的情形下，容易過度解釋面臨的外在環境。

5. 期望

期望（Expectation）指個人在內心中，有預定達成目標的意念。期望對於個人的知覺，有著重要的引導效果，個人的期望常會影響本身的知覺。有時我們會因為期待某種事物的發生，而將注意力集中在「沒有任何事物」上直到事件發生為止。期望理論指出：當個體預期自己的努力與績效表現無關時，個體比較不會努力，個體的期望影響著對自己的績效表現的知覺。

從社會交換理論觀點分析，個體與他人的互動會因為彼此的期望而對他人行為的有不同的知覺。社會交換理論的中心議題為人，它研究人與人之間的社會交換關係，其中酬賞與互惠概念為交換理論的基石。此理論主要的涵義認為人與人之間的社會互動，為一種理性且會計算得失的資源交換，「公平分配」、「互惠」是理論的主要規範及法則。公平分配指成本與酬賞的平衡，即個人所付出的成本或代價與所獲得的酬賞利益應相等，付出愈多，酬賞也應愈多。酬賞包括具體的物品，也包括抽象的聲望、喜愛、協助、贊同等，其價值因人而異；互惠規範則指個人在人際互動中所期望的回饋。

6. 價值觀

每個人都有其獨特的價值信念。不同價值觀的人，具有不相同的價值系統，不一樣的價值觀優先順序，關注的焦點產生差異，主觀知覺也有所不同。社會上各種形形色色的人，各自擁有各自不同的價值系統與價值觀，對同一事件的選擇性注意、組織、解釋有著不相同的知覺。

7. 注意力

在日常生活中，面對各式各樣不同的刺激，個體會選擇某部分對自己有意義的事物做反應，再由自己所選取的刺激中獲得知覺經驗，大部分刺激則置之不理。一般而言，在外界環境的刺激中，凡具有動態、強度大、重複出現、色彩明豔或強烈對比等的刺激，較容易引起一般人的注意力，進而使人產生知覺。

8. 外在環境

圖 5-3　每個人都期望得到認同

知覺的主體所處的環境，對事物是否被察覺有很大的關係，甚至被察覺後，知覺的方式也因環境的不同而有不同的效果。知覺的環境除物理環境外，尚包含社會環境。例如：時間：地點、光線、溫度及其他情境因素。此外，相鄰的與相近的事物也常被歸為同類。

（三）知覺的心理特徵

知覺的關鍵性影響主要是由於知覺是極為主觀的心理歷程，來自知覺的心理特徵的影響。人們經常藉由眼、耳、鼻、舌及皮膚等感官，覺知環境中物體的存在、特徵及彼此間關係的歷程。個體以生理為基礎的感官獲得的訊息，進而對其周圍世界的事物做出反應或解釋的心理歷程，包含選擇、組織、解釋等心理歷程。在知覺的選擇組織解釋的心理歷程中，為什麼不同個體對同一事件會有不同看法，甚至為什麼同一個體在不同情景會產生不同看法。當我們清楚瞭解知覺的心理特徵後，更加能夠解釋知覺差異的緣由。知覺具有相對性、選擇性、整體性、恆常性與組織性等心理特徵。

1. 知覺的相對性

個體以本身具有的相對性經驗為基礎，對於環境事物做主觀解釋，大多數情境下，孤立的刺激無法獨立性地引起個體的注意，而是同時感覺到周遭其他刺激的性質或是刺激間彼此的關係。最常見的例子為形象與背景的關係及知覺對比關係。

形象是眼見的具體刺激，而背景則指與具體刺激相關聯的刺激，當形象與背景的關係明確，即產生明確的知覺經驗。例如：觀察圖 5-4，大學生很可能因為正值青春年華，愛慕異性的經驗，看到少婦臉龐的形象，頸項、頭巾等背景：老年婦人則很可能看到老婦臉龐形象，這可能解釋個體的經驗所產生主觀的知覺形象差異。

圖 5-4　老婦與少婦

圖片來源：網路

2. 知覺的選擇性

知覺的選擇性，指個體會選擇性的知覺刺激，包含選擇性的注意、組織與解釋。凡低於絕對感覺閾限和差別感覺閾限的較弱小刺激，均不被感覺器官所感受，因而也不能成為知覺的選擇對象。只有達到足夠強度的刺激才能為個體所感知。例如：形體高大、刺激強度高、對比強烈、重複運動、新奇獨特與背景反差明顯等，往往容易先引起消費者的知覺選擇。

其次，個體的需要、欲望、態度、偏好、價值觀念、情緒及個性等，對知覺選擇也有直接影響。凡符合個體需要、欲望的刺激物或個體具明顯好感的刺激物、在快樂的心境下等，往往成為首先選擇的知覺對象；與需要無關的、具否定態度的、心情苦悶等情形下，事物則經常被忽略。

此外，防禦心理也潛在地支配著個體對刺激物訊息的知覺選擇。趨利避害為人的本能，當某種帶有傷害性或於己不利的刺激出現時，各體會本能地採取防禦姿態，關閉感官通道、拒絕訊息的輸入。個體傾向專注於與本身需求有關的刺激，而忽略周遭環境事物。

3. 知覺的整體性

心理學研究顯示，儘管知覺對象由許多個別屬性組成，但是人們並不將對象感知為若干個相互獨立的部分，而是趨向於將它知覺為一個統一的整體。消費者在認知商品的過程中，經常根據消費對象各個部分的組合方式進行整體性知覺，之所以如此，是由於通過整體知覺可以加快認知過程，同時獲得完成、圓滿、穩定的心理感受。

完形心理學家也同樣主張，多種刺激的情境可以形成一個整體的知覺經驗，然而，這整體的知覺經驗不等於各個刺激所單獨引起的知覺經驗的總和。知覺的對象由不同的部分、不同的屬性組成。當它們對人發生作用的時候，分別作用或者先後作用於人的感覺器官，但人並不是孤立地反映這些部分、屬性，而是將它們結合成有機的整體，此為知覺的整體性。

這一特性的表現形式有接近性，在空間位置上相互接近的刺激物容易被視為一個整體；相似性，刺激物在形狀和性質上相似，容易被當做一個整體感知；閉鎖性，刺激物的各個部分共同包圍一個空間時，容易引起人們的整體知覺；連續性，當刺激物在空間和時間上具有連續性時，易被人們感知為一個整體。

4. 知覺的恆常性

由於知識經驗的參與和整體知覺的作用，人們對客觀事物的認知更加全面深

刻。即使知覺的條件發生變化，知覺的印象仍能保持相對不變，即具有恆常性，此一特性使個體能避免外部因素的干擾，在複雜多變的外在環境中保持對某些知覺主體的一貫認知。例如：有些傳統商品、名牌商標、老字型大小商店之所以能長期保有市場占有率，不被眾多的新產品、新企業排擠，重要的原因之一是消費者已經對它們形成恆常性知覺，在各種場合條件下皆能準確無誤地加以識別，並受慣性驅使連續進行購買。

5. 知覺的組織性

組織性指構成知覺經驗的感覺性資料，來自客觀的事實，然而在轉化為心理性的知覺歷程時，經過一番主觀的選擇處理。此選擇性的主觀處理歷程，具有組織性且有系統、合乎邏輯，不是混亂的。心理學家經過實徵性研究之後，歸納出許多法則，成為組織完形法則（Gestalt Law of Organization），包含四項法則。

(1) 相近法則： 距離相近的各部分趨於組成整體。

(2) 相似法則： 在某一方面相似的各部分趨於組成整體。

(3) 封閉法則： 彼此相屬、構成封閉實體的各部分趨於組成整體。

(4) 連續法則： 具有對稱、規則、平滑的簡單圖形特徵的各部分趨於組成整體。

（四）知覺的偏誤

一些知覺偏誤經常影響人們正確印象的形成。產生知覺偏誤（干擾）的主要兩類因素為刺激的特性及個體的心理歷程。刺激的各種特性裡，其中帶有情感意義的刺激最容易產生干擾；個體的心理歷程指人類處理感官訊息的手段。例如：月暈效果、刻板印象、投射、否認等。以下分別敘述各項知覺偏誤。

1. 月暈效果

個體容易憑藉對於刺激的某項特徵的印象，推論該刺激的其他特徵。最初所形成對他人好的和壞的印象，如光環一樣籠罩著人們，致使人們對他人的其他品質也被推斷為相同的印象。例如：對於一個循規蹈矩的學生，往往認為他的其他方面也是可取的；對一個做錯一件事，產生壞印象的學生，不論其他事做得如何完滿，也認為毫無可取之處。

2. 刻板印象

刻板印象指對社會上一類人的簡單、固定、籠統的看法。個體容易藉由知覺主體對象屬於某個團體，推論該主體具有該團體的特徵。它深藏在人們的意

識之中，影響對人的知覺。例如：提到教授、科學家即會認為他們一定是文質彬彬、戴黑框眼鏡、提皮包的人；在不少人的印象中，北方人憨厚而直率，南方人聰穎而靈活。刻板印象是構成人際間偏見的主要原因，種族偏見也包含著刻板印象的心理因素，如西方對黑人刻板化的看法為迷信與懶惰，這些偏見都是錯誤的。

3. 投射

指個人將自己的思想、態度、願望、情緒或特徵等，不自覺地反應於外界的事物或他人的一種心理作用。此種內心深層的反應，實為人類行為的基本動力。投射會認為別人當然會知道自己的想法，也會將自己的理解強壓在別人身上。故個體依據本身的心情、慾望、動機知覺刺激，不對情況做客觀的評估。

圖 5-5　狐狸給人刻板印象奸詐又狡猾

4. 否認

當外界的事物或他人等情況帶給個體過大痛苦時，不自覺地對於現實情況反應出否認事實的心理歷程。否認是一種保護自己的心理機制，當個體拒絕面對外界不愉快的事項。故否認會刻意忽略現實中重大的訊息，導致訊息嚴重偏誤。

5. 選擇性知覺

任何突出的人、事、物，較容易被察覺。個體無法同時觀察到所有訊息，而是根據個體的經驗、興趣、背景及態度注意外在刺激的人、事、物。選擇性的知覺會發生選擇性注意、選擇性組織與選擇性解釋，讓個體迅速解讀外在資訊，極有可能產生錯誤的判斷。

6. 似我效應

知覺他人時的一種傾向為習慣性地從本身立場假設別人，用自己的好惡推斷別人。觀察者往往認為他人與自己相同，將自己的需要、情感等投射到他人身上，所以觀察者可能歪曲所得的信息，使觀察對象更像自己。

7. 對比效應

在認知心理學中，人們將某一特定感受器因同時或先後受到性質不同或相反刺激物的作用，引起感受性發生變化的現象，稱為對比效應，指個體同時或

先後受到性質不同或相反的知覺主體時，引起個體發生變化的反應現象。例如：與非常優秀的人在同一部門工作，會讓主管認為其他人的表現普通或是不佳；在黑白兩個正方形的接界處，黑的會顯得更黑，白的會顯得更白。這些都是同時對比引起的，又稱之為同時對比效應。此外，還有一種繼時對比效應，它是由不同刺激相繼作用於同一個分析器時引起的感覺能力變化的效應現象，如先吃酸再吃甜，會感到後者更甜，又如人在受涼時，微溫增加也會明顯感覺到溫暖。

8. 初始效應與近時效應

個體對於外在人、事、物的知覺經常受到第一印象或是最近印象的影響，而第一印象的效應比近時效應的影響更強烈。對他人所形成的初始印象（第一印象），對於日後彼此的互動關係有相當重要的影響。

9. 知覺的一致性

人們的認知系統裡，總有強烈的傾向，希望能維持知覺的一致性。例如：個體會認為自己喜歡的人也會喜歡自己；自己討厭的人也會討厭自己，此時將導致個體只注意那些與本身知覺一致的訊息或行為。

5-2 認知

認知泛指注意、知覺、理解、記憶、思考、語文、解決問題、智力及創造力等心智活動。認知即是知識的獲得和使用，以心智結構表示，即是知識如何儲存在我們的記憶中及儲存的記憶內容為何；以心智歷程分析，即知識如何被使用的歷程。認知包含知覺、記憶與思考過程的各層面，認知為所有人類專有的特徵。本節將介紹認知發展、認知結構與歷程、後設認知與心智模式。

（一）認知發展

許多心理學家的研究關心人們的思考如何進行改變，這也是探討認知如何發展的歷程。歸納眾多研究顯示，認知發展的原因有四項取向：天賦論的成熟、經驗學派的特殊學習、皮亞傑的同化與調適、資訊處理研究取向的組塊與策略。

天賦論認為認知發展是分化、是成長、是依序的進步，其主要來源包括生理遺傳的成熟及環境因素的影響。身體會隨時間而改變，智慧亦然，智慧上的

成長稱為認知發展（Cognitive Development）。目前的證據顯示，成熟在生命的第一、二年貢獻很大，許多學者認為，生理上的變化為人類認知發展歷程的內在機制，認知的轉變的同時，可能深受環境影響，對人類來說，大多是受環境中的文化所影響，但是根據成熟的假說，這個階段的次序由基因先天決定。

經驗學派的簡單學習強調後天學習的簡單學習理論，強調人類心靈如同一塊白板，經驗留下痕跡，透過學習的特殊設計與安排得以發展認知。

皮亞傑的同化與調適則是皮亞傑則認為經驗學派的簡單學習行不通，有機體必須和環境交互作用才有心智成長。皮亞傑指出人類具有兩種與生俱來的基本傾向：組織與適應。組織將事物有系統地組合，使其成為系統完整的整體，行為或思維的組型被稱為認知結構或基模。適應是個體不斷對環境做出調適，包括同化與調整兩項途徑。根據皮亞傑的觀察，個體與環境不斷交互作用而認知其所處環境。認知發展須經過四個本質不同的階段：感官動作期、前運思期、具體運思期、形式運思期。認知發展雖不若皮亞傑主張那樣清楚階段分明，但的確存在順序地發展。

皮亞傑將人類的認知發展分為四階段：

1. **感覺運動期（出生 1 到 2 歲左右）**：嬰兒的認知活動建立在感官的即刻經驗上。

2. **前運思期（2 歲到 7 歲）**：兒童開始以語言或符號代表他們經驗過的事物，此時的兒童注意單一，思考不能逆溯。

3. **具體運思期（7 歲到 11 歲）**：兒童已能以具體的經驗或從具體事物所獲得的心象做合乎邏輯的思考。

4. **形式運思期（11 歲以後）**：青少年於認知上開始進入成人的抽象運思期，他們的運思不再受具體經驗或現實世界的限制思考，可以抽象地超越時、空、地而呈普遍性。

認知知發展的第四個取向為資訊處理理論。最新解釋認知發展的理論是從資訊的處理著手，為資訊處理研究取向，認為所有認知行為皆為處理資訊的方法。處理資訊方法受成熟、認知資本、策略、後設認知所影響，文化與教育也對認知發展產生影響。資訊處理的理論，肇始於 20 世紀 50 年代之

圖 5-6　嬰兒的認知建立在感官上

初，盛行於 60 年代以後。其興起的原因，一為心理本身的反省；二則是其他因素的影響。從心理學本身的反省分析，50 年代的心理學，雖然在表面上，行為主義的操作條件作用理論獨步天下，但有些心理學家，對極端行為主義的理論，以及其根據白老鼠、鴿子等學得的條件反應，解釋人類的複雜學習行為的取向，不以為然。因此，早已經存在而未受重視的認知學習理論，又復受到重視，進而發展出資訊處理理論。

資訊處理理論模式如圖 5-7，詳細內容敘述如下。

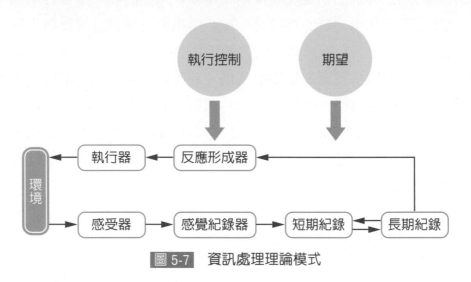

圖 5-7 資訊處理理論模式

1. 資訊處理分析

資訊處理的內在歷程，一般認為其中包括三個心理特徵：(1) 資訊處理為階段性的；(2) 各階段的功能不一，居於前者屬暫時性，居於後者屬永久性；(3) 資訊處理不是單向直進式，而是前後交互作用。

2. 資訊處理中的記憶

感官收錄（Sensory Register）指個體憑藉著視、聽、嗅、味、觸等感覺器官，感應到外界刺激時所引發的短暫記憶。感官收錄的特色為記憶中仍保持著刺激本身原來的形式，此時能供給個體抉擇是否將進一步，以此作為重要訊息處理。個體若決定給予進一步的處理，須加以注意並以編碼轉換成另一種形式，否則即予以放棄，形成感官收錄過的遺忘。感官的收錄有選擇性，個體選擇時所根據的標準，可能與他的動機、需求及經驗等因素有關。

資訊處理中的心理運作為交互作用的複雜歷程，資訊處理非單向進行，而是個體和刺激之間發生複雜的交互作用。環境中原屬於物理事件的刺激，影響

到個體的感官時會先轉換為生理事件（神經傳導），再經輸入而產生感官收錄，資訊轉換形成心理事件的開始。個體之所以能收錄該刺激，是由於該刺激的特徵與個體長期記憶中，既有的資訊或知識存有連帶關係，這現象正好符合個體適應環境時，以既有經驗為基礎而處理新問題的原則。

3. 資訊處理中的心理表徵

資訊處理各階段的心理表徵不同，在資訊處理理論中，將心理表徵一詞所代表的意涵，稱為「碼」（Coding）。「碼」為一個雙向的心理運作歷程，能將外在的具體物理事件轉換為抽象的心理事件，以便記憶儲存；在以後遇到該具體物理事件時，隨時將記憶中儲存的「碼」取出核對，從而認識該事件。「碼」是雙向的，訊息輸入時，由物理事件轉換為心理事件時需要「碼」，輸入時的「碼」過程稱為編碼（Encoding）；訊息輸出（Output）時，由心理事件轉換為行為事件也需要「碼」，不過輸出時的「碼」為反方向，故稱為譯碼（Decoding）。

經「碼」輸出的訊息儲存在記憶中，經譯碼輸出的訊息則由行為表現出反應。從記憶中譯碼後由反應表現出來的過程，稱為檢索（Retrieval），檢索之後的反應，稱為輸出。一般人處理語文訊息時，在短期記憶階段以聲碼（Acoustic Code）為主，在長期的儲存階段，則是以意碼（Semantic Code）較為重要。

4. 短期記憶有限容量的運作功能

短期記憶內的容量有限，主要原因是時間極為短暫，若不願意複習，即被新輸入的資訊衝擊而流失（遺忘）。這是由於兩類型的記憶：記憶廣度（Memory Span）或認知廣度（Cognitive Span）。

個體進行學習時只靠短期記憶，長期記憶則負責知識儲存，不負責新知識的學習。短期知識的容量雖然有限制，但因其另具有運作記憶的功能，所以也可能突破容量的限制，那就是組塊作用。組塊（Chunking）意指將訊息中多各不同的小意元（Chunk），集合而成的大組塊，然後再以大組塊為單位記憶，在有限時間內仍可突破短期記憶容量有限的限制。例如：擅長閱讀的個體之所以能一目十行，主要秘訣在於善於運用組塊的緣故。

有關認知發展更進一步在組織中的運用，在本書第六章中有詳細的說明。

（二）認知結構與歷程

個體對事物覺知的歷程，包括注意、辨別、理解、思考等複雜歷程，當外在的刺激（如文字、聲音、影像）由感覺器官輸入，經由一連串的處理後，個體對刺激做出反應。在這個過程當中，這一連串的處理，即為認知心理學所探討的兩層次的問題。一個是結構的問題：資訊或知識如何被儲存及儲存為什麼樣的形式。另一個則是歷程的問題：資訊或知識是如何地被運作。結構和歷程綜合成一個整體的認知系統。

認知結構（Cognitive Structure）指個人對人、對事、對物或對社會現象的看法，其中包括客觀的事實、主觀的知覺，以及兩者組合而成的概念、理解、觀點與判斷。故認知結構是個體在覺知理解客觀現實的基礎上，於腦裡形成的一種心理結構，藉由個人過去的知識經驗組成。在認識過程中，新的覺知與已形成的認知結構發生相互作用，影響對當前事物的認識，皮亞傑認為，它是主體認知活動的產物。個體在學習中，一個新的觀念、新的訊息或經驗，不是被現有的認知結構所同化，即是改進現有的認知結構，或接納新的經驗產生新的認知結構。

認知歷程則為資訊或知識如何地被運作，而注意是認知的開關。50 年代中期以來，隨著認知心理學的興起，人們重新認識注意在人類大腦訊息處理的重要性，提出若干注意模型。其中具代表性者有過濾模型和衰減模型，它們屬於知覺選擇模型。這兩種模型將注意機制定位於訊息處理的知覺階段，在識別之前實現訊息選擇。反應選擇模型則認為注意的作用不是選擇刺激，而為選擇對刺激的反應，認為所有的訊息皆可以進入高層次的處理階段，但只有最重要的訊息才會引起中樞系統的反應。這兩類模型的側重點不同，知覺選擇模型強調集中注意，反應選擇模型注重分配注意。

（三）後設認知（Meta-cognition）

後設認知指個人對自己認知歷程的認知。從學習心理的觀點看，後設認知包括兩種成分（或兩個層面）：一為後設認知知識（Meta-Cognitive Knowledge）、二即後設認知技能（Meta-Cognitive skill）。後設認知知識指個人對自己所學知識的明確瞭解，個人不但瞭解自己所學知識的性質和內容，而且知道知識中所蘊含的意義及原理原則。求知活動能達到此一地步，即為理解。後設認知技能，

指在求知活動中，個人對自己行動適當監控的心理歷程。換言之，後設認知技能為認知之後的實踐。

對於後設認知在決策上的涵義，決策時能要求達到後設認知的地步，當個體接收外在刺激後，正確轉為資訊，同時理解資訊背後的原理原則，能使個體更加有系統地思考以強化決策品質。

（四）心智模式

人在問題解決的過程中，皆有一套自己的方式，即為心智模式。諾曼（Norman）認為心智模式既不完整且不穩定，人對自己心智模式的控制力有限，它非科學也沒有一定界線，同時心智模式的包容性不大，所以心智模式不一定精確完整，然而它卻為人所獨有，主要目的在於實用而非精確。心智模式有預測作用，作為我們推理的基礎。人們若無法自行針對問題建構心智模式，將無法解決抽象性的問題。在面對解決問題的要求下，個體或許會出現不同程度的理解，但要解決問題，個體必須建構出個人的心智模式，而專家與生手在解決問題時，專家與生手建構出不同的心智模式，專家使用原則，生手則以問題所描述的外顯目標為基礎。

為增進決策品質，針對心智模式的特性，個體決策前應注意三點的建議：

1. 決策前辨認個體所使用的心智模式。
2. 思考合理的心智模式為何。
3. 調整個體心智模式以符合理性邏輯的心智模式。

5-3 個體決策

大多數的企業決策快速，此基於直覺反應。然而，決策品質對於個體工作、部門工作及組織工作績效皆具有重大的影響，決策品質多受到個體認知與知覺的主觀性所影響。一般為大家所熟知的包括理性決策模式（Rational Decision-Making Model）、行政決策模式（Administrative Model）。

（一）理性決策模式

　　理性決策模式（Rational Decision-Making Model）又被稱爲古典決策模式或理性決策理論，認爲個體在特定的限制下，所做的一致的、價值極大化或最佳化的抉擇。完美的理性決策者，應該全然客觀的、合邏輯的，清楚地界定問題且有清楚和明確的目標。此模式假定：決策基於自利（Self Interest）的動機，選擇個人利益的極大化。古典決策模式假設：個體是經濟人，個體能掌握「所有」他們所需的資訊，列出所有的可行方案，針對這些方案排序，做出「最佳決策」。

1. 決策進行依序

　　理性決策模式假定決策者已經具有完全理性，強調能以最少的成本追求最大的利益。依循理性決策模式，決策進行依序：

(1) 清楚地界定問題。

(2) 找出所有可以解決問題的變通方案。

(3) 比較這些變通方案的利弊得失，並評估其成本效益。

(4) 決定一個最好的方法。

2. 理性決策模式的步驟

　　理性決策模式的步驟如表 5-1，分述如下。

(1) 意識問題：主動察覺問題與機會，察覺現實與期望的落差分析問題及其成因，定義問題眞正成因。

(2) 確認決策準則（Criteria）：依據決策準則進行各項方案優劣的評估，該準則會受到決策者本身的興趣、價值觀與喜好的影響。例如：常見到不同人對於同一問題的方案進行評估時，產生不同的選擇方案，很大的原因來自個體自我價值系統的優先順序差異所致。

(3) 分配準則權重：各項決策準則的重要性不相同，因此必須先行對各項準則的重要性進行個別權衡，產生彼此的優先順序後，再給予不同權重，以利後續評估方案的進行。

(4) 尋找所有可能方案：找出所有可以解決問題的所有方案。

(5) 評估所有可行方案：依據評估準則與權重，評估所有方案的優缺點。

(6) 選擇最佳方案：評估所有可行方案後，選出評估後的最佳方案。

　　理性決策模式雖具有其理想性，卻不合乎現實環境。由於受制於人類處理資訊的能力和每個人知識領域的局限性，決策者實在無法同時考慮到所有的可行方案，更遑論評估到所有可行方案的利弊得失；其次在時間與成本的考量上，也無法完全無限制性地使用時間與資源。凡此種種，皆使此一模式的實用價值受到質疑，唯不可否認，此理性模式的理想及其對決策過程的指導作用，仍甚具價值，導引決策者朝向理想的目標前進。

表 5-1　理性決策模式的步驟與前提

理性決策模式的步驟	理性決策模式的前提
1. 意識問題	1. 清楚定義問題
2. 確認決策準則	2. 所有方案與決策準則均能找出
3. 分配準則權重	3. 偏好清楚明確
4. 尋找所有可能方案	4. 偏好的順序清楚，並且不會改變
5. 評估所有可行方案	5. 沒有成本限制
6. 選擇最佳方案	6. 沒有時間限制

（二）行政決策模式（Administrative Model）

1. 行政決策模式的前提

　　根據賽蒙（H. A. Simon）的行政決策模式理論，一般行政人員的行政決策應追求：滿意的決策。為要求組織的最高理性或最佳效率，組織各成員在做決策時應追求「最適的」、「滿意的」的決策方法及技術。

　　前者為最高目的，不能獲得時，退而求其次，能達到令人滿意的決策也屬不錯的行政行為。一般而論，組織成員為「行政人」（Administrative Man）而非「經濟人」（Economic Man），因為人的理性充其量為有限理性，原因：

(1) 個人會追求第一個讓他感到滿意或足夠好的決策方案。

(2) 個人無法鉅細靡遺的處理任何有關決策情境的因素或變項，而是予以簡化，思考少數相關與重要的因素以做成決策，所以，行政行為是盡其所能的滿意決策活動。

2. 行政決策模式的步驟

　　賽蒙認為行政是研究組織中決策制定過程的一套學問，如何制定理性的決策

決定組織及管理的品質。決策過程包括三個步驟（活動）：心智活動、設計活動及選擇活動。賽蒙認為管理活動的過程實際上即為決策過程，劃分組織之中每個人應該做哪部分的程序。以一個組織表示決策過程包含以下三項：

(1)心智活動（Intelligence Activity）：觀察與研究文化、社會、經濟、技術等各個情況。

(2)設計活動（Design Activity）：基於情報活動的結果再進一步深入探討研究問題，擬定與評估各種解決問題的可行方案與方案之中各個優缺點。

(3)抉擇活動（Choice Activity）：基於設計活動的各個可行解決方案，擇一而實施。

行政人員和行政組織各個階層皆從事這三方面的決策活動，但是花在哪項活動方面的時間較多則由地位高低而不同。以全部決策活動而言，花費在「抉擇活動」方面的時間最少。此外，由於組織決策受資訊、時間、計算、慣例的限制，只能做到有限理性。

賽蒙認為人們盡量使得決策達到合理境界，但是受限於處理資訊的能力及本身專業領域範圍。因此，決策者不會試圖達到最大限度的結果，而是獲得令人滿意的結果。賽蒙的行政決策模式建立在有限理性與滿意水準等兩項重要概念上。

有限理性（Bounded Rationality）指人們因為資訊不完全與人們本身認知能力的限制，使決策的理性有限制，可能產生謬誤。決策往往決於具有相較接近性（Access）的資訊；滿意水準指人們面臨有限理性、不確定的未來、難以量化的風險、資訊的模糊性、時間的限制與資訊成本等限制下，理想的決策並非找出所有可行方案，反之，應該在有限的資源與空間下，找到令人滿意又可以接受的可行方案。

（三）個體決策中常見的認知謬誤

決策過程是個體認知與知覺的心理歷程，個體的認知與知覺受大腦中樞神經控制，認知主要受到情緒與個人心理歷程的干擾而產生偏誤。例如：班杜拉（Bandura）指出，自我效能（Self-efficacy）通常經由動機而與資訊處理的共同作用，影響當事人的認知功能。以下先依情緒解決問題的感性決策與理性決策進行分析比較，再進一步從人們心理歷程容易產生的認知偏誤予以說明。

情緒會干擾中樞神經系統，嚴重破壞理性的認知與知覺，影響決策品質。

因而，避免傾向情緒性的感性決策是提升決策品質的重要方法。理性爲決策能力，感性則以情緒解決問題的方式，兩者差異整理比較如下表 5-2。

表 5-2 理性決策與感性決策方式的比較

決策類型	理性	感性
決策方式	條理的	突發的
	科學的	藝術的
	左腦的	右腦的
	線性思考	非線性思考

依情感狀態知覺與解釋他人的行爲或外在事物，帶有情感性的干擾經常破壞心理歷程的系統性與邏輯性，導致個體處理刺激時，不再持有知覺的組織性，嚴重負向地影響個體知覺歷程。例如：失戀的哀傷，帶來的情緒極端苦痛，嚴重影響個體對於戀愛的認識，戀愛爲嘗試交往的過程，由於哀傷情緒導致知覺的錯誤。同樣地，當情緒非常高昂愉悅時，也會因爲高亢的情緒扭曲對於情況的知覺，所謂樂極生悲，即是經常基於過度高興而忽略存在的風險或損害。

常見的認知謬誤有下列幾點：

1. 情感性的干擾

依情感狀態知覺與解釋他人的行爲或外在事與物，而帶有情感性的干擾經常破壞心理歷程的系統性與邏輯性，導致個體處理刺激時，不再持有知覺的組織性，嚴重負向地影響個體知覺歷程。

2. 先有結論，再找證據（Search for Supportive Evidence）

先有既定結論，再找支持該結論的證據，對於不支持既定結論的事實則採取「選擇性忽略」的態度。

3. 標準不一致（Inconstancy）

雖然面對同樣的決策情境，卻未採用相同的決策標準。

4. 過於保守（Conservatism）

面對新的資訊與證據時，無法改變白己的心智，以致錯過先機。

5. 便利性（Availability）的偏誤

容易讓人聯想到的事件會讓人誤以爲這件事常常發生。例如飛機的失事率遠

低於車輛車禍，但會覺得飛機的失事率較高。

6. 先入為主（Anchoring）

過度受到初始狀態或第一印象的影響，以致影響對其他訊息的判讀。

7. 穿鑿附會（Illusory Correlations）

將不相關的行為或事件誤以為有關連，將不相關的事件當做決定某件事成敗的原因。

8. 選擇性認知（Selective Perception）

從自己的經驗或背景來看待問題，「看到自己想看的，聽到自己想聽的」，常說的「斷章取義」亦是。

9. 歸因效果（Attribution of Success And failure）

將成功歸因於個人的努力（內在歸因），卻將失敗視為運氣作祟，（外在歸因）此種心態會讓人失去由錯誤中學習的機會。

10.過於樂觀，一廂情願（Optimism, Wishful Thinking）

相信自己的判斷是正確的，因此常會高估自己的知識而低估風險，誇大控制事件的能力。

11.加碼投注（Escalation of Commitment）

過去的決策造成負面結果，但卻投入更多資源於先前的決策，期望能藉機會攤平損失。例如賭性堅強者，總是認為下一個投入可以將過去輸的全部贏回來。

12.代表性的偏誤（Representative Bias）

認知受到某些正反個案的例子而影響。例如：運動員在臺灣普遍的發展情況不佳，卻有人反對如此說法，理由即是指出王建民、陳金鋒、戴資穎、謝淑薇等等為成功的運動員，然而他們都是該領域運動的佼佼者。

1. 知覺（Perception）是集合所感覺到的資訊並賦予意義的過程，為主動處理感覺資料的過程，知覺的歷程分三階段：選擇、組織與解釋。

2. 基模理論（Schema Theory）嘗試要將人們藉以理解複雜社會世界的機制予以獨立，基模被概念化而成為一種心智結構。基模是習自經驗或社會化，沒有先前環繞我們周遭的人、事的知識或期望，在日常生活中我們將寸步難行。

3. 同的個體會對相同的環境有同的解釋。知覺以感覺做依據，但知覺未必由感覺形成。知覺透過主觀性的選擇、組織與解釋形成知覺，其主要的知覺形成基礎在於外在激因素及個人內在生、心理的因素。

4. 由於知覺的形成受到外在刺激與知覺者個體生心理因素的交互作用影響，因此知覺形成的基礎則有個體生理方面、個體心理方面、知覺環境方面、知覺主體方面。

5. 知覺為一個反覆處理感覺訊息，引發情感與認知活動的心理歷程。

6. 知覺的關鍵性影響主要是由於知覺是極為主觀的心理歷程，來自知覺的心理特徵的影響。知覺具有相對性、選擇性、整體性、恆常性與組織性等心理特徵。

7. 常見的知覺偏誤有月暈效果、刻板印象、投射、否認、選擇性知覺、似我效應、對比效應、初始效應與近時效應、知覺的一致性。

8. 認知是泛指注意、知覺、理解、記憶、思考、語文、解決問題、智力、創造力等心智活動。

9. 認知結構（Cognitive Structure）指個人對人、對事、對物或對社會現象的看法，其中包括客觀的事實、主觀的知覺，以及兩者組合而成的概念、理解、觀點與判斷。

10. 認知發展的原因有四項取向：天賦論的成熟、經驗學派的特殊學習、皮亞傑的同化與調適、資訊處理研究取向的組塊與策略。

11. 最新解釋認知發展的理論是從資訊的處理著手，認為所有認知行為皆為處理資訊的方法。處理資訊方法受成熟、認知資本、策略、後設認知所影響，文化與教育也對認知發展產生影響。

12. 資訊處理的內在歷程，一般認為其中包括三個心理特徵：訊息處理為階段性的；各階段的功能不一，居於前者屬暫時性，居於後者屬永久性；資訊處理不是單向直進式，而是前後交互作用的。

13. 後設認知指個人對自己認知歷程的認知。從學習心理的觀點看，後設認知包括兩種成分（或兩個層面）：一為後設認知知識、二是後設認知技能。

14. 諾曼認為心智模式既不完整且不穩定，人對自己心智模式的控制力有限，它非科學的也沒有一定界線，同時心智模式的包容性不大，所以心智模式不一定精確完整，然而它卻為人所獨有，主要目的在於實用而非精確。

15. 心智模式有預測作用，作為我們推理的基礎。人們若無法自行針對問題建構心智模式，將無法解決抽象性的問題。

16. 為增進決策品質，針對心智模式的特性，個體決策前應注意三點的建議：(1) 決策前，辨認個體所使用的心智模式。(2) 思考合理的心智模式是什麼。(3) 調整個體心智模式以符合理性邏輯的心智模式。

17. 大多數的企業決策快速，此基於直覺反應。然而，決策品質對於個體工作、部門工作及組織工作績效皆具有重大的影響，決策品質大都受到個體認知與知覺的主觀性所影響。一般為大家所熟知的包括理性決策模式、行政決策模式。

18. 理性決策理論認為個體在特定的限制下，所做的一致的、價值極大化或最佳化的抉擇。完美的理性決策者，應該全然客觀的、合邏輯的。清楚地界定問題且有清楚和明確的目標。

19. 理性決策模式的步驟有：意識問題、確認決策準則、分配準則權重、尋找所有可能方案、評估所有可行方案、選擇最佳方案。

20. 行政決策模式理論認為，一般行政人員的行政決策應追求：滿意的決策。為要求組織的最高理性或最佳效率，組織各成員在做決策時應追求「最適的」、「滿意的」的決策方法及技術。前者為最高目的，不能獲得時，退而求其次，能達到令人滿意的決策也屬不錯的行政行為。

21. 一般而論，組織成員為「行政人」而非「經濟人」，因為人的理性充其量為有限理性。

22. 賽蒙認為決策過程包括三個步驟（活動）：心智活動、設計活動、抉擇活動。

23. 決策過程是個體認知與知覺的心理歷程，受大腦中樞神經控制，認知主要受到情緒與個人心理歷程的干擾而產生偏誤。

24. 個人決策中常見的認知謬誤有情感性的干擾、先有結論，再找證據、標準不一致、過於保守、便利性、先入為主、穿鑿附會、選擇性認知、歸因效果、過於樂觀，一廂情願、加碼投注、代表性的偏誤。

一、選擇題

(　　) 1. 所感覺到的資訊並賦予意義的過程，並主動處理感覺資料的過程，稱之為：
(A) 決策　(B) 知覺　(C) 認同　(D) 基模。

(　　) 2. 下列知覺的歷程是對的？　(A) 組織→解釋→選擇　(B) 組織→選擇→解釋　(C) 選擇→組織→解釋　(D) 選擇→解釋→組織。

(　　) 3. 是一種保護自己的心理機制，當個體拒絕面對外界不愉快的事項，稱之？
(A) 否認　(B) 刻板印象　(C) 投射　(D) 對比效應。

(　　) 4. 個人不但瞭解自己所學知識的性質和內容，而且知道知識中所蘊含的意義及原理原則，稱之？　(A) 心智模式　(B) 基模　(C) 認知結構　(D) 後設認知。

(　　) 5. 泛指注意、知覺、理解、記憶、思考、語文、解決問題、智力及創造力等心智活動稱之為？　(A) 決策　(B) 認知　(C) 資訊處理　(D) 記憶。

(　　) 6. 認為認知發展是分化、是成長、是依序的進步，其主要來源包括生理遺傳的成熟及環境因素的影響，為哪一種認知發展理論？　(A) 天賦論　(B) 經驗學派　(C) 同化與調適　(D) 資訊處理。

(　　) 7. 下列有關理性決策模式的描述有誤？　(A) 又稱古典決策模式　(B) 決策是基於自利動機　(C) 會列出所有可行方案　(D) 做出滿意的決策。

(　　) 8. 下列有關行政決策模式的敘述是正確的？　(A) 是一種滿意的決策
(B) 思考少數相關與重要的因素以做成決策　(C) 決策的理性有限制，可能產生謬誤　(D) 以上皆是。

(　　) 9. 為過去的決策造成負面結果，但卻投入更多資源於先前的決策，期望能藉機會攤平損失，此種謬誤稱之？　(A) 先入為主　(B) 加碼投注　(C) 歸因效果　(D) 穿鑿附會。

(　　) 10. 從自己的經驗或背景來看待問題，「看到自己想看的，聽到自己想聽的」，此種謬誤稱之？　(A) 先入為主　(B) 便利性的偏誤　(C) 選擇性認知　(D) 穿鑿附會。

二、簡答題

1. 請簡述知覺形成的基礎為何。

2. 請簡述影響知覺的因素。

3. 請簡述常見的知覺偏誤。

4. 請問人的思考是如何改變的,請簡述認知發展的四個取向。

5. 後設認知如何影響人的思考與決策?

6. 請問常見的認知偏誤有哪些?

三、問題討論

1. 知覺的偏誤主要受到哪些因素影響?

2. 透過專業的成長與訓練能夠降低知覺偏誤嗎?

3. 知覺的心理組織性特徵包含哪四項法則?能改善知覺的組織性特徵嗎?

4. 後設認知在決策上如何正確轉為資訊,同時理解資訊背後的原理原則?以促使個體更加有系統地思考來強化決策品質。

5. 如何透過注意與意識強化個體資訊處理效能?

6. 無法完成達成理性決策,那理性決策理論在決策上具有何意義?

7. 行政決策模式說明個體決策的標準為何?

8. 形成決策的偏誤有哪些可能影響的因素?

Chapter 6

激勵

學習目標

1. 明瞭激勵的基本歷程
2. 說明激勵的內容論與過程論的涵義
3. 瞭解馬斯洛的需求層級理論
4. 清楚描述 X 理論和 Y 理論的內涵與差異
5. 清楚描述雙因子理論的內涵
6. 瞭解目標設定理論的運用
7. 瞭解增強理論的激勵過程
8. 清楚描述公平理論的內涵
9. 瞭解期望理論的激勵過程
10. 闡述近代激勵理論的思維

章首小品

　　A 公司為一家自產自銷的麵包公司，店面最近常接到顧客的客訴，抱怨紅豆麵包的內餡愈來愈少，公司針對此一問題進行瞭解，發現並非每一個紅豆麵包的內餡都變少。由於是手工製作的產品，公司除了針對生產流程進行探討之外，針對麵包師傅再進行訓練，甚至要求每一個麵包的紅豆內餡必須經過磅秤秤重，經過許許多多的改善措施，問題仍時而出現、時而消失，並未全面獲得解決。

　　在一次的偶然機會下，生產主管聽到員工對公司薪資、福利制度與工作環境的抱怨，於是和每位麵包師傅進行談話與瞭解，結果無意間找到紅豆內餡分量不足的問題，原來是員工對公司薪資、福利制度與工作環境不滿的反應行為。他們一點也不在乎紅豆內餡是否足量，雖然要求內餡一定要秤重。因此，真正的問題，不在於工作流程，也不在於員工的技術能力，而在員工的心理，員工心理沒有意願努力工作，內餡多一點、少一點也沒關係！此為工作動機缺乏的問題，而這個工作動機便是驅動員工努力工作、展現高績效工作行為的動力，這即是「激勵」的議題。

→ 前言

　　有個「夢想拼貼」的遊戲，藉由翻閱 6、70 本不同種類的雜誌、廣告，從中選出吸引自己的圖片，然後隨意剪貼在四開圖畫紙上，思考自己想要的生活與工作的樣貌，可以藉此瞭解自己或員工心中的願望或夢想。這些喜愛的圖片可能是自己的夢想，也間接表達自己未來的想像，更是自己行動的動力來源。

　　企業追求員工績效，一般認為員工的績效＝ f（能力 × 動機）。上述的案例中發現員工的工作績效不良、工作目標未達成，有時並非工作能力的問題，員工的心理是否具備工作動機往往會影響工作績效與目標的達成，這便是激勵的問題；有時我們也會發現組織中有許多人願意付出比公司規定還要多的心力，這也是激勵作用的影響。在本章，我們將會學習到激勵作用的影響效果，啟動個人或員工的行動力。

6-1　激勵歷程

　　激勵，又稱為動機（Motivation），即驅動個人外在行為的背後力量，這個力量稱為驅力，為行為的一種動力。例如：人餓了想吃、渴了想喝，餓是驅動「吃」這個行為的背後力量，而渴就是驅動「喝」這個行為的背後力量。因此，我們可以說餓、喝是「吃」、「渴」的動機，在管理領域中，我們稱為激勵。

　　行為背後的驅力如何產生？因為人們需求的不滿足而產生心理上的壓力，為了舒緩壓力，人們會尋求某些行動來滿足需求。激勵的歷程，如圖 6-1，可以解釋此一歷程。

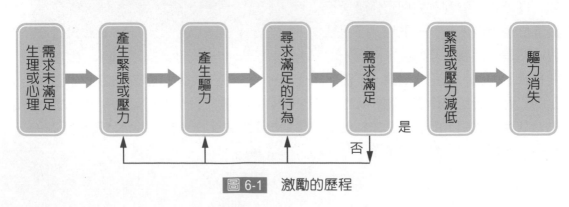

圖 6-1　激勵的歷程

　　例如：當我們覺得餓的時候，此時生理或心理需求可能產生不滿足，進而產生「餓得難受」、「亂發脾氣」、「焦躁不安」的心理緊張或壓力，於是我們會想吃點東西，此為驅力；吃一個便當後（尋求滿足的行為），我們會評估是否飽了？也就是餓的需求是否被滿足，如果滿足，不覺得餓，此時心理的緊張或壓力便降低，想要吃點東西的驅力便消失，如果此時仍覺得滿足呢？那麼可能會再產生緊張或壓力、產生更大的驅力，尋求另一個滿足的行為（如再吃碗麵），直到餓的需求被滿足。

　　在組織中的員工，組織會希望員工努力工作、達成目標與任務的驅力，進而產生努力達成組織目標與任務的行為，員工努力達成組織目標與任務行為背後的那個力量為何？而員工個人本身也有自己想要達成的理想和目標，如何將組織目標和員工個人目標結合，這便是激勵所探討的議題。以下我們先從二方面的理論說明。一為激勵理論的內容論，另一個為激勵理論的過程論。

　　所謂激勵理論內容論，即從激勵內容本身，對激勵物探討激勵歷程，什麼東西最可以激勵他人，為「what」的觀點；激勵理論過程論，是從激勵為什麼會發生的整個歷程來討論，為「how」的觀點。

6-2 激勵理論—內容論

　　首先，我們探討激勵的內容論。內容論主要為需求層級理論、雙因子理論、ERG 理論和三需求理論。

（一）需求層級理論（Hierarchy of Needs Theory）

　　馬斯洛（Abraham Maslow）於 1954 年提出需求層級理論，如圖 6-2。

圖 6-2　馬斯洛的需求層級理論

1. 假設每個人有五種需求

(1) 生理需求（Physiological Needs）：指人們生存最基本的需求。人們為活下去，必須滿足最基本的生理需求，例如：飢餓、口渴、禦寒等需求，即對食物、空氣、水、衣物、健康的最基本需求。

(2) 安全需求（Safety Needs）：指人們對人身安全和生活保障的需求，為免受身體和心理上傷害的需求。

(3) 社會需求（Social Needs）：為一種愛與被愛的需求，包含情感、歸屬感、社交、友誼、愛情等。

(4) 自尊需求（Esteem Needs）：指人們對自我肯定和受別人肯定、尊重的需求，因此包含內在的成就感、自我價值及外在的成就、地位、名聲等。

(5) 自我實現需求（Self-actualization Needs）：指人們對自我內心渴望的一種需求，包括自我實現、追求夢想、發揮潛能等。

這五種需求具層級性，一層一層逐漸由下往上發展，如圖 6-2 所示，從最低的生理需求、安全需求，至社會需求、自尊需求，到最頂端的自我實現需求。生理需求和安全需求被稱為「低層次需求」；社會需求、自尊需求和自我實現需求被稱為「高層次需求」。

馬斯洛認為人們的需求會從最底層的生理需求開始，當底層的需求得到大部分的滿足，才會產生更高層次的需求，而且逐層地往上。生理需求得到大部分滿足，才會對安全產生需求；安全需求得到大部分滿足後，才會想要社會需求，依此原則，逐層發生自尊需求與自我實現需求。

馬斯洛進一步指出，若某一層次的需求未得到滿足，那麼會一直停留在該層次，直到該層次需求得到大部分的滿足為止，因此出現「需求停滯」現象。

圖 6-3 良好的友誼關係滿足社會需求

2. 相異的觀點

儘管馬斯洛的需求層級理論得到大家認同，但其理論現今受到幾點不同觀點的討論，當管理者在探求員工努力工作，達成績效行為背後的那個力量時，可以檢視員工個別的差異性，來激勵不同的個體。

(1) 該理論缺乏實證性，沒有足夠的研究支持。

(2) 隨著經濟環境的富裕，低層需求的生理需求和安全需求可能已被大部分的人滿足，人們直接追求高層次的社會需求、自尊需求和自我實現需求，因此產生跳層或一次擁有多個需求的情形。

(3) 因個體差異的存在，可能出現倒三角形情形。高層次需求可能先出現，例如：有些人寧願餓死（生理需求），也不願意受屈辱（自尊需求）。

（二）雙因子理論（Two-factor Theory）

赫茲伯格（Frederick Herzberg）於 1966 年提出著名的雙因子理論，又稱激勵保健理論（Motivation-hygiene Theory）。赫茲伯格發現人們對需求的滿足不是單純的「滿足」和「不滿足」兩個極端點，「滿足」的相反不一定是「不滿足」，中間還有許多情形發生，如圖 6-4。對需求不滿足的另一端是沒有不滿足，此激勵物稱為「保健因子」（Hygiene Factors），滿足的另一端是沒有滿足，此激勵物稱為「激勵因子」（Motivation Factors）。

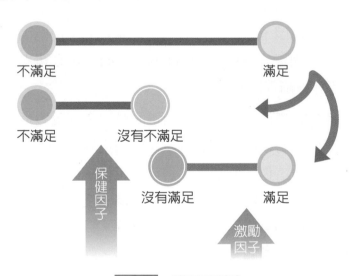

圖 6-4 雙因子理論

赫茲伯格針對 200 多位工程師與會計師進行一項工作滿足與工作不滿足的研究，請受試者列舉出在什麼情況下會對工作感到喜歡、什麼情況下對工作感到不喜歡，最後得出如表 6-1 所示的「激勵因子」和「保健因子」兩大類情況。

表 6-1　赫茲伯格的雙因子理論

保健因子〔工作沒有不滿足〕	激勵因子〔工作滿足〕
工作環境	工作本身
公司政策與管理	成就感
督導	讚賞
薪資	責任感
人際關係	上進心
工作保障	晉升機會

　　激勵因子是可以讓員工感到滿足的因素，即使這些因素無法被滿足，也不會產生「工作不滿足」的情況，只會發生「沒有滿足」的情形。激勵因子主要為工作本身所帶來的影響因素，是一種內生因素（Intrinsic Factors），如成就感、工作受到讚賞、責任感、上進心、晉升機會等。

　　保健因子的存在只讓員工感到「沒有不滿足」，無法激勵員工達到工作滿足的境界，若缺乏保健因子，員工會感到「不滿足」。保健因子主要為工作環境因素，是一種外生因素（Extrinsic Factors），如公司政策與管理、督導、薪資、人際關係、工作保障等因素。

　　從以上的敘述，我們可以發現赫茲伯格的雙因子理論對於解釋員工工作滿足和不滿足的影響因素有很清楚的闡述。在組織環境中有些員工對工作採取消極的態度，不是不努力工作，但卻也不是努力工作，此時員工應處在「保健因子」的狀態下，僅對工作「沒有不滿足」，工作感受不到激勵，無法達到滿足狀態，因此管理者在激勵員工、尋找工作動機時，為讓員工能有積極努力工作的因素，須從工作本身的相關「激勵因子」著手，許多研究顯現薪資和升遷的激勵效果往往不持久，相對地，給予認同和參與感，提高員工對工作的自主性、責任感，讓員工對工作充滿遠景，擁有晉升與學習成長的機會，本書第九章所談及的團隊工作和第十三章有關工作豐富化的工作設計均為此一觀點的延伸。

　　進一步將馬斯洛的需求層級理論和赫茲伯格的雙因子理論大致做比較，我們可以發現馬斯洛的需求層級理論中的低層次需求，如生理需求、安全需求，相似於赫茲伯格的雙因子理論的保健因子；馬斯洛的需求層級理論中的較高層次需求，如自尊需求與自我實現需求，相似於赫茲伯格的雙因子理論的激勵因子。

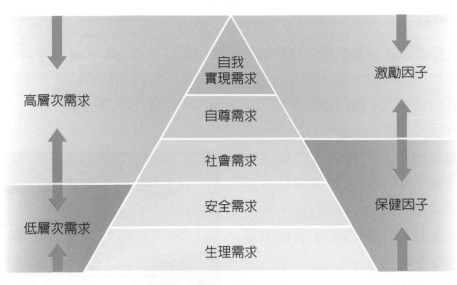

圖 6-5 馬斯洛的需求層級理論

（三）ERG 理論

艾德佛（Clayton Alderfer）於 1972 年以馬斯洛的需求層級理論為基礎，歸納出員工的需求有三種：生存需求（Existence Needs）、關係需求（Relatedness Needs）和成長需求（Growth Needs），簡稱 ERG 理論。

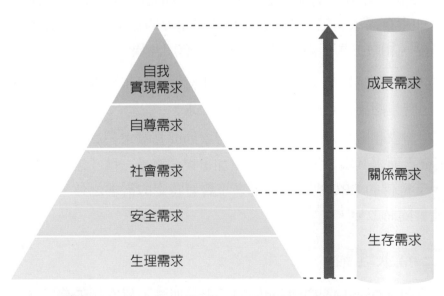

圖 6-6 艾德佛 ERG 理論和馬斯洛需求層級理論的比較

1. ERG 理論

(1)生存需求：一種對生存與保障的需求，類似馬斯洛需求層級理論的生存需求和安全需求，如飢餓、口渴、禦寒、免受傷害與疾病痛苦等，也類同赫茲伯格雙因子理論中的保健因子，屬於工作環境因素，如薪資、公司政策與管理、督導、工作保障等。

(2)關係需求：一種對人際關係與互動的需求，希望獲得社會認同或是人們友善的對待，此需求類似於馬斯洛需求層級理論的社會需求。

(3)成長需求：指努力達成目標、完成成長與夢想的需求，類似於馬斯洛需求層級理論的自尊需求和自我實現需求。

圖 6-7　食物是滿足人類生存的基本需求

2. 與馬斯洛理論的差異

艾德佛的 ERG 理論也是一種需求層級理論，如圖 6-5。人們對於生存需求、關係需求和成長需求除有順序性，也具備了滿足，再進階的流程（滿足－進階），即生存需求滿足，關係需求變成最重要的需求，但 ERG 理論有其下列幾點特點，相較於馬斯洛的需求層級理論有所差異。

(1) 員工可能同時被一個以上的需求所激勵。當員工生存需求尚未滿足前，可能同時也想要滿足關係需求和成長需求。

(2) 生存需求和關係需求滿足後，高層次的成長需求一直無法被滿足，那麼員工會退而求其次，對關係需求更加重視，這是一種「需求退化」的現象。

因此，艾德佛的 ERG 理論除解釋員工會有特定的需求之外，亦說明員工的需求可能會隨時改變。

（四）三需求理論

麥克里蘭（David McClelland）的三需求理論，認為員工有三種需求：成就需求（Achievement Needs）、權力需求（Power Needs）及親和需求（Affiliation Needs）。

1. 麥克里蘭提出的三需求

(1) 成就需求：一種達成目標、追求成就感的需求。對此需求有強烈慾望的員工會努力達成所設定的目標，甚至是具挑戰性的目標。他們喜歡靠自己的努力完成工作、解決問題，因此對於成功機率太低或太高的事情，他們一點也不感興趣。成功機率太低的事情，成功是靠運氣而非自己的能力，即使成功了，也沒有成就感；成功機率太高的事情，代表事情太容易完成，沒有挑戰性，無法感受成功後的成就感。

(2) 權力需求：一種支配的需求。希望掌控或改變周遭環境的人、事、物，以滿足自己。權力需求強的員工想要影響與控制他人，喜歡權力與地位。

(3) 親和需求：一種想要得到他人友善對待的需求。希望獲得別人的贊同，不喜歡衝突，高親和需求的員工會積極協助別人，喜歡互相合作與和諧的人際關係。

2. 三需求理論的特點

麥克里蘭的三需求理論並非一種需求層級理論，不具備順序性和滿足—進階的程序，其特點如下：

(1) 員工可能同時對成就需求、權力需求和親和需求等三種需求有慾望，只是需求的強弱程度不同而已。

(2) 麥克里蘭的三需求理論擁有「需求強化」的現象。當某一個需求有強烈的欲望，得到滿足時，對此需求會產生更強烈的慾望，例如：一位員工擁有高權力需求，當他獲得權力和地位時，他並不會因此停止對權力需求的追求，反而權力需求的強度更強。

麥克里蘭的三需求理論中，成就需求和工作績效的關係最明顯，如同前面的敘述，高成就需求的員工喜歡具挑戰性的工作，努力完成工作任務與目標，因此在組織中多能成為傑出者，但是高成就需求者不一定是位好的管理者，因為他們偏好追求個人成就感，不喜歡團隊工作。研究顯示，高權力需求及低親和需求的人比較容易成為傑出的管理者。

6-3 激勵理論—過程論

激勵的過程論主要有目標設定理論、期望理論、公平理論與增強理論。分別敘述如下：

（一）目標設定理論（Goal-setting Theory）

許多的研究顯示，目標為激勵的重要來源，明確的目標可以讓員工清楚努力的方向、瞭解自己該做些什麼及必須付出多少的努力，進而使目標可以導引員工完成工作任務、提高工作績效，那種追求目標、努力達成的過程是具激勵性的。研究進一步指出適度挑戰性的目標「C」更可以激勵員工，如圖 6-8，因為低於或相當於能力水準的目標「A」和「B」，一點意義也沒有，太過高挑戰的目標「D」，可望而不可及，成功機率太低，不具激勵性，很多人會直接放棄。

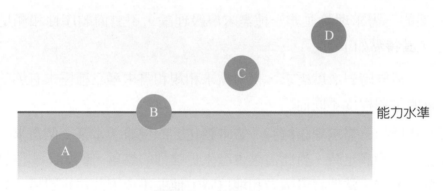

圖 6-8 目標設定水準

目標的設定非「努力去做」或「有進步」即可具備激勵性。一個好的目標須具備 SMART 原則，即明確性（Specifiable）、可衡量性（Measurable）、可達成性（Attainable）、相關性（Relevant）和時效性（Timely）。明確性指目標要具體，例如：「提高業績 20% 以上」比「努力衝業績」更明確、具體；可衡量性指目標設定可以量化，不要只設定「提高業績」、「成績有進步」的目標，盡可能設定量化的目標，如上例中的「提高業績 20% 以上」、「成績平均80 分以上」；可達成性指目標須為員工能力所及之處，如圖 6-8 中略具難度的「C」目標水準；相關性則指目標須為員工工作任務與責任範圍，員工能為自己的目標是否達成而負責；最後，所謂的時效性意指目標需要設定完成時間，上述「提高業績 20% 以上」的目標，改成「下個月提高業績 20% 以上」更恰當。

有關目標設定理論的另一個議題：員工若參與目標設定，是否讓目標更具激勵性？答案是肯定的！管理理論中的「目標管理理論」（Management by Objectives, MBO），便是藉由主管與員工共同討論工作目標，當員工參與目標設定且目標得到員工的認同，此時增加員工對目標的接受性，員工會更全力以赴完成工作任務目標。

（二）期望理論（Expectancy Theory）

期望理論認為人們會因為努力行為之後，可能獲得想要的結果而受到激勵，激勵作用的產生：$MF = E \times V$（MF ＝激勵作用力；E ＝期望機率；V ＝價值），其激勵過程如圖 6-9。

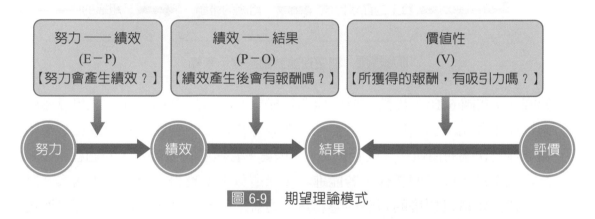

圖 6-9　期望理論模式

由圖 6-9 所示，期望理論必須符合三個條件才能發揮激勵的效果。

1. 努力和績效的關聯性（E － P）

指員工對自己努力之後是否會達成績效的期望認知，如果努力產生績效的機率為零，那麼激勵過程就不會發生。

2. 績效和結果的關聯性（P － O）

員工相信達到績效之後會獲得結果報酬的機率，如果每次組織或管理者所承諾的結果報酬（如加薪、分紅、獎金）常常跳票，那麼此一關聯性便中斷，激勵過程也不會產生。

3. 價值性（V）

即員工會對所獲得的報酬進行評價，這個報酬對員工個人是否具備吸引力，即能否滿足需求。同樣地，如果報酬不是自己想要的（如圖 6-1 激勵歷程中的生理或心理需求未滿足之處），那麼不會產生激勵。

依據期望理論基礎，激勵要能產生作用，除激勵物是員工未獲得滿足的需求之外，必須要增強努力和績效的關聯性及績效和結果的關聯性。

個人員工未獲滿足的需求和組織中的績效有何關係？這便是期望理論在組織中運用的巧妙處，如圖 6-10 所示。

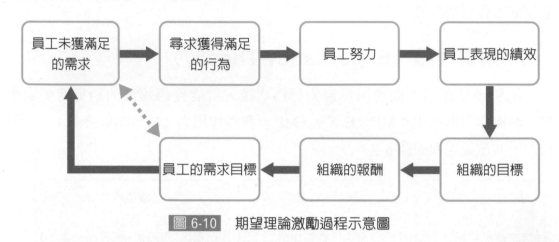

圖 6-10　期望理論激勵過程示意圖

如圖 6-9 和圖 6-10，我們知道依據期望理論所敘述的激勵過程，若想要激勵過程產生作用，必須符合三個要件，即努力和績效的關聯性、績效和結果的關聯性及報酬的價值性（或吸引力），因此，管理者在激勵員工的過程中，除符合期望理論的三個要件，若能進一步知道員工未獲得滿足的需求內容，將員工達到組織目標後的報酬內容和員工的需求目標結合，那麼一定可以激勵員工努力工作，使員工朝向組織工作任務目標向前進，達成組織設定的目標。

（三）公平理論（Equity Theory）

人為群居的動物，在滿足自己的需求過程中，不免發生相互比較的情形，在組織中這種情形更是常見，我們常聽到「我和他付出同樣的勞力，他領的薪水為什麼比我高？」、「這個月他請假那麼多，為什麼領的獎金跟我一樣？」、「我的績效比他好，因為他比較資深，所得到的分紅就比較嗎？」等類似的對話。在相互比較下，即使所得到的報酬已能滿足員工需求，但員工心理仍會感到不滿足，降低激勵的效果，進而影響日後的工作表現。以下將敘述激勵理論 — 過程論中的公平理論。

公平理論說明員工的行為表現是因為感到不公平的結果而被驅動。比較的公式如下，即自己將對自己的投入與結果報酬的比率和其他人的投入與結果報酬的比率相較，若心裡感受公平（一般為等於或是大於）較不會有後續行為，

若感到不公平,則會產生不滿足情形,進而採取許多行為以獲得心理的滿足,這種感到不平的現象是管理者須關注的。

$$\frac{Output（結果報酬）_{自己}}{Input（結果報酬）_{自己}} \leq or \geq \frac{Output（結果報酬）_{他人}}{Input（投入付出）_{他人}}$$

公平理論的激勵過程,如圖 6-11 表示。

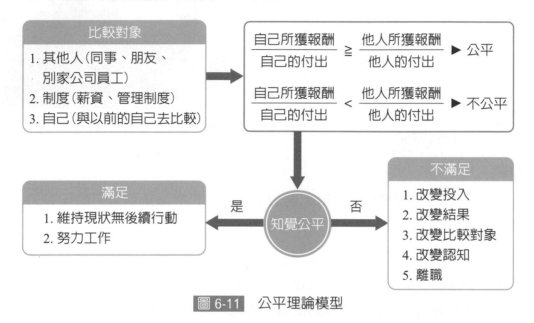

圖 6-11　公平理論模型

當員工心理感到不公平時,員工會嘗試修正不公平以達到滿足或公平感,套入數學公式,即是想辦法讓 Output ／ Input 的比較式變成相等,一般會有下列五種反應:

1. 改變投入

當所付出的努力得到低的報酬時,會傾向讓自己降低自己的努力和表現,即降低生產力或是降低品質,例如:原本可以 2 個小時完成的工作,員工可能花 3 個小時才完成;增加他人的投入,如將工作丟給別人做,讓別人做更多的工作。

2. 改變結果

當所付出的努力得到低的報酬時,員工會想辦法提高自己的報酬,例如:要求主管加薪、申請不必要的加班、減少他人的報酬等,例如:向主管打小報告,讓他人的獎金減少。

3. 改變比較對象

若上述改變投入、改變結果都無法讓自己感到公平，員工可能會轉移比較的對象，所謂「比上不足、比下有餘」，藉此讓自己的心裡感到公平與滿足。

4. 改變認知

這是一種自我解釋的方法。自我解釋這種不公平的現象，使得心理的不公平感受可以得到紓解，例如：員工會認為他人就是資歷比較深或是運氣較好，假以時日我也會得到高報酬；他人得到的報酬並沒有那麼多，說不定他辛苦努力的過程我沒看到等。

圖 6-12　當都無法滿足時，員工會想要離開公司

5. 離職

一般這是最後的行為反應，當上述的反應行為仍無法感到公平時，員工最後便會選擇離開公司。

公平理論認為員工的行為會受到心理公平感覺的激勵，我們一直強調「心理的感覺」，這個公平理論的等式並非如一般的數學式可以被直接或正確地演算出來，公平與否來自員工自己心理的衡量，因此，員工的感受顯得更重要，例如：加強員工關係、組織決策過程的透明、員工參與等，可以增強員工的感受，降低心理的不公平感覺。

（四）增強理論（Reinforcement Theory）

增強理論源自於心理學中的行為主義觀點，由心理學大師史金納（Burrhus F. Skinner）的學習理論研究中得來（詳細內容可參考本書第六章「學習與創新」中之學習單元）。認為透過行為的正面結果或負面結果的學習經驗塑造或改變人的行為。因此，增強理論是一種行為改變或行為塑造的理論，

	增強物	嫌棄物
給予	正增強 （Positive Reinforcement） 鼓勵好的行為重覆發生	懲罰 （Punishment） 避免不好的行為再發生
移除	消弱 （Extinction） 避免不好的行為再發生	負增強 （Negative Reinforcement） 鼓勵好的行為重覆發生

圖 6-13　增強理論模型

即「刺激 — 行為反應 — 增強」的過程，有兩個議題必須加以說明：增強的類型與增強時程的安排。

增強的類型藉由增強物（員工偏好、喜歡、滿足需求的事物）或是嫌棄物（員工討厭、不喜歡、降低需求滿足的事物）的給予或移除來改變或塑造員工的行為，以符合組織的要求（即組織想要的行為結果）。如圖 6-13 所示，增強理論的四種類型有正增強、懲罰、削弱和負增強。

1. 增加期望行為的方式

首先介紹給予增強物或移除嫌棄物的增強理論過程，如圖 6-14。當組織管理者想要員工表現出管理者想要的績效行為，如增加生產力、降低不良率、配合公司改革政策等，可以採用這二種方法讓管理者期望的行為不斷出現。

(1) 正增強： 當員工出現符合出現管理者所要求的行為，便給予員工讓他愉悅、喜歡的增強物，例如：生產力增加 10% 以上，獎金增加 1,000 元。

(2) 負增強： 同前例，當員工出現符合出現管理者所要求的行為時，便移除他討厭、不喜歡、令他不愉快的嫌棄物，例如：生產力增加 10% 以上，可以免除夜間排班。

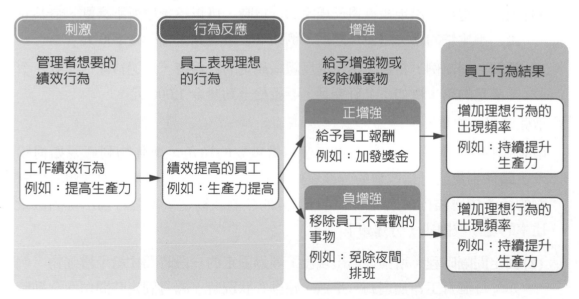

圖 6-14　給予增強物或移除嫌棄物的增強理論過程

2. 消除不符期望行為的方式

另外兩種方法的運用為給予嫌棄物或移除增強物的增強理論過程，如圖 6-15，即當組織管理希望員工出現理想的行為時，員工的表現並不理想，甚

至出現違反公司規定的情事，如遲到、早退、常請假等，這時可以採用以下這二種方法讓不符合公司規定的行為漸漸消失。

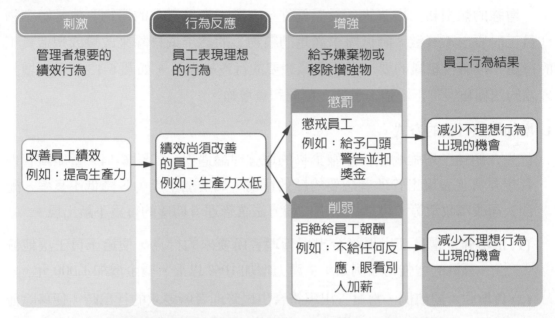

圖 6-15 給予嫌棄物或移除增強物的增強理論過程

(1) **懲罰：**當員工出現組織違反規定的行為時，可以給予他所不喜歡、令其討厭、不愉快的事，這便是懲罰，例如：上班遲到，扣獎金 500 元。

(2) **消弱：**同前例，當員工出現違反組織規定的行為時，透過移除他喜歡、令其滿足的事，例如：上班遲到，不發給全勤獎金 1,000 元。

3. 增強時程的安排

增強過程中，增強物的給予占一個相當重要的角色，增強物到底要如何給予，關係到員工行為改變的強度與持續度，即為增強時程安排的議題。增強物的給予依增強行為出現後，時程間隔的變動或固定、增強行為出現的數量比率的變動或固定，分述如下：

(1) **固定間隔時程：**增強行為出現後，經過固定的一段時間才給予增強物。例如：每個月工作無遲到、早退、缺勤等狀況時，隔月固定時間領取全勤獎金 2,000 元。

(2) **變動間隔時程：**不定期採取增強行為，例如：主管格外宣布加發獎金 500 元、突擊檢查設備是否按時檢查。

(3) **固定比率時程：**增強行為出現固定次數後，才給予增強物，例如：累積三個月不遲到，加發獎金 1,000 元。

(4) 變動比率時程： 當增強行為出現一次或多次時，隨時給予增強物。

增強理論在組織行為的運用中，須注意增強的類型與增強時程的安排。任何的增強應和組織期望的行為緊密地連結，員工清楚知道組織期望的行為是什麼，增強行為的時機相當重要。

6-4 近代激勵理論的思維

　　本章敘述員工努力工作、產生組織所要求的績效，除自己本身的工作能力之外，意願為一個重要的因素，也就是激勵的議題。從傳統的內容論到近代的過程論，發現員工的行為可以依激勵物、行為產生過程或是增強過程被激勵。隨著社會環境的快速變遷與全球化的影響，激勵理論的適用議題值得進一步探討。

1. 文化的影響

東西文化有很大的不同。在本書第十四章組織文化中說明國家文化的差異，我們須瞭解多數的激勵理論皆於美國發展出來，因此，理論內容也較適用於文化中的「個人主義」或是「陽剛傾向」，相較於東方文化的差異，例如：重視「集體主義」、「陰柔傾向」及「權力距離遠」，對於激勵物的重視程度，或對期望理論中努力和績效的關聯性、績效和結果的關聯性的重視程度較低。

2. 多樣化的影響

現今為多樣化的社會，須尊重個體個別的差異，如不同的性別、種族、宗教信仰等，因此激勵制度的設計或是管理激勵工具的運用須注意個體的差異。

3. 價值觀的影響

在本書第二章和第三章中，我們瞭解每個人價值觀不同所造成的個體差異，管理者須瞭解員工個別價值觀的差異，用不同的方法激勵不同的員工。另外，隨著個人生涯歷程發展階段的不同，滿足其需求的激勵物也會不同，管理者亦須瞭解生涯歷程發展階段對激勵效果的影響。

4. 內在激勵與外在激勵的影響

內在激勵者激勵的來源是因為內在需求而產生，而外在激勵者較容易受外在環境條件的影響。根據研究顯示，內在激勵者對工作的滿足感比較持久，也較傾向內控者（Internal Control）；外在激勵者容易受環境影響，是個外控者（External Control）。管理者在運用增強理論時，基本上較適用於外在激勵者。

1. 一般認為員工的績效 = ƒ（能力 × 動機）。所謂的激勵，又稱為動機（Motiva-tion），即驅動個人外在行為的背後力量，這個力量稱為驅力，為行為的一種動力。

2. 激勵理論 —— 內容論，即從激勵內容本身，對激勵物探討激勵歷程，什麼東西最可以激勵他人，為「what」的觀點；激勵理論 —— 過程論，是從激勵為什麼會發生的整個歷程討論，為「how」的觀點。

3. 激勵的內容論主要有需求層級理論、雙因子理論、ERG 理論和三需求理論。

4. 馬斯洛的需求層級理論為：生理需求、安全需求、社會需求、自尊需求及自我實現需求等五種需求。

5. 赫茲伯格的雙因子理論為保健因子與激勵因子。激勵因子是可以讓員工感到滿足的因素，保健因子的存在只讓員工感到「沒有不滿足」，無法激勵員工達到工作滿足的境界。

6. 艾德佛的 ERG 理論：生存需求、關係需求和成長需求（Growth Needs）。

7. 麥克里蘭的三需求理論：成就需求、權力需求和親和需求。

8. 激勵的過程論主要有目標設定理論、期望理論、公平理論和增強理論。

9. 目標設定理論認為目標為激勵的重要來源。

10. 期望理論認為人們會因為努力行為之後，可能獲得想要的結果而受到激勵，激勵作用的產生：MF = E × V（MF ＝ 激勵作用力；E ＝ 期望機率；V ＝ 價值）。

11. 公平理論說明員工的行為表現會因為感到不公平的結果而被驅動。比較公式為自己將對自己的投入與結果報酬的比率和其他人的投入與結果報酬的比率相比較。

12. 增強理論認為透過行為的正面結果或負面結果的學習經驗塑造或改變人的行為，增強的類型藉由增強物（員工偏好、喜歡、滿足需求的事物）或是嫌棄物（員工討厭、不喜歡、降低需求滿足的事物）的給予或移除來改變或塑造員工的行為，以符合組織的要求；增強理論的四種方法有正增強、懲罰、消除和負增強。

13. 隨著社會環境的快速變遷與全球化的影響，激勵理論的適用議題值得進一步探討的。例如：文化的影響、多樣化的影響、價值觀的影響、內在激勵與外在激勵的影響。

一、選擇題

( ) 1. 下列何者不是馬斯洛 (Maslow) 需求層級理論的內容： (A) 生理需求 (B) 滿足需求 (C) 社會需求 (D) 自尊需求。

( ) 2. 下列有關雙因子理論的敘述是錯的？ (A) 分為保健因子和激勵因子 (B) 保健因子無法激勵員工達到滿足的境界 (C) 工作本身屬於激勵因子 (D) 薪資是激勵因子。

( ) 3. 下列哪一個激勵理論有「需求強化」的現象？ (A) 馬斯洛需求層級理論 (B) 雙因子理論 (C) 麥克里蘭三需求理論 (D) 以上皆是。

( ) 4. 激勵理論中，以自己之投入與產出與他人投入與產出相比，是哪個理論？ (A) 公平理論 (B) 目標設定理論 (C) 內容理論 (D) 期望理論。

( ) 5. 「你給的，都是我不想要的」，無法達到激勵效果,可用哪個激勵論解釋？ (A) 目標設定理論 (B) 期望理論 (C) 公平理論 (D) 雙因子理論。

( ) 6. 下列何者不是期望理論的三個條件？ (A) 努力和績效的關聯性 (B) 績效和結果的關聯性 (C) 價值性 (D) 公平性。

( ) 7. 哪一個激勵理論主要以塑造改變一個人的行為？ (A) 增強理論 (B) 目標設定理論 (C) 三需求理論 (D) ERG 理論。

( ) 8. 增強理論中哪一個類型最具激勵效果？ (A) 正增強 (B) 懲罰 (C) 消弱 (D) 負增強。

( ) 9. 目標設定理論中，下列哪個方法可以增加激勵性？ (A) 設定有點難度的目標 (B) 設定能力所及的目標 (C) 增加目標設定的參與性 (D) 難度越高的目標。

( ) 10. 公司沒有給予任何回應，眼看別人加薪又升官，是屬於增強理論哪一個類型？ (A) 正增強 (B) 懲罰 (C) 消弱 (D) 負增強。

二、簡答題

1. 請簡述馬斯洛需求層級理論的特點。

2. 請說明艾德佛 ERG 理論和馬斯洛需求層級理論的比較。

3. 請簡述期望理論的三個條件。

4. 請簡述公平理論中，員工感受到不公平時的反應，並說明其在管理上的意義。

5. 組織如何運用增強理論以改變員工的行為，請簡述之。

6. 請簡述雙因子理論中，並說明其在管理上的意義。

三、問題討論

1. 請闡述激勵的歷程？

2. 何謂激勵的內容論和過程論？代表的理論有哪些？

3. 請說明馬斯洛需求層級理論的內涵。

4. 請說明赫茲伯格雙因子理論的內涵。

5. 請闡述馬斯洛需求層級理論和赫茲伯格雙因子理論的異同處？

6. 何謂 ERG 理論？

7. 何謂三需求理論？

8. 試比較馬斯洛需求層級理論、ERG 理論與三需求理論，三者之間的異同處。

9. 請闡述目標設定理論，並說明組織如何運用。

10. 員工為什麼會努力工作，請依期望理論闡述。

11. 當員工覺得所得到的報酬不公平時，他的反應行為為何？請依公平理論闡述。

12. 請闡述增強理論，並說明組織如何運用該理論以改變員工的行為。

13. 近代激勵理論有何不同的思維，請說明。

Chapter 7
情緒與心情

章首小品

　　香港商業電台經濟脈搏電台於 2020 年 9 月 24 日指出，2014 年張忠謀為了加速 10 納米製程進度，在新竹總部的 12 B 晶圓廠 10 樓成立全日分 3 班輪替、不停運作的研發（R&D）團隊，外界給這個部門，給了一個軍事味道濃烈的名字「夜鷹部隊」。有媒體指出「夜鷹部隊」是台積電核心競爭力，這種 24 小時不斷運作的研發成績斐然，台積電數年間順利連環突破了 10 納米、7 納米、5 納米等製程。「夜鷹部隊」佔比例很少，但卻維繫了台積電核心競爭力。

　　人工智慧（AI）與物聯網開啓企業之第四次工業革命─工業 4.0，企業永續經營的基礎在於維持企業競爭力，科技快速提升的第四次工業革命，激烈競爭帶來員工情緒上的壓力，進而影響企業經競爭力，創新需要透過員工工作而產生，創新能力是適應 AI 以及應用 AI 的一項關鍵競爭力，因而，員工情緒管理與調節是企業應當重視與掌握的重要能力。

 → 前言

消除員工情緒上的壓力，進而產生正向心理情緒，才能促使員工產生內在工作動機，而內在工作動機是創造力的三項組成因素之一，是技術升級與創新的一項主要動力來源。因此面對著產業快速變遷，企業全球化、工作型態多變與多樣化等工作環境的變動，不僅須強化員工安全與健康之保健工作，更需要避免員工產生情緒耗竭。情緒耗竭常會與挫折感及緊張並存。有可能呈現情緒失調，導致情緒耗竭，將對個人產生壓力，許多研究結果顯示壓力及壓力所產生的負向結果會持續存在，影響健康與工作表現，也阻礙著企業的創新與發展。因此本章從情緒、心情進行說明外，並進一步說明情緒勞務與情緒智力之內涵、影響與構面。

7-1 情緒與心情的關聯

情緒（Emotion）和心情（Mood）二者基本上皆屬於一種情感狀態（Affect State），由於二者之間區別相當接近，因此常有學者無法將二者明確區隔，而將心情納入情緒範圍。情緒和心情的區別，主要是理論的意涵和經驗程度的差異。情緒指針對某些人或事物的特定感覺，是個體處於不平衡的心理狀態，當個體陷入該種狀態時，不僅對其身體、生理反應有所干擾，對其行為、思想引起促動作用，導致身體組織和生理反應、心理歷程和行為產生極大的變化，影響個人的身體和心理健康。情緒是相當抽象的心理反應，與個人的特質有關，是心靈、感覺或情感的激動或騷動，泛指任何激起或興奮的心理狀態。

圖 7-1 情緒是處於心理不平衡狀態

心情是持續一段時間的背景感覺（Background Feeling），不像情緒針對某些人或事物的特定感覺，一般而言，隨著時間有其週期性，使個體對於外在刺激的人事物，進行解釋或是採取行動之前，抱持某些反應傾向。

感性是一般對於理性思考的另一端說法，指的就是情意或稱情感（Affect）。情意包含情緒與心情，情意可以作為定義情緒和心情的類別總稱，包括正向或負向的差別，描述情意時應該將它基本上分為正面情意與負面情意描繪員工情意的感受內涵。情緒與心情彼此會相互影響，情緒可能會轉變為心情，當我們不再專注於促發情緒的事件時，心情也可能會使我們在面對該事件時，引發更強烈的情緒。研究發現，失去情緒能力的人，做出的判斷及決定反應相當不合理，情緒能提供重要的資訊給個體，幫助個體瞭解周遭的世界，因此，若要做出好的決策，需要同時涵蓋感性（情意）及理性的考量。

有關情緒、心情、情意這些詞彙，被廣泛運用在日常生活中，近年來的研究形成共識，但三者間還是有程度上的不同。情緒和心情二者基本上皆屬於一種情意狀態。以強度（Intensity）、持續性（Duration）及擴散性（Diffuseness）三個向度加以區分情緒和心情，情緒和心情的主要差異在於：

圖 7-2　心情不如情緒來得強烈，屬平順狀態

1. 心情持續的時間較久。

2. 心情通常不如情緒來得強烈，屬於一種較平順的狀態。

3. 心情是一種蔓延性、全面的狀態且缺乏特定的對象。

4. 心情傾向認知調節，情緒則偏向行動導向。

依功能而言，情緒的主要功能在於調節或影響個體的行動，因此常發生於需要適應性的行動時；心情的功能則是調節或影響認知，是處理訊息優先順序及處理方式的重要機制。情緒與心情都能表達出個人喜好，呈現出事件的存在對於個體的價值或效用，意指外在的刺激，由無價值或無效用狀況轉為有價值或有效用狀況時，個體會表現出正面的情緒或心情；反之，由有價值或有效用狀況轉為無價值或無效用狀況時，則表現出負面情緒或心情。

表 7-1　情緒與心情的關聯

差異處	相似處	彼此間影響
持續性：情緒偏向短暫 強度：情緒偏向強烈 擴散性：情緒偏向特定對象；心情偏向廣泛 功能性：情緒偏向行動導向；心情偏向認知	對於外在刺激均能表現出正向或負向情意，進而影響行為表現	相互影響

（一）情緒的產生途徑

　　情緒能透露個體目前的身心狀態訊息，並且可以反映個人的某種特殊需求，不論是正向或負向的情緒，均具有正向的功能。例如：憤怒雖然屬於負向情緒，卻也能紓緩心理壓力及表達個體強烈的不滿意識。因此，為了要達成滿足需求的行為成果，必須藉由理性與感性的雙方面運作，有意識與有目的控制情緒，以滿足個體的動機與需求。要能有效控制情緒，需要對於情緒的產生途徑進行瞭解與認識。

1. 從大腦觀點分析，情緒的產生有兩個途徑

(1)反射性途徑（沒有被個體意識到）：大腦的視丘接收到感覺訊息，傳導訊息至杏仁核，杏仁核產生情緒，接著將情緒傳導給下視丘，下視丘接收情緒後，啟動自律神經系統（緊急應變）及內分泌系統（長期抗戰）做出反應。

(2)意識的途徑（使個體能控制情緒）：視丘接收到感覺訊息後，將訊息傳導給主掌思考、推理與知覺的大腦皮質，經由思考後的訊息傳導給杏仁核，經過大腦皮質思考後的情緒訊息再傳導給下視丘，接著下視丘啟動自律神經系統及內分泌系統做出反應，接續地再將訊息回饋至大腦皮質。大腦皮質的介入，可使我們有意識地調控情緒帶來的自動反應。

2. 對於情緒產生的途徑的深入認識，能夠更加理解情緒意味著四個概念

(1)情緒由刺激引起：透過對於特定人、事、物等刺激而產生情緒的反應。

(2)情緒是主觀意識經驗：除了少部分的本能情緒，大多數的情緒是經由經驗或學習而存在的主觀意識。

(3)情緒狀態不易自我控制：具有反射性的特質，經常在無意識的情況下產生。

(4)情緒與動機有連帶關係：當動機產生時，能藉由意識的途徑控制情緒，以滿足個體動機。

在知識概念角度來說，心情與情緒有相似部分，也有相互差異部分。兩者在概念上的相似部分是都是主觀的意識經驗所形成，同時也是不容易控制的。從行為心理學的連結論來說明，心情是與過去經驗的連結情境，而產生不同的心情感受。而情緒則是與過去的外在刺激經驗產生連結，而自然呈現出的情緒反應，由於是在潛意識的連結而產生的感受，人們容易在無意識的情況下，不容易予以控制。心情與情緒在差異部分則是情緒是有產生刺激的對象所形成，情緒也受到動機的影響。在同一時間上，對於不同對象能夠產生不同情緒反應，心情則在同一時間上是保持同樣的心理感受；動機所帶來的大多是是情緒反應，而非心情感受。

從上述的情緒意涵與概念得以更為周延地清楚情緒，在不加以管理的情況下，一般而言，情緒會受到個體經驗與學習所主導，遇到外在刺激時，會反射性地經由經驗形成個體主觀意識情緒感受，若個體於當時存在某項動機，將可能更加強化主觀意識的情緒感受。這也正是情緒需要進行調解與管理的一項關鍵性原因，不當的情緒感受，干擾個體知覺、判斷、分析、決策等行為表現，致使產生拙劣的成果，既不利於個體本身，也可能危及他人與團體成員。

（二）情緒調節

情緒調節（Emotion Regulation）指個體為完成目標而進行的監控、評估和修正情緒反應的內在與外在過程。個體對具有什麼樣的情緒、情緒什麼時候發生、如何進行情緒體驗與表達，進行干預與影響的過程。換言之，情緒調節是個體對情緒發生、體驗與表達施加影響的過程。情緒調節不僅降低負情緒，實際上情緒調節也包括負情緒和正情緒的增強、維持、降低等多個方面；情緒調節與情緒的表現方式一樣，有時是自我意識使然，有時卻無意識；情緒調節沒有必然的好與壞，在一種情景中是好的，在另一種情景中可能不適當。情緒調節是一個動態過程，涉及對情緒的潛伏期、發生時間、持續時間、行為表達、心理體驗、生理反應等的改變。

情緒調節即為在情緒發生過程中展開的一種情感控制，在情緒發生的不同階段會產生不同的情緒調節，J. J. Gross （1998）提出情緒調節的過程模型，包含情境選擇、情境修正、注意分配、認知改變及反應調整五階段，情緒調節模

型的基礎認爲在情緒發生過程中每一個階段都會有情緒調節。個體進行情緒調節的策略很多，但最常用和最有價值的降低情緒反應的策略有兩種，即是認知重評和表達抑制。

1. **表達抑制**：指抑制將要發生的或正在發生的情緒表達行爲，是反應關注的情緒調節策略。表達抑制調動自我控制能力，啓動自我控制過程以抑制自己的情緒行爲。在此情緒調節過程中，員工表達出更多他們未感受到的情緒，或壓抑其眞實的情感，並表達出組織可接受的情緒。

2. **認知重評（Cognitive Reappraisal）**：即認知改變，改變對情緒事件的理解，改變對情緒事件個人意義的認識，如安慰自己不要生氣，是件小事，無關緊要等。認知重評試圖以一種更加積極的方式理解使人產生挫折、生氣、厭惡等負向情緒的事件，或者對情緒事件進行合理化。在個體內在過程中（指思考與感受）屬於「深層」，可藉由修正目標使情緒表達更爲眞誠。

針對情緒調節的研究發現，抑制厭惡和悲傷的負面情緒，並不會使負面情緒的感受減弱，反而使大部分交感神經活絡增強。表達抑制會引起交感神經更活絡（如脈搏、心跳增強等），促使生理喚醒增強。情緒調節與個人習慣及價值觀有密切的相關性，當個人面臨以厭惡爲主的負面情緒情境時，認知重評會減弱其主觀感受及其表情行爲，並增加正面情緒能量；表達抑制則會引起更多負面情緒且無法減弱主觀感受爲了能正確認識情緒表達的目的，有效控制情緒、調整情緒與管理情緒，有效進行情緒調節，就有必要善加應用情緒產生的途徑，在認知重評的具體做法上，必須認知以下事項：

(1) 杏仁核在大腦皮質尚未做出抉擇之前，往往早一步做出反應，這是生物界現象：大腦皮質功能在於思考、自主性運動、語言、推理及知覺。杏仁核主要負責調節內臟活動和產生情緒的功能。一般而言，情緒總是發生在思考與推理之前。

(2) 如果造成大腦皮質爲情緒所導引與干擾，常常會有非期待的結果產生：若對於情緒不做適當的處理，任由情緒經由無意識途徑地反射性產生，極可能產生不適當的情緒，進而干擾大腦皮質的思考與推理運作。

(3) 人類的進化歷程，教育與學習功能，在於增加兩者之間微妙的平衡與有效控制：情緒是能藉由學習與教育而形成改變，也就是說，經由學習能對個體的情緒予以調整與管理。

(4) 理性與感性兩者愈是調和的好，個體就愈有智慧，回應環境挑戰的能力也愈好：個體擁有適當的情緒，有助理性思考與推理的運作，有效回應問題與挑戰，個體的生活品質和工作效能受到情緒非常高程度的影響。

（三）心情的影響

情緒指人們對特定外境事件的心理狀態，而心情則比較屬於沒有特定對象的情感狀態。一般在衡量人的心情狀態，主要是以正向心情與負向心情為兩個主要且獨立的層次，非僅以單一層次的正負兩極衡量。高的正向心情形容人的心情狀態處於積極的（Active）、興奮的（Excited）、精神充沛的（Peppy）、興奮的（Elated）與熱情的（Enthusiastic）；相對的，低正向心情則是無活力的（Drowsy）、遲鈍的（Dull）與想睡的（Sleepy）。

員工心情可能是影響員工投入於工作的方式、強度與持續性的重要變數。近年來，有些研究開始將心情連結到一些重要的組織變數（如員工任務性績效、員工幫助同事行為等）。心情的強度雖然不如情緒來得強烈，但是，持續更長久的時間，同時，也如同情緒感染一樣地會感染他人。正向心情比負向心情的人們，對各種人事物的評價較高，也較為樂觀。正向心情的人會高估正向事件的發生機率、低估負向事件的發生機率；負向心情的人會低估正向事件的發生機率、高估負向事件的發生機率。研究發現，高正向心情會相較於低正向心情的員工，較樂於助人、更有創造力，並且對工作有較高的堅持。

在工作職場中，主管與員工會各自表達並感受他人心情，而且主管與員工之間心情產生的交互作用，也會相互影響彼此的感受、態度及行為。主管的心情狀態，例如：興奮（Excitement）、熱情（Enthusiasm）與活力（Energy），會影響員工正向心情狀態。總而言之，心情不僅影響員工個人的工作意願與各種行為表現，也會感染他人，擴大心情的影響力，是組織必須重視並且應用於員工、團隊與組織等各層次的行為管理實務，以強化組織正向綜合效果與績效。

圖 7-3　個人心情也會影響他人

心情感染（Mood Contagion）是一種社會影響（Social Influence）的機制，個體會經由觀察他人展現的心情，使個體本身心情狀態趨於一致。心情感染過程分為兩階段，在第一階段當中，個體會在無意識的情況下不自主地模仿他人所展現的心情；第二階段則是從模仿他人的表情、聲音與動作最後達到心情感染。人們會有自動模仿與同步化他人的表情、發聲、姿勢與動作的傾向，最後本身的心情與他人的心情會趨於一致。當他人透過肢體語言、聲調、表情表達個人的正向或負向心情時，個人會受到他人心情影響而產生正向或負向心情感染。

心情是一種普遍存在的情感狀態，並且能對人們的認知與行為產生調節效果，因此，個體必須要透過他們所感受到的心情作為資訊，藉此有效地適應所處環境，調整自身的行為思考模式與行為。例如：主管所表現的心情會影響到員工的感覺、思考與行動，決定個體願意為工作付出多少心力的關鍵因素，主管心情感染可能會對員工的敬業貢獻度與工作倦怠的影響，並更進一步對個體行為表現產生影響。服務人員所展現的心情會經由心情感染的機制，影響與轉化顧客心情。在工作時，若感受到正向心情則會產生正向的結果，在工作上產生快樂且具有玩興（Playfulness）的工作方式，正向的心情與情緒會引導出更複雜、具彈性的思考方式，可以讓創意變成可實現的，促發創新行為、改變思考模式。

7-2 情緒勞務

情緒勞務（Emotional Labor）指在人際互動時，個體需要表現出組織所要求的特定情緒。在後現代工業時代，服務產業與科技產業是極為興盛的兩大產業，幾乎所有行業，或多或少都必須提供某些特定的情緒勞務以滿足顧客及相關利害關係人的需求，情緒勞務也因此成為許多人工作的一部分。為達成組織滿足顧客與利害關係人需求的目的，個體展現的情緒勞務，必須具備三項特性：

1. 情緒勞務的展現是經由面對面或是以聲音交談的方式與他人互動。

2. 能夠產生一種情緒而影響他人。

3. 表現出來的情緒勞務必須是組織所要求的特定情緒。

情緒勞務工作者在組織的規範下，必須在公共場合控制自己的情緒，以

能創造出一種符合組織所要求的工作氣氛。因此，情緒勞務涉及組織要求情緒與個人真實情感上的差距，使得情緒勞務工作者比一般工作者更容易產生情緒失調（Emotional Dissonance），也就是指員工所需展現的情緒勞務與本身真實的情緒感受產生差距，當失調過大而無法適當處理時，極可能導致情緒耗竭（Emotional Exhaustion），甚至工作倦怠（Burnout）。

（一）表層演出與深層演出

情緒勞務的展現是屬於外顯的情緒（Displayed Emotion），屬於工作上所必須展現的情緒，不是個體真實的心理情緒感受。個體心理真實的情緒感受稱為內感情緒（Felt Emotion）。當內感情緒與外顯情緒產生差異，將形成情緒失調。無論個體內感的情緒如何，情緒勞務必須展現符合組織所要求的特定外顯情緒。至於，個體所展現的外顯情緒勞務，又分為表層演出與深層演出。表層演出（Surface Acting）指隱藏內心真實內感情緒，展現出組織所要求的特定外顯情緒，個體也能呈現深層演出（Deep Acting），指個體從內心真實地改變內感情緒，使內感情緒符合組織要求的特定情緒，展現情緒勞務。表層演出對於個體容易產生情緒失調，深層演出一般而言可以透過同理心的認知歷程，改變內感情緒，繼而展現組織所要求的特定情緒，相較於表層演出，深層演出對於個體的衝擊較小，感受到較低程度的情緒失調。

（二）社會文化的情緒規範

分析內感與外顯情緒的失調議題時，有必要對於文化差異所帶來的情緒失調衝擊做進一步分析。文化影響該社會成員的價值與理念，在文化比較研究方面顯示，個體情緒經驗會受到社會文化所影響。任何社會文化都有其普遍的情緒表達規則，藉以規範該社會成員在不同情境，應該表達何種情緒及如何展現情緒。每個社會自有其特定文化架構（Culture Framework），以規範與引導人們的情緒與行為表現。在特定的情境脈絡下，這些文化架構會鼓勵、孕育社會認可與接受的情緒表現，同時，也將排拒、懲罰不被認可的情緒表現。例如：華人社會非常強調人際關係的和諧，經由家庭教化與社會教化的歷程，華人對不和諧會形成一種焦慮甚至恐懼。不論是自我修養或涉及世事，和諧一直是華人社會的共同價值觀，也是共同的思維方式。

情緒勞務的概念源自西方學者對於職場情緒要求，尤其要求個體正向情緒的展現與負向情緒的壓抑。在比較容許情緒自由表達的個人主義社會下，職場情緒管理的要求對工作者的衝擊較大，在講求人際和諧的華人社會，展現正向情緒與壓抑負向情緒是自幼習得的社會規範，職場所要求的情緒勞務對華人所造成的衝擊較小，華人服膺情緒規範能在人際關係與工作表現上所造成的正向增強效果，也相較讓華人更願意繼續展現情緒勞務。

（三）情緒耗竭

情緒耗竭（Eotional Exhaustion）指個人的情緒資源用盡，以致於缺乏精力或感覺，常會與挫折感及緊張並存。展現情緒勞務有可能呈現情緒失調，導致情緒耗竭，將對個人產生壓力，許多研究結果顯示壓力及壓力所產生的負向結果會持續存在，影響健康與工作表現。

壓力－緊張－處理理論（Stress-Strain-Coping Theory）觀點，強調面對壓力時，個人的處理型態扮演著重要角色，不適當的處理型態會惡化壓力，增加工作倦怠的可能性；相對的，建設性的處理策略會減低壓力，導致減少

工作倦怠的可能性。工作倦怠的三大元素以階段性地出現，最初由於工作上長期過度需求，已經超越個人情緒資源所能負荷，導致情緒耗竭；接著，個人開始與他人保持距離，自我企圖逃避，採取疏離的態度面對周遭的人，即呈現缺乏人性化（Depersonalization）現象；最後，個人認知到現有的工作態度與原先樂觀的期望具有相當大差距，進而懷疑自我並無完成工作所需的能力，負面地自我評價。工作倦怠的三項構面從情緒耗竭導致反人性化，進而形成低個人成就感（Diminished Personal Accomplishment）。

缺乏人性化指的是將他人視為物品，而非將他視為人，工作者可能會表現出冷淡無情或情感的分離，以譏笑的態度對待周遭的同事、客戶及組織；低個人成就感的特徵為對自我採取負面評估的傾向，在工作與人際互動中感到能力與成就的降低，經常感到工作沒有進展，甚至失去動機。

7-3 情緒智力

　　情緒智力（Emotional Intelligence）與生活適應有密切關係，每一個人都有情緒，而且每一個人都有表達情緒的能力，但並不是每一個人都有管理情緒的技巧。人類的情緒有可塑性，後天的教育與環境的制約皆可以改變情緒的表達方式，並且可以提升情緒管理的能力。當個體面對危機產生負面情緒時，為保持身心和諧及減輕不適應的感受，在認知與行為的調適上所採取的任何方法即為情緒管理。情緒管理不只在瞭解自己的情緒，也在瞭解別人的情緒及管理他人情緒，是經營人際關係的藝術。

（一）情緒智力的重要性

　　以下就三個層面說明情緒智力的重要性：

1. 高情緒智力能維持身心平衡健康

個人的情緒會導致愉悅或不愉悅的主觀感受，影響個人生理與心理變化。正向情緒可有效激發個體的生理反應，使個人體力充沛、充滿活力；負向情緒則會造成極大的身心壓力與負荷，使內分泌不正常而引發疾病。因此，若能具備情緒管理能力，適當覺察、表達與抒發、轉換情緒，能解除情緒帶來的困擾，擁有健全的身心狀態。

2. 高情緒智力能促進個人適應力

個人的情緒若沒有宣洩調節的管道，將引發適應不良的行為反應，影響到個人的成就感。如果屢次在工作上遭受挫折，易使個人喪失自信心，甚至懷疑自我價值。具備情緒管理能力，能建立正確的自我價值概念，採取對自己負責的行為模式，產生良好的彈性和適應力，走向自我實現的美好生活。

圖 7-4　擁有高情緒智力，可以增進人際關係

3. 高情緒智力能增進人際關係

個體若沒有辦法放鬆或轉換情緒，將負向情緒轉移影響到周圍的人，會降低人際間互動的品質，危害彼此的關係。因此，若能具備情緒管理能力，能使自己情緒起伏較小，進而同理他人感受，尊重與欣賞別人的優點，造就和諧的人際關係。

（二）情緒智力的構面

情緒智力在感覺與思考互動之下，使我們每一次的決策都同時接受感性與理性的指引，這是一種能保持自我控制、熱情、堅持且能自我激勵的能力，包括以下五種主要構面的能力：

1. 自我察覺（Self-awareness）

認識自我情緒的本質是情緒智力的基石，這種隨時隨刻認知感覺的能力，對自我瞭解相當重要。掌握自我情緒感受才能成為生活的主宰，先瞭解自己對情緒的態度是自覺、放任、壓抑或無知覺，進而掌握自我的情緒狀態，主宰自己的人生。

2. 自我管理（Self-management）

自我情緒管理必須建立在自我覺察認知的基礎上，這方面的能力包含如何自我安慰，擺脫焦慮不安、灰暗等。這方面能力較缺乏的人常須與低落的情緒交戰，掌控自如的人很快從挫敗中爬起，擺脫生命的低潮重新出發。

3. 自我激勵（Self-motivation）

激勵自己，即是將自我情緒積極化、正面化，以避免負向情緒危害身體心靈，造就個體的身心健康與良好人際關係。無論集中注意力、自我激勵或發揮創造力，將情緒聚焦於某一目標相當重要。情緒的自制力、克制心理衝動與延遲滿足是實現目標的基石，保持高度熱忱、樂觀積極、時時自我激勵是一切成就的動力。一般而言，能自我激勵的人做任何事成效及效率都比較高。

4. 同理心（Empathy）

認知他人的情緒，同理心是基本的人際技巧，也是察覺他人內心情緒感受的能力，同理心建立在自我察覺的基礎上，能面對自我的情緒，便愈能體察他人的感受。認知他人的情緒，運用同理心瞭解周遭人們的情緒狀態，使情緒智力的焦點從自我擴充到他人與團體。具同理心的人較能從細微的訊息察覺

他人的需求，並設法滿足他人的需求，此項能力有助於人際間的互動，從事醫護專業、教學、銷售及管理工作的人更需要此能力。

5. 社會技能（Social skill）

處理他人情緒的能力，此種能力與一個人的人緣、領導能力、人際和諧程度有極大的關聯性，充分掌握這項能力的人能夠理解並因應他人的情緒，常是社會上的佼佼者。在人際互動上，善於表達或較有權力的人通常居於情感的主導地位，決定感情步調，對方的情感狀態將受其擺布。

　　無論是心情或是情緒反應都受到所處環境的影響，也就是受到環境的連結而產生的感受與反應，因此，情緒管理與情緒勞務皆需要考量環境因素，職場上不僅是要具備良好情緒智力的情緒管理能力，對於共處於職場的各層級員工，提供適當的情緒勞務，是建立良好職場環境的重要影響因素，情緒勞務不僅是面對顧客，員工們也需要適當的情緒勞務，來連接產生有益於激勵工作的動機。

1. 情緒指針對某些人或事物的特定感覺，不僅對其身體、生理反應有所干擾，對其行為、思想引起促動作用，導致身體組織和生理反應、心理歷程和行為產生極大的變化，影響個人的身體和心理健康。

2. 心情是持續一段時間的背景感覺（Background Feeling），不像情緒針對某些人或事物的特定感覺，一般而言，隨著時間有其週期性，使個體對於外在刺激的人事物，進行解釋或是採取行動之前，抱持某些反應傾向。

3. 情緒和心情的主要差異在於：(1) 心情持續的時間較久。(2) 心情通常不如情緒來得強烈。(3) 心情缺乏特定的對象。(4) 心情傾向認知調節，情緒則偏向行動導向。

4. 從大腦觀點分析，情緒的產生有兩個途徑：(1) 反射性途徑。(2) 意識的途徑。

5. 情緒由刺激引起，主觀意識經驗，不易自我控制，情緒與動機有連帶關係。

6. 情緒調節（Emotion Regulation）指個體為完成目標而進行的監控、評估和修正情緒反應的內在與外在過程，進行干預與影響的過程。

7. 情緒調節的過程模型，包含情境選擇、情境修正、注意分配、認知改變及反應調整五階段。

8. 最常用和最有價值的降低情緒反應的策略有兩種，即是認知重評和表達抑制。

9. 認知重評的具體做法上，必需認知以下事項：(1) 情緒總是發生在思考與推理之前。(2) 任由情緒經由無意識途徑地反射性產生，極可能干擾個體思考與推理。(3) 情緒能藉由學習與教育而形成改變。(4) 理性與感性兩者愈是調和的好，個體就愈有智慧，回應環境挑戰的能力也愈好。

10. 心情則比較屬於沒有特定對象的情感狀態。一般在衡量人的心情狀態，主要是以正向心情與負向心情為兩個主要且獨立的層次，非僅以單一層次的正負兩極衡量。

11. 心情感染（Mood Contagion）是一種社會影響（Social Influence）的機制，個體會經由觀察他人展現的心情，使個體本身心情狀態趨於一致。心情感染過程分為兩階段，在第一階段當中，個體會在無意識的情況下不自主地模仿他人所展現的心情；第二階段則是從模仿他人的表情、聲音與動作最後達到心情感染。

12. 心情是一種普遍存在的情感狀態，並且能對人們的認知與行為產生調節效果，因此，個體必須要透過他們所感受到的心情作為資訊，藉此有效地適應所處環境，調整自身的行為思考模式與行為。

13. 情緒勞務（Emotional Labor）指在人際互動時，個體需要表現出組織所要求的特定情緒。個體展現的情緒勞務，必須具備三項特性：(1) 情緒勞務的展現是經由面對面或是以聲音交談的方式與他人互動。(2) 能夠產生一種情緒而影響他人 (3) 表現出來的情緒勞務必須是組織所要求的特定情緒。

14. 情緒勞務的展現是屬於外顯的情緒（Displayed Emotion），屬於工作上所必須展現的情緒，不是個體真實的心理情緒感受。個體心理真實的情緒感受稱為內感情緒（Felt Emotion）。當內感情緒與外顯情緒產生差異，將形成情緒失調。

15. 個體所展現的外顯情緒勞務，又分為表層演出與深層演出。表層演出（Surface Acting）指隱藏內心真實內感情緒，展現出組織所要求的特定外顯情緒，個體也能呈現深層演出（Deep Acting），指個體從內心真實地改變內感情緒，使內感情緒符合組織要求的特定情緒，展現情緒勞務。

16. 個體情緒經驗會受到社會文化所影響。任何社會文化都有其普遍的情緒表達規則，藉以規範該社會成員在不同情境，應該表達何種情緒及如何展現情緒。

17. 在比較容許情緒自由表達的個人主義社會下，職場情緒管理的要求對工作者的衝擊較大，在講求人際和諧的華人社會，展現正向情緒與壓抑負向情緒是自幼習得的社會規範，職場所要求的情緒勞務對華人所造成的衝擊較小。

18. 情緒耗竭（Eotional Ehaustion）指個人的情緒資源用盡，以致於缺乏精力或感覺，常會與挫折感及緊張並存。展現情緒勞務有可能呈現情緒失調，導致情緒耗竭，將對個人產生壓力。

19. 情緒智力（Emotional Intelligence）與生活適應有密切關係，每一個人都有情緒，而且每一個人都有表達情緒的能力，但並不是每一個人都有管理情緒的技巧。人類的情緒有可塑性，後天的教育與環境的制約皆可以改變情緒的表達方式，並且可以提升情緒管理的能力。

20. 人類的情緒有可塑性，後天的教育與環境的制約皆可以改變情緒的表達方式，並且可以提升情緒營埋的能力。

21. 情緒智力的重要性：維持身心平衡健康、促進個人適應力、增進人際關係。

22. 情緒智力是一種能保持自我控制、熱情和堅持且能自我激勵的能力，包括自我察覺、自我管理、自我激勵、同理心、社會技能。

一、選擇題

( ) 1. 哪一項情感狀態的強度比較強烈？ (A) 心情 (B) 情緒 (C) 不一定。

( ) 2. 產生情緒是大腦哪一結構？ (A) 視丘 (B) 大腦皮質 (C) 杏仁核 (D) 下視丘。

( ) 3. 使個體能控制情緒是大腦哪一結構？ (A) 視丘 (B) 大腦皮質 (C) 杏仁核 (D) 下視丘。

( ) 4. 改變對情緒事件的理解，改變對情緒事件個人意義的認識，領導者和部屬的關係，是指哪一項名詞？ (A) 情緒調節 (B) 表達抑制 (C) 認知重評 (D) 情緒勞務。

( ) 5. 哪一種心情可能會低估正向事件的發生機率、高估負向事件的發生機率？ (A) 負向心情 (B) 正向心情 (C) 中立性心情 (D) 不一定。

( ) 6. 是一種社會影響（Social Influence）的機制，個體會經由觀察他人展現的心情，使個體本身心情狀態趨於一致。是下列哪項名詞意思？ (A) 情緒智力 (B) 社會技能 (C) 同理心 (D) 心情感染。

( ) 7. 哪一種情緒勞務的表達方式，對於個體的情緒衝擊較小？ (A) 認知重評 (B) 表達抑制 (C) 淺層演出 (D) 深層演出。

( ) 8. 從文化來看情緒，華人社會非常強調人際關係的？ (A) 和諧 (B) 同理 (C) 互助 (D) 讚美。

( ) 9. 在哪種社會文化下，職場情緒管理的要求對工作者的衝擊較大？ (A) 集體主義 (B) 個人主義 (C) 高權力距離 (D) 低權力距離。

( ) 10. 為什麼高情緒智力是重要的？ (A) 能維持身心平衡健康 (B) 能促進個人適應力 (C) 能增進人際關係 (D) 以上均是。

二、問答題

1. 情緒和心情有哪四項主要差異？

2. 對於情緒產生的途徑的深入認識，能夠更加理解情緒意味著哪四個概念？

3. 個體展現的情緒勞務，必須具備哪三項特性？

4. 寫出工作倦怠的三項構面。

5. 寫出情緒智力有哪些構面？

三、問題討論

1. 心情與情緒有哪些差異？

2. 情緒勞務具有哪些特性？

3. 何謂心情感染？

4. 何謂內感情緒與外顯情緒？

5. 表層演出與深層演出對於情緒勞務有什麼影響？

6. 情緒耗竭與情緒勞務之間存在什麼影響？

7. 情緒智力有哪五項構面？

8. 情緒調節的過程模型包含哪五個階段？

Chapter 8 團體行為

學習目標

1. 清楚地定義團體
2. 瞭解人們為什麼要加入團體
3. 瞭解團體的構成要素
4. 描述角色行為的相關因素
5. 瞭解團體規範、團體大小對團體的影響
6. 理解社會賦閒效果的意義
7. 描述凝聚力對團體的雙面影響
8. 描述團體的發展階段

章首小品

想必大家常聽到下列的話語：

「和自己想法、理念相同的人在一起，可以實現想做的事。」、「加入，可以做自己喜歡的事」、「它讓我很有成就感，可以肯定自我」、「它讓我學到很多知識，成長許多，是個很棒的成長環境」、「它讓我可以培養合作關係，更可以讓我拓展人脈」、「它讓我學習到溝通與人際相處」、「它讓我有家的感覺」、「它讓我可服務別人，肯定自我價值」、「大家在一起，可以堅持完成一件事，讓我更有毅力與抗壓性」、「大家都很熱心，不藏私、彼此經驗交流、互相打氣，協助解決問題」、「大家在一起做事，更有動力」……。

這個「它」，指的是團體！這些情境的形容，指的也是在團體中的收穫！根據內政部依人民團體法核准立案的團體，社會團體約有 2 萬 2 千個以上，職業團體亦近 500 個。有它的存在，無形中有了強大的力量和隱形的翅膀，團體到底是什麼？它為什麼有這麼大的魅力？

→ 前言

　　我們熟知的諺語：「三個臭皮匠勝過一個諸葛亮」及「人多好辦事」，也常說道：「人是群居的動物」，這些都在表達團體的好處與必要性。人類自始便發現群居的好處，除可以共同抵禦野獸、敵人，更可以透過互助合作而讓生命綿延不斷。因此，我們的生活從小便脫離不了「團體」（Group），從剛出生的家庭，進而學校、班級，畢業後工作的公司、社會、社團等，皆離不開團體。團體是什麼？人們為什麼要加入團體？團體有何構成要素？團體如何運作？它會不會消失？皆為本章即將探討與說明。

8-1 團體的定義

　　何謂團體？團體必須具備：兩個或兩個以上的人；彼此互動與互相依賴；有明確的角色和地位；有特定的目標。因此，團體是由兩個或兩個以上的人，為達成特定目標所組成的社會單位，他們有明確的角色和地位，彼此互動和互相依賴。例如：圖 8-2，公司中的業務單位（行銷二課）有五人，一位單位主管、一位助理和三位業務員，每個月有預定的業務目標，每個人有明確的工作角色、任務與責任，他們會相互互動和依賴，以確保單位目標和個人目標的達成，這是一個團體。百貨公司週年慶門口，也有一群人且有共同目標（搶購同樣的特價品），但是他們的角色和地位不明確，沒有互動和互相依賴，因此，只能說一群人而不構成團體；公司整體員工，人數眾多、有公司共同目標、明確的角色和地位，但是互動不頻繁，也彼此無依賴，因此不能稱為團體。

　　人們加入團體有不同的原因，而團體形成的目的或關係也有不同，以下介紹加入團體的動機與團體類型。

（一）加入團體的動機

　　人們為什麼要加入團體？每個人為滿足不同的需求而加入團體，加入團體的動機可能不只一種，也可能同時滿足多個動機需求，常見的動機有安全、親和、歸屬感、地位、自尊、權力和目標達成等七種，分別敘述如下：

1. 安全

個體在陌生環境中容易產生孤立感，加入團體可以避免被孤立的不安全感，例如：大學新生會開始瞭解學校社團，加入社團；公司新進員工會積極投入部門內的活動。

2. 親和

此為一種社會性的需要。個體在成長過程中會有喜歡別人或被別人喜歡的慾望，在工作中，獲得同伴感的社會關係需求及同學下課後的遊戲、聚會、開玩笑等，皆會使個體與人有親和的滿足。

3. 歸屬感

歸屬感即為認同感，加入團體可以滿足個人歸屬感需求。人們希望被他人所接納，透由團體可以被其他成員所認同而得到滿足。

4. 地位

加入團體可以為成員帶來認可與身分地位，例如：加入會員資格審查嚴格的團體，可以彰顯自己的身分地位；專業性社團亦是，如醫師公會、律師公會等等。

5. 自尊

團體可以為成員帶來地位與名望之外，加入團體可以建立自我認同與自我尊榮感，例如：參與品管圈（Quality Control Circle，QCC）活動得到工作問題的改善與發表獲獎的榮耀、參加公益性團體的義工服務、學校吉他社公開表演，皆可以增加個人自信心與自我價值感。

6. 權力

權力慾望比較強的人，可以藉由籌組團體或在團體過程中指導團體，團體成為個人獲取權力的媒介，例如：在組織中有正式職權的人，在團體中便有機會影響他人、指揮團體的運作。

7. 目標達成

有時候單憑自己一個人的力量無法完成工作任務，透過團體成員間不同知識、技能背景，在集思廣益、腦

圖 8-1　加入擁有共同目標的團體，可以產生歸屬感

力激盪的互相合作下，便能有效地達成目標。組織中的各單位、各部門設計的正式團體便能滿足此需求。

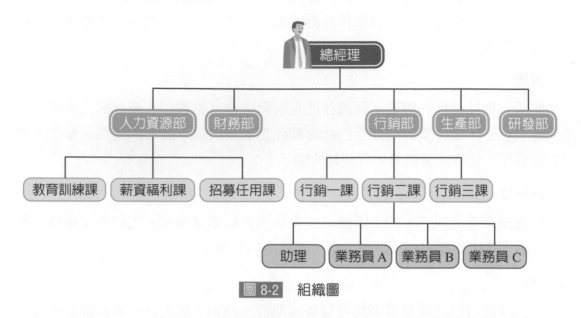

圖 8-2　組織圖

（二）團體類型

在組織中，團體一般可以分為正式團體（Formal Group）和非正式團體（Informal Group），其定義如表 8-1。正式團體在組織的結構範圍之下，組織結構明確、有清楚的團體任務目標，而團體目標為個人行為方向，組織中組織圖出現的任何一個組（科）、一個課（室）、一個部（處）等單位，均為正式團體（圖 8-2）。如上述例子的業務單位，簡單的說，正式團體即組織明文認定的單位。

表 8-1　正式團體與非正式團體

	組織結構	任務指派	結合原因
正式團體	明確	明確	個人行為以團體的目標為依歸而結合
非正式團體	不明確	不明確	基於社會接觸的需求而結合

非正式團體指不在組織結構範圍之下，不會出現在組織結構設計中，因此在組織中不具有正式地位，當然也不受組織正式的規範。一般組織中的非正式團體大多基於滿足成員私下需求而形成，例如：不同部門員工發現共同對羽毛球有興趣，利用下班時間活動所組成的球隊。

　　除正式團體和非正式團體的區分外，團體依形成目的與關係，可以再區分為命令團體、任務團體、利益團體及友誼團體，以圖 8-3 和表 8-2 說明其關係。

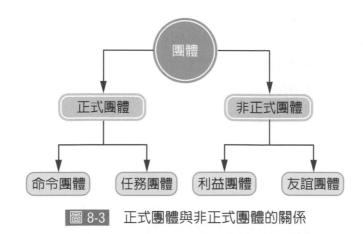

圖 8-3　正式團體與非正式團體的關係

1. **命令團體：**透過組織正式職務關係，由主管與部屬所組成，團體成員均經組織同意，如組織圖中的單位均屬之，這是一種正式組織。

2. **任務團體：**為解決問題或是完成特定任務所組成的單位，常為跨單位組織，團體成員來自不同部門，亦屬於正式組織的一種。

3. **利益團體：**團體成員為爭取共同利益而組成，例如：工會、自救會。是否成為團體的一員，由團體成員自己決定，為一種非正式的組織。

4. **友誼團體：**團體成員因共同的興趣、特質、性別、宗族、宗教等因素所組成，例如：聯誼會、同鄉會等。

表 8-2　團體類型

	形成關係	形成目的	正式V.S.非正式	例子
命令團體 (Command Group)	成員為主管、部屬的隸屬關係	組織決定工作導向	正式組織	總務部、財務部
任務團體 (Task Group)	成員可以來自於不同管轄系統	組織決定問題解決導向	正式組織	危機處理小組、品質促進委員會
利益團體 (Interest Group)	成員間無絕對的從屬關係	個人決定追求利益	非正式組織	工會、自救會
友誼團體 (Friendship Group)	成員間具社會性、支持性關係	個人決定共同興趣、特質	非正式組織	聯誼會、俱樂部

8-2 團體屬性（團體的構成要素）

二個以上的人可以構成團體，還必須符合其他三個條件。因此，團體這個社會單位可以將個別的個體轉換成團體中的成員，表示團體有許多屬性特徵可以塑造、解釋和預測團體中大部分成員的行為和團體績效，進而有效地管理團體與團體的組織行為，這些團體屬性，又稱為團體的構成要素，主要有角色、地位、規範、凝聚力、團體大小等要素。

（一）角色

「人生如戲」，我們如同人生劇場的演員，在生活中扮演許許多多的角色，角色就是行為的腳本，它清楚地說明在各種社會情境下，應該符合何種行為表現與行為規範。故所謂角色指在一個社會單位中，某個社會位置（Social Position）被期待的行為表現。無論在生活中或是團體中，我們被期待扮演許多角色，若可以瞭解每個角色被期待的行為模式，我們就可以知道在何種情況下，該出現什麼樣的行為表現。以下將從角色認同、角色知覺、角色期待與角色衝突說明有關角色行為的影響因素。

1. 角色認同

角色認同（Role Identity）即自己對角色被期待的行為表現或行為規範的意識與心中的界定。個體在心中會對自己的角色進行解釋，接著對這個角色所被期待的行為表現與行為規範展現接受度。角色認同愈高，對角色行為的接受度就愈高，也愈會對實現該角色的行為而努力。

2. 角色知覺

角色知覺（Role Perception）指自己認為在某一特定社會情境或場合中應該扮演何種角色的認識與理解。角色知覺是屬於內在心理認知的過程，如果沒有角色知覺，表示對該角色被期待的行為不瞭解，很難有角色認同。

3. 角色期待

角色期待（Role Expectation）指社會大眾期許某一角色應該表現的行為，即他人認為在某一個特定社會情境或場合中應該出現何種行為的表現與規範。角色期待、角色知覺與角色認同的關係如圖 8-4 所示。

角色期待　角色知覺　角色認同　角色行為

圖 8-4　角色期待、角色知覺與角色認同的關係

4. 角色衝突

當一個人同時扮演多個角色時，無法滿足各個角色的行為表現要求，將產生角色衝突（Role Conflict）。例如：一位學生，他在學校是學生、同學、社團的社長、球隊的隊員；放學後，他是父母的子女、哥哥的弟弟、鄰居的朋友、加油站的工讀生、博物館的義工。他同時扮演許多角色，這些角色大部分彼此相容，但有時候卻會互相衝突，例如：球隊為了比賽，他必須花很多時間練球，因此忽略社團的社務、父母抱怨他留在家裡的時間很少，這種情形下，他扮演的角色行為和其他人的期待不一致，便是角色衝突。

同樣地，團體中的成員也各自扮演各自許多的角色。在組織中也常會發生類似角色衝突的事，例如：公司之調派任務，原本在臺北上班的員工，必須到台中上班，他的家人和小孩卻不想離開臺北，如此面臨工作上（公司員工、單位主管）角色的扮演和工作外的角色（兒子、丈夫、爸爸）期待不一致，而產生角色衝突的情形。

（二）地位

地位是個人於團體中所擁有的位置，也就是相對的階級，如聲望等級、位階或排行。地位可以分為正式地位和非正式地位，正式和非正式地位的決定因素不同，如圖 8-5。

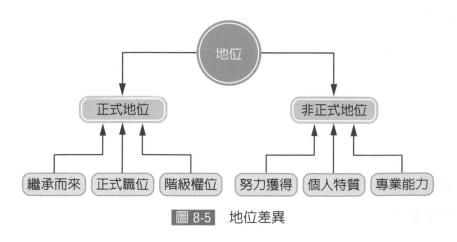

圖 8-5　地位差異

表 8-3　地位屬性的比較

區分	繼承	正式職位	階級權位	努力獲得	個人特質	專業能力
正式性	高	高	高	低	低	低
外顯性	高	高	高	低	低	低
被接受性	低	低	低	高	高	高
持久性	低	低	低	高	高	高

　　正式地位是由團體正式給予的，透過繼承、正式職位、階級權位等有系統地賦予頭銜或封號，例如：「女王」、「總經理」和「世界球王」。

　　非正式地位經由團體中其他成員認可而被賦予。非正式地位的取得大都來自於個人特性，俗稱的「德高望重」便是此種。如靠自己的努力獲得團體成員的認可或擁有團體成員特別在意的個人特質，如熱心、正義、助人、擁有的專業能力等。

　　一般而言，正式地位具有較高的正式性、外顯性，但非正式地位的持久性較高、被接受性也較高，如表 8-3 所示。

　　團體中成員的地位，除表示個人在團體中所擁有的權力外，一般高地位者也享有更多特殊待遇，例如：可以背離規範（Deviate from Norms）和較高的抗順從性（Resist Conformity Pressure），但他們卻仍然擁有高地位的身分，因為他們的行為仍符合團體的目標與利益，這正可以解釋為何團體中的高地位者，可以不遵從團體規範、特立獨行的原因。

（三）規範

　　在團體中有一些成文或不成文的規定，它告訴團體成員在特定場合，哪些行為可以被接受，哪些行為被禁止，這些行為標準是團體成員必須共同遵守的，因此，規範就是團體成員所共同遵守的行為標準。

　　規範對於團體成員的行為有很大影響，行為一旦形成規範，管理者就可以利用較少的控制力影響成員的行為，例如：圖 8-6 的教室公約，便是一種團體規範，它是學生的行為準則，可以約束同學的行為表現。

　　團體規範形成的原因：任務的需求和人際互動的需求。團體規範是團體成員行動的準則，有共同的問題解決方式，可以促進成員合作，順利達成團體目

標，這便是任務需求。

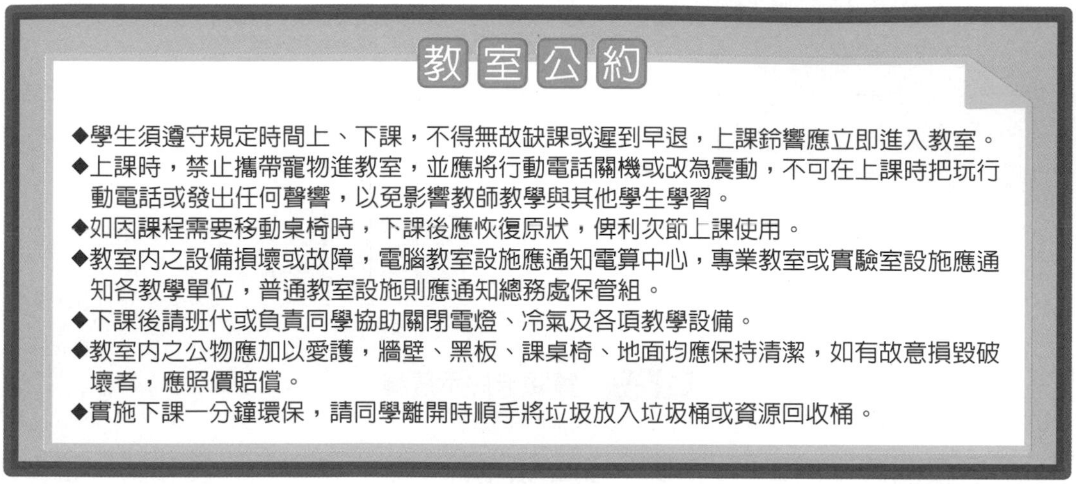

圖 8-6 教室公約

　　人際互動需求是指團體為團體成員融洽相處的原因，如團體規範可以避免團體成員間的衝突、促進穩定的人際互動模式（共同語言、溝通方式等）；團體規範也可以辨識團體的屬性，讓團體外的人可以透過這些行為準則清楚知道某個人是否屬於這個團體。

從眾行為

　　團體形成團體規範，有助於團體目標的達成與人際互動上融洽的需求，而團體成員也希望透過遵守團體規範而獲得其他團體成員的接納，進而產生個體態度或行為上的改變，影響程度的不同可分為接受（Acceptance）與順從（Compliance）。接受為個人的行為和信念皆改變成和團體其它成員一致；順從是指個人採取和團體其它成員一致的行為，但其信念並沒有改變。

　　順從可分從眾（Conformity）與服從（Obedience）兩種不同行為表現。服從指個體接受由上而下的命令而改變自己的行為；從眾則指個體在團體的壓力下而改變自己的態度或行為迎合團體的標準。

　　聽過「眾口鑠金」、「三人成虎」的故事嗎？這種來自團體影響力而改變個人行為與態度的從眾行為，從艾許（Solomon Asch）的實驗最能明確顯示。艾許將一群人安排在同一間教室內進行線段判斷研究，目的想要瞭解即使正確的答案已經明顯地擺在眼前，人們是否還會附和團體其他人錯誤的答案。

首先，研究人員拿兩張畫有線段的卡片出來，第一張卡片 A 只畫一條線，第二張卡片 B 畫有三條長短不一的卡片，如圖 8-7。

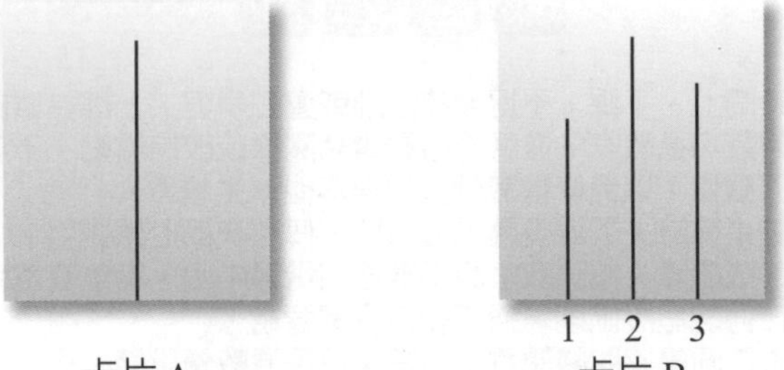

圖 8-7 實驗卡片示意圖

接著讓團體中的每個人判斷，第二張卡片上哪一條線的長度和第一張卡片上的線一樣長且大聲宣布。艾許在實驗中事先和其他組員串通好錯誤的答案，並安排一位不知情的受測者放在最後一位回答。實驗開始，其他組員均依照事先的約定，故意選擇並喊出錯誤的答案「3」，最後才輪到不知情的受測者回答，以觀察這位受測者的反應。

結果在 50 個受測者中，有 37 人在 12 次實驗中至少有一次選擇多數人選擇的錯誤答案，甚至有 14 個人在超過半數的實驗中選擇錯誤的答案。即使明顯的事實擺在眼前，約有 3/4 的人會因爲多數人的想法而影響自己的判斷。當團體成員只有 2 到 16 個人，只要有 3 到 4 個實驗的共謀者，也會產生從眾行爲。

艾許從後續的實驗中更明確指出，偏離團體行爲的那些受測者，會受到其他受測者的奚落。我們可以瞭解爲什麼個體發現自己和其他成員的意見不一樣時，會有一股無形的壓力迫使自己避免自己和其他人不同，而產生從眾行爲。

（四）凝聚力

團體成員間彼此互相吸引和促使成員願意留在團體中的程度稱爲凝聚力（Cohesiveness）。團體凝聚力大致來自於兩個因素：任務與社交。任務凝聚力（Task Cohesiveness）因爲團體有共同的任務與目標，爲達成目標，使得大家願意留在團體；社交凝聚力（Social Cohesiveness）以人際關係的吸引爲主，主要因素爲大家彼此互相吸引，而且渴望成爲團體的一員。

凝聚力是團體持續存在與發展的重要因素之一，影響凝聚力的因素如圖 8-8，這些因素對凝聚力的影響情形如表 8-4 所示。

凝聚力

成員對團體
的依賴

團體加入的
困難度

成員之間的
互動

團體的地位

成員背景的
相似性

團體外在的
威脅

組織目標與
團體目標的
一致性

團體的規模

團體過去成
功的歷史

圖 8-8　團體凝聚力的影響因素

　　若想提升團體的凝聚力可以從下列方法著手：

1. 提高成為團體中成員的困難度。

2. 提高團體的地位。

3. 加強和其他團體之間的競爭，提高團體的外在威脅。

4. 減少團體的人數。

5. 創造團體成功的經驗。

6. 使團體目標和組織目標一致。

7. 提高團體成員背景的相似度。

8. 增加團體成員相聚與互動的時間。

9. 強化成員對團體的依賴。

表 8-4　影響凝聚力因素的影響情形

影響凝聚力的因素	影響程度	凝聚力的程度
團體加入的困難度	高	高
團體的地位	高	高
團體外在的威脅	高	高
團體的規模	小	高
團體過去成功的歷史	多	高
組織目標與團體目標的一致性	高	高
成員背景的相似性	高	高
成員之間的互動	高	高
成員對團體的依賴	高	高

　　凝聚力雖為團體持續存在與發展的重要因素之一，但凝聚力卻是一把雙面刃，高凝聚力不一定會為帶來團體高的績效或生產力。

　　在凝聚力與生產力的研究中，發現凝聚力與生產力的關係會受到團體規範的影響，尤其與工作績效有關的規範。若團體績效規範強，則高凝聚力會產生高的生產力，此時生產力最高；反之，團體績效規範弱，則高凝聚力會產生低的生產力。當團體績效規範強，低凝聚力也會有中度生產力，而團體績效規範弱，低凝聚力不會對生產力產生影響，如圖 8-9。

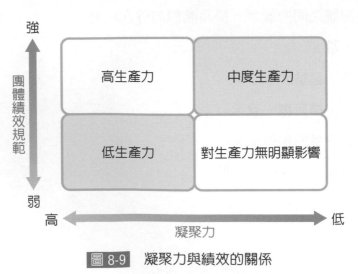

圖 8-9　凝聚力與績效的關係

另外，在高凝聚力的團體中，個體所感受的團體壓力愈強，產生從眾行為的情形也會愈明顯。因此，我們不能忽略凝聚力對團體的雙面影響效果。

（五）團體大小

團體大小，即為團體規模，也就是團體的人數。團體的大小會影響團體的整體表現，一般來說，小團體（約 7 人左右）有較強的任務執行力，可以快速完成所交辦的工作任務。小團體中團體成員的自我價值較高，團體成員相互觀察較容易，因此團體凝聚力也較高；大團體（約 12 人以上）在問題解決能力上有較好的表現。

一般皆認為團體人數不宜太多，互動與溝通的複雜性將隨團體人數的增加而成倍數的成長。個人在團體中和他人關係的數目 n(n-1)/2，若再加上次團體間的互動，潛在的複雜關係將為 (3n-2n+1+1)/2，當團體大小為 4 人時，潛在關係有 25 種，5 人時有 90 種，當增加至 7 人，潛在關係將劇增為 966 種。

至於團體人數多少才恰當，基於表決時的需要，單數是最恰當的，進一步為了不讓團體再劃分成小團體，團體人數 5 至 7 人最好，因為分割的次團體頂多是 2 人和 3 人，2 人的次團體，因人數太少，將不容易存在。

社會賦閒效果

前面曾述說團體可以發揮「三個臭皮匠勝過一個諸葛亮」的好處，但是我們也曾聽過「一個和尚有水喝，二個和尚挑水喝，三個和尚沒水喝」或是「濫竽充數」的故事，顯示人們在團體裡面有可能產生「搭便車」（Free-Riding）、「吃白食」的行為。德國科學家林格曼（Max Ringelmann）曾經以拉繩子的實驗（如圖 8-10）說明此種現象。

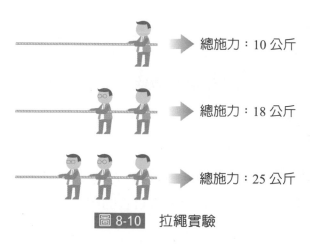

總施力：10 公斤

總施力：18 公斤

總施力：25 公斤

圖 8-10　拉繩實驗

　　團體人數多時，加上若無法明確衡量個人的績效時，一但感覺或發現別人有搭便車的現象，為讓自己心理公平，自己也會開始保留努力與付出，使團體總體的生產力，低於個體生產力的總和。隨著團體人數的增加，發生個人平均工作量減少、個體努力的程度愈低的情形，稱為社會賦閒效果（Social Loafing），如下圖 8-11 所示。

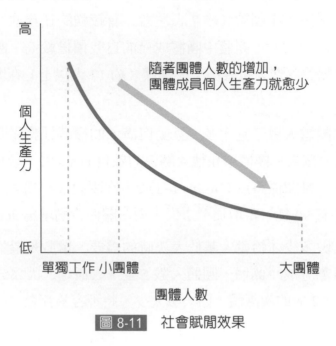

圖 8-11　社會賦閒效果

　　社會賦閒效果在團體中無法避免，但可以從團體和團體中個體兩方面降低此問題：

1. 針對團體方面

　　(1) 訂定明確的團體目標，必要時可訂定較高目標。

　　(2) 加工作的挑戰性與重要性。

　　(3) 強化團體規範。

　　(4) 降低團體人數。

　　(5) 提升團體效能（見第九章的團隊效能）。

2. 針對團體中個體方面

　　(1) 提供對團體中個人的心理支持。

　　(2) 注意與關心團體中每個人的表現與成就。

　　(3) 明確指出每個人在團體績效中各自負責的部分等。

8-3 團體組成

團體組成指團體成員在個性、人格特質、價值觀、學歷背景、經歷背景、能力、技術等，或是人口統計變項上的組成情形。團體成員的組成，成員間彼此差異大或是彼此間的相似對團體的影響如何，此為團體同質性或是異質性的議題。

當團體的組成分子中擁有不同的技能、知識、能力和觀點，也就是團體異質性高時，可以針對複雜的問題提供不同的觀點，因此在解決複雜、非例行力的問題上更有效率；高異質性團體擁有多元化的能力，也將更具有創新、高品質的決策。

團體組成的異質或同質，對團體而言是也一把雙面刃，團體的異質性可以產生高績效的團體，但卻會帶來衝突。團體異質性容易造成團體溝通困難，團體整合不容易，使得團體目標的達成度降低。

為何團體異質性對團體有不同的影響？主要在於異質性的指標不同。一般衡量異質性的指標有性別、年齡、種族、公司年資、學歷背景、經驗背景等，異質性的指標應該區分為高工作相關與低工作相關兩大類，性別、年齡、種族等指標屬於低工作相關的指標，此類團體異質性和團體績效無相關，但易產生衝突，尤其是人際衝突因為這些衡量指標和工作任務無相關，只和社會互動有關。

同樣地，公司年資、學歷背景、經驗背景等指標則屬於高工作相關性，團體異質性將帶來多樣化的思考，產生較多的創意摩擦，使得團體的創造力高、複雜問題解決能力也會提高。

團體希望異質性帶來創新與績效，同時又擔心異質性所帶來的衝突，這種異質性的兩難問題，可以依「角色認同」獲得解決。當環境變得複雜，團體需要異質性帶來創新與績效時，透由團體成員對團體角色的認同，例如：增加團體的信任度、對團體目標認知的一致性，進而降低異質性的衝突，發揮異質性的優點。

 # 8-4 團體發展過程

團體發展階段會影響團體成員的行為、團體的形成與團體的績效，團體發展階段依塔克曼（Bruce Tuckman）的主張可以分為形成期（Forming）、激盪期（Storming）、規範期（Norming）、績效期（Performing）與解散期（Adjourning）五個階段，如下圖 8-12。

| 前階段 | 階段一
形成期 | 階段二
激盪期 | 階段三
規範期 | 階段四
績效期 | 階段五
解散期 |

圖 8-12 團體發展階段圖

（一）形成期

團體剛開始組合，團體成員可能因為工作指派或是期望在團體中獲利而加入團體，此時團體成員上處於互相適應與探索彼此可以接受的行為。當團體成員開始思考自己是團體的一分子時，此時團體進入第二個階段。

（二）激盪期

團體成員開始出現衝突的階段，成員們開始感受到工作的困難與壓力，出

現煩躁、抵制團體工作等情況。當團體出現階層化，團體成員開始服從團體領導者時，團體進入第三個階段。

（三）規範期

團體成員開始調整和其他成員之間的關係，並接受團體的規範與工作的角色。

（四）績效期

團體已進入正常運作的階段，從知道、瞭解工作任務，到確實執行。

（五）解散期

團體工作目標已達成，團體準備解散，團體成員將分派至其他單位或其他團體。

團體發展階段為一個連續且不間斷的動態過程，塔克曼提供一個有階段、有明確順序的團體發展階段，但團體發展階段為一個連續且不間斷的動態過程，每個階段停留的時間也不一定，當團體成員退出或新成員加入時，或者是團體任務改變時，團體會退回較早的發展階段以重新獲得失去的平衡，如圖 8-13 的虛線所示。

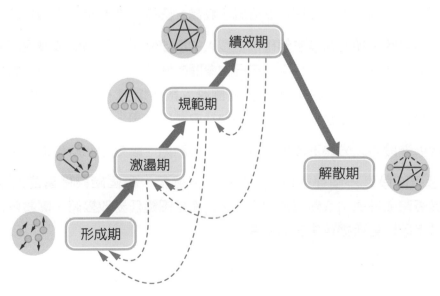

圖 8-13　團體發展階段的動態過程

參考資料：B.W. Tuckman and M.A.C. Jeasen (1977). Stages of Small-Group Development Studies, Group & Organ; zation Studies, pp. 419-427.

1. 團體是由兩個或兩個以上的人為達成特定目標所組成的社會單位，他們有明確的角色和地位，彼此互動和互相依賴。

2. 在組織中，團體一般可以分為正式團體和非正式團體。

3. 團體屬性，又稱為團體的構成要素，主要有角色、地位、規範、凝聚力、團體大小等構成要素。

4. 角色指在一個社會單位中，某個社會位置被期待的行為表現。角色認同、角色知覺、角色期待與角色衝突是角色行為的影響因素。

5. 地位是個人於團體中所擁有的位置，也就是相對的階級，如聲望等級、位階或排行；地位可以分為正式地位和非正式地位。

6. 規範就是團體成員所共同遵守的行為標準。

7. 凝聚力是團體成員間彼此互相吸引和促使成員願意留在團體中的程度；團體凝聚力大致來自於兩個因素：任務與社交。

8. 團體大小，即為團體規模，也就是團體的人數。團體的大小會影響團體的整體表現。

9. 一般皆認為團體人數不宜太多，互動與溝通的複雜性將隨團體人數的增加而 成倍數的成長。為了不讓團體再劃分成小團體，團體人數五至七人最好的。

10. 團體人數多時，加上若無法明確衡量個人的績效時，一旦感覺或發現別人有搭便車的現象，為讓自己心理公平，自己也會開始保留努力與付出，使團體總體的生產力，低於個體生產力的總和。隨著團體人數的增加，發生個人平均工作量減少、個體努力的程度越低的情形，稱為社會賦閒效果。

11. 團體發展階段可以分為形成期、激盪期、規範期、績效期和解散期五個階段。

12. 團體發展階段是一個連續且不間斷的動態過程，每個階段停留的時間也不一定，當團體成員退出或新成員加入時，或者是團體任務改變時，團體會退回較早的發展階段以重新獲得失去的平衡。

一、選擇題

( ) 1. 不同的人會對相同的角色有不同期望，這種現象稱之為：　(A) 角色知覺　(B) 角色認同　(C) 角色模糊　(D) 角色衝突。

( ) 2. 在團體生活中，每個人都可以貢獻己力，下列何者是隸屬於團體？　(A) 百貨公司顧客　(B) 遊樂場遊客　(C) 家庭成員　(D) 車站的一群人。

( ) 3. 下列何者不是團體的構成要素？　(A) 角色　(B) 地位　(C) 凝聚力　(D) 權力。

( ) 4. 來自團體影響力而改變個人行為與態度，稱之？　(A) 從眾行為　(B) 團體向心力　(C) 團體凝聚力　(D) 團體地位

( ) 5. 隨著團體人數的增加，發生個人平均工作量減少、個體努力的程度愈低的情形，這個現象稱之為？　(A) 眾口鑠金　(B) 社會賦閒效果　(C) 團體動力　(D) 以上皆是。

( ) 6. 團體成員間彼此互相吸引和促使成員願意留在團體中的程度稱為，稱之？　(A) 團體規模　(B) 團體規範　(C) 團體凝聚力　(D) 團體地位。

( ) 7. 下列何者是團體發展階段的順序？　(A) 規範期→激盪期→ 績效期　(B) 形成期→績效期→規範期　(C) 解散期→形成期→ 規範期　(D) 形成期→激盪期→規範期。

( ) 8. 下列何者敘述是正確的？　(A) 團體凝聚力越高，團隊績效越好　(B) 團體越有危機感大，團體凝聚力越高　(C) 團體規模越大，團體凝聚力越高　(D) 團體越容易加入，團體凝聚力越高。

( ) 9. 下列有關正式團體的敘述是錯的？　(A) 組織結構中的部門屬於正式團體　(B) 任務團體和命令團體屬於正式團體　(C) 正式團體是基於社會接觸的需求而成立的　(D) 以上皆是。

( ) 10. 下列有關正式團體的敘述是錯的？　(A) 組織結構中的部門屬於正式團體　(B) 任務團體和命令團體屬於正式團體　(C) 正式團體是基於社會接觸的需求而成立的　(D) 以上皆是。

二、簡答題

1. 人們為什麼要加入團體？請簡述之。

2. 正式團體和非正式團體有何不同？

3. 請說明角色行為的影響因素。

4. 何謂團體凝聚力？並簡述增加團體凝聚力的方法。

5. 請簡述團體發展過程。

三、問題討論

1. 團體的構成要素有哪些？

2. 請定義角色認同、角色知覺、角色期待，它們之間的關係為何？

3. 想一想在生活中，你總共扮演多少角色？這些角色對你的期待是什麼？什麼時候會發生衝突？產生衝突時，你會如何化解？

4. 何謂從眾行為？為什麼時候會有從眾行為？回想一下，你有從眾行為的經驗嗎？

5. 何謂凝聚力？其影響因素為何？高凝聚力對團體一定有好處嗎？

6. 何謂社會賦閒效果？為什麼會產生此現象？如何解決？

7. 團體發展階段為何？這些發展階段有何特性？

Chapter 團隊與團隊工作  9

章首小品

　　籃球巨星喬丹曾經說過：「靠天分可以贏球，但是靠團隊與智慧才能贏得總冠軍。」同樣地，棒球隊、排球隊等等，依靠的也是成員的合作無間，投入在各自位置上，又能適時支援。

　　一個搖滾樂隊一般由主唱、吉他手、貝斯手、鼓手，或鍵盤手組成，這個組成有各自的專業、各司其職、相輔相成，共同組成一個令人振奮的樂團。

　　大家相當熟悉的一句話，「不怕神一樣的對手，只怕豬一樣的隊友。」

　　古老的筷子故事，一根筷子很容易折斷，二根筷子也容易折斷，三個筷子折斷需費力氣了，而一把筷子就無法折斷。

　　台塑集團著名的黃金比例「七人決策小組」，面對龐大的集團、快速變遷的環境，不可能單靠一人接班、一人決策，之後不斷演變為「九人小組」。

　　2018 年裕隆集團嚴凱泰董事長驟逝，生前佈局的集體領導的 5 人最高決策小組為永續經營鋪路，渡過危機，2021 年元月初的股價更創 6 年的新高。

　　上述的描述中，我們可以發現一件事，依靠團隊的力量更能發揮自己的力量，完成個人無法完成的任務，俗話說的好，一個人可以走得快，但一個團隊可以走得更遠。團隊的運作到底有什麼神秘的力量，不斷地歌頌著、讚揚著，接著本章節便來探究團隊的秘密，以及如何讓團隊展現高績效。

　　根據經濟部中小企業處創業諮詢服務中心統計，一般創業，一年內倒閉的機率高達90%，而存活下來的10%中，又有90%會在五年內倒閉。故能撐過前五年的創業家，只有1%，前五年的陣亡率高達99%。在這麼高的失敗率中，創業專業投資的創投公司天使投資如何評斷一家新創公司是否值得投資，其中有一個非常重要的因素，那就是團隊，堅強又團結的核心團隊可以協助公司經歷多重考驗、逆流而上，突出在頂尖的1%中。

　　中國大陸最大電子商務網站阿里巴巴的創辦人馬雲曾經說過：「阿里巴巴可以沒有馬雲，但不能沒有團隊」。他在杭州創立阿里巴巴的十八位元老，至今沒有人離開，是馬雲非常驕傲的事，馬雲在接受訪問時，常常強調與讚許「團隊」的重要性與功能，他認為史上最理想、最強的團隊就屬三國時期，蜀國的劉備、關羽和張飛，稱許這個團隊是千年難得的團隊。而他特更讚賞唐僧團隊。

　　在唐僧團隊中，孫悟空能力很強，但是人際關係不好、個人主義又強、有喜歡欺負同事；豬八戒是團隊的開心果，任務的執行力強，但就是好吃懶作，常常開小差；而沙悟淨和尚是個任勞任怨、忠誠度極高的人，缺點就是能力有限、又墮落；最後是團隊的領導者唐僧，唐三藏是團隊領導者，他沒有什麼魅力，但是使命感很強、團隊目標非常明確，他將使命感感染並深植在團隊中每一個人心中。

　　在唐僧團隊中，每一個人有其優缺點，每一個人也都不是頂尖的人才，可是組合起來，卻是一個優秀的團隊，可以歷經九九八十一難，最後完成西方取經的任務並修成正果。

9-1 團隊的重要性

　　全球化與科技進步之持續加速發展過程中，組織面對渾沌的經營環境，組織對於彈性與效率的需求是愈來愈殷切，組織結構也愈朝向扁平化發展，加上朝向高品質與增加附加價值的顧客滿意，而員工的參與是增加生產力與提高品質的方法之一，對於員工參與的運用，團隊在增加生產力與工作滿足上最有效，具有工作激勵的效果。因而使團隊運作方式愈來愈受到重視，也促使組織朝向以團隊為基礎的方向前進，並利用團隊來增進競爭力與改善工作流程。

全球知名的電腦防毒與網路安全廠商，**趨勢科技股份有限公司**（PC-cillin）以團隊運作為公司主要核心，在好的人才在不同的團隊成長，快速解決問題，好的主管能夠讓自己的成員協助團員或其他團隊成長，因此，趨勢科技的管理者要想辦法維繫，並消除破壞團隊的因素。執行長陳怡樺強調在趨勢科技的文化中，就是講究團隊精神，不崇尚個人英雄主義，明確說明「如果突然跑來一個騎著駿馬的英雄，就必須請他離開」，可見，團隊在組織運作中的重要性。

 ## 9-2 團隊與團體

團隊和團體常常被混用，在英文翻譯上，團體為 Group，團隊為 Team，二者在定義和實際運作上均有差異，如表 9-1，我們可以從共同目標和責任分擔來區分一群人、團體和團隊。

表 9-1　一群人、團體和團隊的差異

	共同目標	責任分擔
一群人	沒有共同目標	不共同分擔責任
團體	識別共同目標	承擔個人責任
團隊	認同共同目標	共同分擔責任

由此可知，團隊和團體都有共同目標與責任分擔，使得二者容易被混淆，但兩者之間在組織運作上有很大的不同，而且並非所有的團體都是團隊，構成團隊有最主要的三個要件：

1. 成員共同努力而完成團隊目標。

2. 領導者的角色與功能會因為成員的互動與貢獻而被淡化。

3. 成員一起承擔團隊成敗的責任。

因此，團體的成員的互動一般僅限於資訊的分享，為自己的職責任務下決定，擔負各自執行職責的成敗，可以自己一個人長時間單獨完成工作；而團隊是一起承擔責任，需要定期與不定期地溝通協調，互助合作地完成工作，團隊整體結果會大於個人成果的加總。團隊與團體二者詳細的區分如表 9-2。

表 9-2　團隊和團體的比較

特性	團隊	團體
領導者角色	領導者的角色由團隊成員輪流擔任。	有一位強而有力的領導者。
責任分擔	同時存在個人責任和團隊責任，並對團隊負責。	只有個人責任，對管理者負責。
技能	分工且互補	分工
績效評估	以集體的工作成果作為衡量的依據，由領導者與成員評量。	績效評估以個人表現為依據，由管理者評量。
綜效	可能有大於個體績效總和的綜效。	不一定，可能是正的、負的，或是無。
溝通模式	網狀	直線式
衝突	利用衝突	避免衝突
目標	團隊自己有其特殊的目標。	團體的目標與組織使命相同。
工作任務與成果	成員彼此協調工作任務、一起工作，並注重團隊集體的工作努力成果。	共作任務是被指派的，單打獨鬥，注重個人的工作努力成果。
會議過程	鼓勵成員參與討論與溝通，一起解決問題的會議。	只著重進行有效率的會議。

團隊的運作除了具體的工作結果之外，對於成員之間的人際關係、合作模式與共事態度也有正面積極的效果，其團隊運作前後個人和團隊的行為也會有所改變，其行為變化的比較如下表 9-3。

表 9-3　團隊運作行為

團隊運作前行為	團隊運作後行為	團隊運作前行為	團隊運作後行為
沈默的	溝通的	規避責任	自我負責
秘密的與保留的	開放的	內容缺乏	創造力
衝突	合作	疏遠	認同
憂慮	信任	角色模糊	角色清楚
冷淡的	互相關心	個人中心	團隊中心

9-3 團隊的類型

團隊依工作目標可以區分為四個類型：問題解決團隊、自我管理團隊、跨功能團隊，以及虛擬團隊，如下圖 9-1。

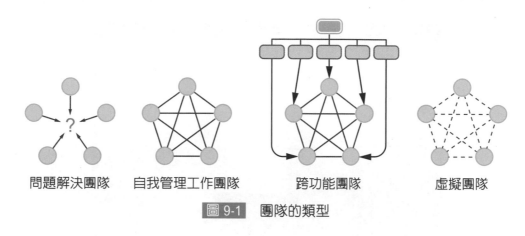

問題解決團隊　　自我管理工作團隊　　　　跨功能團隊　　　　虛擬團隊

圖 9-1　團隊的類型

（一）問題解決團隊（Problem-solving Team）

問題解決團隊，顧名思義就是以解決組織問題所組成的團隊，它是問題解決導向的，舉凡組織任務中有關工作環境、產品品質、工作效率、工作流程，以及顧客服務等等問題的改善均屬之。

問題解決團隊的成員大多是同一部門的人員，人數大約 5 至 12 人，團隊成員每週定期開會研討如何改善上述有關工作環境、產品品質、工作效率、工作流程，以及顧客服務的問題，團隊成員彼此分享意見、提供建議使得問題能獲得明確的解決方案與步驟，但是問題解決團隊所獲得的解決方案與步驟只有建議權，必須經過上級主管的核可，所提出的解決方案與步驟才能執行，問題解決團隊本身沒有核准執行的權力。

最具典型的問題解決團隊便是品管圈（Quality Control Circle, QCC）。這是由同一單位內工作性質相似的員工為了解決工作上的問題所組成的團隊，從問題的確認與釐清，找出問題的真正原因，再提出可行的解決方案與執行步驟，最後進行問題解決步驟的執行與執行結果的確認，如果問題的解決方案與步驟能有效地解決問題，必須經過上級主管的核准，將改善的執行步驟列入正式的日常工作流程中。

台灣品管圈的活動在 1967 年導入工商企業界，相繼地，服務業、醫療業也陸續導入，許多醫療院所利用品管圈活動提升醫療品質和病患的滿意度，財團法人先鋒品質管制學術研究基金會全國品管圈總部定期舉辦全國品管圈大會，成立以來，已舉辦了 207 屆，參加人數已超過五萬人，參加的公司已涵蓋各行各業，也成為各行各業不可或缺的問題改善利器。

（二）自我管理工作團隊（Self-managed Work Team）

問題解決團隊僅針對欲解決的問題彼此分享資訊並提出可行的解決方案，但本身對解決方案的執行與否無核准的權力，有關問題解決的績效責任也在單位主管，但自我管理工作團隊是一個對工作和責任擁有完全自主的團隊，舉凡從問題的解決、解決方案的確認與執行，以及最終的問題解執行成果，均是全權負責。因此，自我管理團隊擁有自我管理、自我負責、自我領導、自我學習的特性，並共同實現團隊目標。

自我管理工作團隊完全取代直屬主管的角色與功能，在沒有傳統領導者與部屬的結構下運作。自我管理工作團隊對於工作進度的掌控、工作時間的安排、部分預算的動用、工作任務的指派，以及工作成果責任的擔負等等，甚至可以甄選團隊內的自己的成員以及互相評估工作績效。其和一般工作團隊的比較，如下圖 9-2。

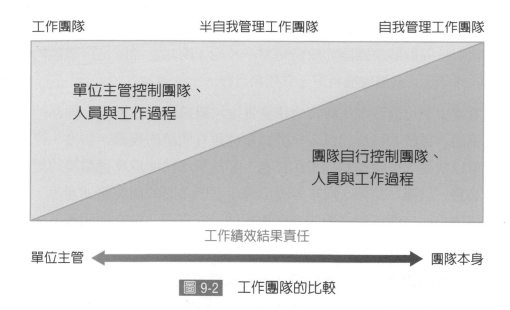

圖 9-2　工作團隊的比較

　　有越來越多的企業大力推行自我管理團隊運作模式，自我管理工作團隊成功因素有：

1. 工作流程透過團隊成員的自主、彈性及合作而獲得改善。

2. 團隊成員可以進行自我管理。

3. 管理者放手讓團隊自主管理。

4. 組織企業文化及政策的配合。

　　自我管理工作團隊在運作上需注意：

1. 在組織縮編下，注意員工的心理反應。

2. 自主管理工作團隊中有高度的工作滿足感時，同時，有時候也需注意有較高的曠職率及離職率。

3. 團隊效能會隨著情境而改變，如團隊規範的強度、執行任務的類型及報酬的結構等等。

4. 不同組織的企業文化會影響團隊之表現。

（三）跨功能團隊（Cross-functionl Team）

　　傳統功能式組織架構下，部門之間的水平溝通和部門本位問題是功能式組織最明顯的缺點，一旦發生產品品質或顧客服務問題，通常無法快速釐清問題的所在、找出問題解決的對策，進而延誤問題的解決，終至問題的擴大或顧客

的抱怨與流失。跨功能團隊便是結合同一水平層級的不同部門與不同專業知識人員。相對於問題解決團隊的成員是單一技能，跨功能團隊是跨職能的，在資訊、技能共享下，共同完成特定工作任務目標。

隨著競爭環境的激烈、科技的快速進度，組織愈來愈需要不同部門之間的溝通與協調，傳統的科層組織或功能式組織雖有明確的規章、制度、標準化作業流程可以快速、準確地執行工作任務，卻是無法快速地反應環境的變化，一旦發生品質、服務、交期、成本等等問題，部門之間的衝突隨即產生，此時，加強組織內各個功能部門之間的合作與協調，成立一個整合不同專業知識、技能人員的跨功能團隊，促進跨功能的水平協調，共同完成任務。

跨功能團隊的運作，典型的例子便是組織流程再造（Reengineering）的企業流程管理（Businness Procesee Management, BPM）就是一種將傳統的組織垂直分工流程，擴充為水平整合流程。全球知名的共享經濟發展的代表公司之一Airbnb，在產品開發的過程中，單一職能或單一部門已經無法解決面對快速變化的環境與滿足多變的顧客需求，要打造一個成功數位產品牽涉到角色與職責非常的多，橫跨多個部門，設計營運團隊必須行銷、產品、設計和工程部門緊密合作，才能創造出最棒的使用產品經驗。

跨功能團隊透過各個部門人員的資訊分享，整合各個專業領域的知識和技能，互相合作與協調，激發創意思考，快速地反應問題與解決問題。但是，由於團隊成員來自不同的背景，跨功能團隊的管理是非常具挑戰性，尤其在團隊建立的初期，為了建立團隊的合作與信任，團隊成員彼此之間的適應需要較長的時間和耐心，此時溝通和高階主管的支持更形重要。

在團隊運作過程中，團隊成員間的衝突管理、管理者適時的介入、明確的協調與整合機制，以及團隊獎勵制度的訂定等等都是跨功能團隊成功的因素。

（四）虛擬團隊（Virtual Team）

上述三種團隊都有一個共同的特性，就是團隊成員經常面對面地一起工作、討論問題，隨著科技的進步，網際網路無遠弗界的溝通，使得不同地區的員工可以透由電腦科技（例如墊子郵件、語音信箱、視訊）進行溝通協調，共同完成工作任務目標，這便是虛擬團隊。

虛擬團隊不但可以跨部門，還可以跨全球各地區，甚至是組織外的單位，

例如供應商、經銷商策略夥伴。例如,鴻海(鴻海精密工業股份有限公司)與裕隆集團成立的鴻海先進科技股份有限公司成立的 MIH 電動車開放平台,透過開放技術規格,邀請全球各界夥伴加入,共同建構電動車軟體、硬體與零組件的生態系,至 2021 年 5 月已有全球 1,600 家軟硬體廠商加入。

全球化企業的虛擬團隊,可以 24 小時整合全球不同地區的員工,以低成本、有效率、有彈性的方式達成任務目標。另外,在台灣特有的「辦桌文化」就是一種跨組織外的一種虛擬團隊形式,在「辦桌」任務中,總舖師扮演團隊負責人,聯繫位處各地廚師團、服務人員、租賃桌椅及餐具,以及採購、運輸,準時到客戶指定場所進行外燴服務,完成特地目標。

相較於面對面的團隊,虛擬團隊的優點是可以克服時間和空間的限制,但是缺點是必須突破傳統的溝通模式:

1. 語言和非語言的溝通。
2. 溝通情境的輔助。

在虛擬團隊中無法感受溝通時言語中抑、揚、頓、挫變化,以及臉部、手勢、肢體等非語言溝通的表現。另外溝通時情境的輔助,例如成員間直接互動的情感感受也是虛擬團隊所缺乏的。

因此,在虛擬團隊的運作上,除了更任務導向,工作任務目標明確之外,成員之間的熟識與信任更形重要,著名的奧美廣告公司,利用名為「松露」的溝通平台,讓虛擬團隊的成員能迅速熟識,拉近團隊成員之間的距離、溝通有無,快速提升團隊的生產力和創新能力,因此奧美的客戶若打算在全球市場推出一支廣告,公司便可以組一支虛擬團隊,短短數天內就正式運作。

9-4 高績效團隊

　　有研究指出多數企業充分提供資源在團隊上（平均值為 81.0，滿分 100），但在團隊績效的平均值卻大幅偏低（只有 27.0），其中最大的主因是團隊無法有效的運作。團隊雖能為組織和個人帶來許多好處，但要成為一個高績效的團隊卻不是件容易的事。

　　影響團隊績效的因素可以從輸入（Input）-轉換過程（Process）-輸出（Output）的程序來進行說明，如圖 9-3 在「輸入」層方面有：工作設計、團隊組成和環境脈絡等三個因素；在「轉換過程」層中有一個因素：團隊運作。

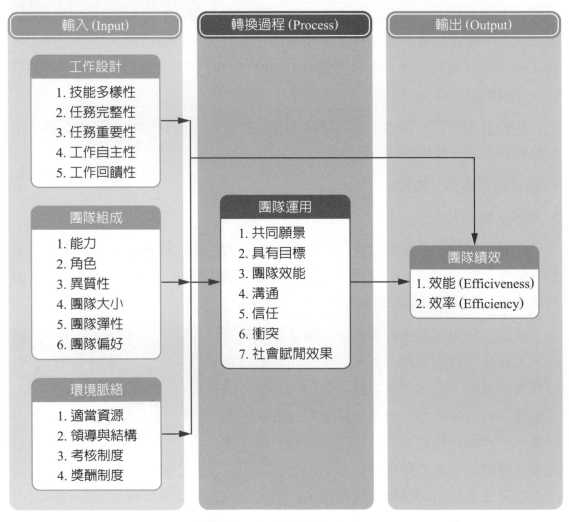

圖 9-3　影響團隊績效的因素

（一）工作設計

工作團隊與工作團體最大的差異就是希望團隊成員間彼此互相合作與協調，發揮 1 ＋ 1 ＞ 2 的綜效，共同完成工作任務目標。因此團隊的工作內容應該具備相當的激勵性，具有激勵性的工作才可以讓團隊成員覺得對工作有責任感、自己對工作有自主性，工作才會更有趣。

依 Hackman & Oldham（1976）的工作特性模式指出，一個有激勵性的工作設計需具備技能多樣性、任務完整性、任務重要性、工作自主性與工作回饋性等五個因素。

1. 技能多樣性

指擔任該工作，是否可以發揮不同的技術或能力。

2. 任務完整性

指工作是由個人完整的從頭到尾做完，並且知道工作的結果為何。也就是說，工作內容不是被切割成許多小片段，工作完成後，也不知道工作完整的面貌為何。。

3. 任務重要性

指工作對其他人的重要性。例如，一個鎖螺絲丁的工作，如果未確實完成，便會影響機器的運作與安全，這即在形容該任務的重要性。

4. 工作自主性

指工作者對工作進度與安排是否擁有自主權與決策權。

5. 工作回饋性

包含工作本身的回饋和他人的回饋。工作本身的回饋指執行工作活動後，是否可以直接獲得有關工作執行結果的績效訊息；他人回饋指工作是否可以獲得主管或同是的回饋訊息。

上述具激勵性工作設計的五大因素，可以計算工作的「激勵潛在分數」（Motivating Potential Score, MPS），公式如下。

$$MPS = \left(\frac{技能多樣性 + 任務完整性 + 任務重要性}{3} \right) \times 工作自主性 \times 工作回饋性$$

（二）團隊組成

團隊組成主要說明團隊成員的組成與特性，包括成員的能力、角色、異質性、團隊大小、團隊成員任務的彈性，以及對團隊運作的偏好等。

1. 能力

設立團隊的目的就是要有效地完成組織任務與目標，因此團隊中成員必須具備不同的能力以有效地完成任務。團隊成員具備的能力可以分為三種：專業技術能力、問題解決與決策能力和人際能力。

專業技術能力是指執行團隊任務的能力，為了使團隊能發揮 $1＋1＞2$ 的綜效 (synergy) 效果，團隊成員應具備不同的專業技術能力。問題解決與決策能力指的是能有效地發現問題、定義問題，進而提出可行的解決方案、評估和選擇最佳的可行方案。人際能力為成員能有效互動的能力，如溝通、傾聽、回饋與解決衝突的能力。

團隊成員均須具備這三種能力，這三種能力缺一不可，且任何一個能力太強、太弱都不好，需要互相搭配才能發揮團隊運作的最大績效。

2. 角色

在第八章中，我們曾談及「角色」一詞與定義，同樣地，在團隊運作中為達高績效團隊，團隊必須擁有不同的角色以滿足多樣性的角色需求。一般團隊角色有下列九種：

(1) 創造者－創新者（creator-innovator）：創造者－創新者是點子王，是具有豐富想像力，在團隊中擅於提出點子與創意。

(2) 探索者－促進者（explorer-promoter）：探索者－促進者是個「搖旗吶喊」的人，在團隊中會支持與喜歡新的創意點子。

(3) 評估者－發展者（assessor-developer）：評估者－發展者在團隊中具備強而有力的分析能力，擅長於在決策前，提出許多替代方案並進行替代方案的評估與分析。

(4) 衝刺者－組織者（thruster-organizer）：衝刺者－組織者在團隊中是個具體規劃者，擅於提供架構或系統以完成目標設定、計畫擬定與人員組織，確保創意能被具體執行與完成。

(5) 結論者－生產者（concluder-producer）：結論者－生產者在團隊中是個實踐者，確保所有的計畫都能完成。

(6) **控制者－督察者（controller-inspector）**：控制者－督察者是團隊中的「糾察隊」，擅於檢查工作任務執行的細節。

(7) **支持者－維持者（upholer-maintainer）**：支持者－維持者是團隊中的穩定基石，他們永遠支持團隊和團隊成員，並對抗外部競爭。

(8) **報告者－忠告者（reporter-adviser）**：報告者－忠告者在團隊中扮演最好的傾聽者，擅於在決策前尋找更多、更完整的資訊。

(9) **聯繫者（linker）**：聯繫者在團隊中扮演協調與整合的角色，此一角色可以由前面八個角色中的任一角色來承擔，他們擅於促進團隊成員之間的合作。

團隊角色可以依團隊不同發展階段而調整之，而角色之間需尊重彼此差異，可以互補，更需彈性並主動補位，達成團隊共同目標。

3. 異質性

團隊成員的組成，是成員間彼此差異大？亦或是彼此間相類似？對團隊績效將造成不同的影響，這便是團隊同質性，或是異質性的問題。

如同第八章所述，團隊組成之異質或同質，對團隊績效而言是一把雙面刀，一般衡量異質性的指標有性別、年齡、種族、公司年資、學歷背景、經驗背景等等。異質性的指標可以區分為高工作相關與低工作相關兩大類，性別、年齡、種族等指標屬於低工作相關的指標，異質性和團隊績效無相關，但易產生團隊衝突。

公司年資、學歷背景、經驗背景等指標則屬於高工作相關性，團隊異質性將帶來多樣化的思考，會產生較多的創意摩擦，使得團隊的創造力愈高，較會產生團隊績效。

異質性團隊和同質性團隊的比較如下表，團隊可以依團隊發展階段、團隊運作情形，以及和執行工作任務內容與目標的不同，而依異質性和同質性的不同差異適時調整。

表 9-4　異質性團隊和同質性團隊的比較

	異質性團隊	同質性團隊
凝聚力	弱	強
衝突	多	少
溝通	較難	較易
人際關係	好	差

	異質性團隊	同質性團隊
執行單一任務	效率低	效率高
執行複雜任務	效率高	效率低
創造力	高	低

4. 團隊大小

團隊的人數應該多少，對於團隊績效才有助益，學者曾以數學模式和實驗研究來推斷最適的團隊人數，數學模式是針對團隊的成效來進行評估，研究結果顯示理想的團隊人數是三至十三人；而實證研究方法中發現，為維持高的問題解決品質，團隊人數最好介於 5 至 12 人，團隊人數多時，將產生 (1) 領導問困難；(2) 參與率降低；(3) 過多無用的資訊；(4) 角色混淆；(5) 人際性衝突增加；(6) 易形成小團體；(7) 個人被忽略；(8) 決策過程困難等問題，使得團隊績效降低。

5. 團隊彈性

所謂團隊彈性指的是團隊成員之間彼此在執行工作任務上互相替換的程度。一個高度的團隊彈性，在執行工作任務時，團隊成員可以彼此替換，使得團隊運作上增加許多彈性和靈活性，不會因為某一成員的離開或是請假，而使團隊任務的執行受到影響。

6. 團隊偏好

每個人的人格、背景不同，有些人喜歡單打獨鬥地工作，有些人能適應團隊工作並喜好團隊運作模式，因此，在團隊組成上，除了考量團隊成員的技術與能力之外，也要尊重個人對團隊運作模式的偏好。

（三）環境脈絡

影響團隊績效的第三個投入因素為「環境脈絡」，包括四個因素：外部投入的適當資源、有效的領導與結構，以及以團隊為基礎的考核制度和獎酬制度。

1. 適當資源

團隊也是組織系統的一環，任何工作任務的執行都需要投入外部資源，所謂「巧婦難為無米之炊」，缺乏適當的資源，團隊將難以順利執行工作任務，對團隊績效也會大大地打折扣。因此，團隊若能從組織獲得支持，包括資訊、技術、人力、資金、行政支援，甚至對團隊的鼓勵等等，則此團隊將更能達成

工作任務之目標。

2. 領導與結構

「把人放在適當的位置上」，這便是結構的問題。在團隊中，什麼人擔任什麼工作、角色應該隨著團隊發展階段和團隊工作階段目標而所有安排，前述之「團隊角色」，如創新者、促進者、發展者、組織者、生產者、督察者、維持者、忠告者和聯繫者等九個角色都必須經過適當的安排。

而在領導方面，在團隊運作過程中，要成為高績效團隊，領導並不是一個飛具備的因素，例如自我管理工作團隊就是一個不需要正式領導者也能運作得相當好的團隊。

3. 考核制度

在本章表 9-1 和表 9-2 中說明團體和團隊的差別，可知團隊是團隊成員彼此互相承擔責任，因此，在考核制度的設計上應該擺脫傳統個人考核的制度。團隊的考核制度必須兼顧個人績效和團隊績效，如此才能發揮團隊運作的好處，達成高績效團隊。

4. 獎酬制度

同樣地，在獎酬制度設計上，團隊的獎酬設計也必須同時考量個人獎酬和團隊獎酬。傳統上如果只設計個人獎酬的固定薪資、個人獎金時，將會影響團隊運作，使得團隊形成虛設，無法發揮團隊效能，必須加入以團體為基礎的獎酬設計，例如團體獎金、利潤分享等等。

（四）團隊運作

在團隊運作過程中影響團隊績效的因素有：共同遠景、具體目標、團隊效能、溝通、信任、衝突、社會賦閒效果等。

1. 共同願景

團隊應該具備一個能為團隊成員所接受的共同願景。共同願景可以帶領成員努力的方向與動力，甚至願意為團隊展現熱情。

2. 具體目標

願景是一個較寬廣的指引方向，而目標具備的就是具體。一個具體的團隊目標可以讓團隊成員的工作任務更有方向，甚至可以轉換成績效考核的具體內容，使得團隊成員的工作目標達成率更高。

3. 團隊效能

團隊自己對團隊能否成功地運作和完成工作任務目標的信心,稱為團隊效能。團隊愈相信自己會成功,團隊成功的機率就愈大,而成功的經驗更能帶來往後成功的機會。

影響團隊績效的因素均會影響團隊效能,那管理者如何提升團隊效能?最主要為必需不斷讓團隊獲得成功的經驗,首先可以從小規模的成功經驗開始,如果無法在短期內直接獲得成功經驗,可以透過替代性經驗,藉由別人成功的故事來提升團隊的信心;或是藉由管理者的領導激勵與情緒激發,建立團隊成功的信心感覺。

圖 9-4　擁有共同的願景,可以使團隊朝向相同的目標前進

4. 溝通

在本書第十一章的「溝通與領導」中談及溝通的重要性,同樣地,在團隊運作過程中,良好的溝通可以讓團隊成員充分瞭解團隊的工作任務目標、掌握工作進度與工作執行結果的良窳,進而提昇工作績效、促進工作動機。

5. 信任

人際間的信任是團隊重要的資源,有了信任,團隊可以形成合作,增加成員彼此的安全感,降低管理監督成本,並且強化良性的社會互動,尤其在現代追求創新與績效的團隊中,團隊成員彼此尋求回饋、分享資訊、要求協助,以及嘗試錯誤,這一連串的團隊行為必須建立在信任的基礎上。信任將使團隊更具有凝聚力,透過信任,團隊成員降低彼此不相似的憂慮而進行合作,達成團隊目標,帶來團隊的高績效。

6. 衝突

在本書第十二章中將談及衝突，在相互依賴的團隊關係中，衝突勢必產生，但衝突不一定會對團隊績效帶來傷害，端看衝突型態以及衝突的解決方式是否恰當。惡性的衝突當然會降低團隊績效，而良性的衝突可以保持團隊的活力，帶來團隊的創造力、問題解決能力與生產力，並降低團隊迷失的錯誤。團隊中如果沒有衝突，則此團隊將變得靜止、冷漠，毫無創造力，故團隊中適度的衝突不但具有正面的功能，且能促進團隊績效。

7. 社會賦閒效果

在第八章中我們曾談及「社會賦閒效果」容易在團隊運作中出現，當團隊中個人的貢獻無法被準確的衡量時，就極容易出現社會賦閒效果的現象，為了確保高績效團隊的運作，團隊會清楚地規範團隊成員個人的責任，以及在團隊整體目標上的角色。

1. 團隊和團體常常被混淆，可以從共同目標和責任分擔區分一群人、團體和團隊。

2. 團隊依工作目標可以區分為四個類型：問題解決團隊、自我管理團隊、跨功能團隊及虛擬團隊。

3. 問題解決團隊，它以問題解決為導向，成員大多是同一部門的人員，人數大約 5 至 12 人。團隊成員彼此分享意見、提供建議使得問題能獲得明確的解決方案與步驟，但是問題解決團隊所獲得的解決方案與步驟只有建議權，必須經過上級主管的核可，所提出的解決方案與步驟才能執行。

4. 自我管理工作團隊是一個對工作和責任擁有完全自主的團隊，如從問題的解決、解決方案的確認與執行及最終的問題解執行成果均全權負責。自我管理工作團隊完全取代直屬主管的角色與功能，在沒有傳統領導者與部屬的結構下運作。

5. 跨功能團隊結合同一水平層級的不同部門與不同專業知識人員，在資訊、技能共享下，共同完成特定工作任務目標。跨功能團隊的運作，典型的例子為組織流程再造的企業流程管理（BPM）。

6. 影響團隊績效的因素可以從輸入（Input）——轉換過程（Process）——輸出（Output）的程序進行說明，在「輸入」層方面有工作設計、團隊組成和環境脈絡等三個因素；在「轉換過程」層中有一個因素：團隊運作。

7. 一個有激勵性的工作設計須具備技能多樣性、任務完整性、任務重要性、工作自主性與工作回饋性。

8. 團隊組成主要說明團隊成員的組成與特性，包括成員的能力、角色、異質性、團隊大小、團隊成員任務的彈性及對團隊運作的偏好。

9. 影響團隊績效的第三個投入因素為「環境脈絡」，其中包括四個因素：外部投入的適當資源、有效的領導與結構，以團隊為基礎的考核制度和獎酬制度。

一、選擇題

( ) 1. 以下關於團隊的敘述，何者是錯誤的？ (A) 團隊的目標是共同的，沒有個人目標 (B) 團隊的溝通是網狀的 (C) 團隊是扁平化組織的趨勢 (D) 團隊可以發揮綜效 (synergy)。

( ) 2. 下列哪種團隊類型是由傳統的工作群體所組成，正式職權依舊？ (A) 問題解決團隊 (B) 自我管理團隊 (C) 跨功能團隊 (D) 虛擬團隊。

( ) 3. 下列哪種團隊類型自己可以決定團隊任務的運作方式？ (A) 問題解決團隊 (B) 自我管理團隊 (C) 跨功能團隊 (D) 虛擬團隊。

( ) 4. 下列哪種團隊類型，是從公司生產、研發、行銷部門中各選出二位同仁組成？ (A) 問題解決團隊 (B) 自我管理團隊 (C) 跨功能團隊 (D) 虛擬團隊。

( ) 5. 下列哪種團隊類型，是可以橫跨不同公司的？ (A) 問題解決團隊 (B) 自我管理團隊 (C) 跨功能團隊 (D) 虛擬團隊。

( ) 6. 下列關於自我管理團隊（self-managed work teams）的敘述，哪一項是錯誤的？ (A) 是一個自主的團體，由全體成員決定團隊任務的運作方式 (B) 自我管理團隊必須得到管理階層充分授權，才得以獨立管理群體上的工作 (C) 一定是臨時性的任務編組，不可以是常設性的永久性組織 (D) 成員通常來自於組織內具有不同技能與背景的各個部門。

( ) 7. 下列何者不是「激勵潛在分數」（Motivating Potential Score, MPS）的內容？ (A) 技能多樣性 (B) 技能專業性 (C) 任務完整性 (D) 任務重要性。

( ) 8. 團隊成員的組成，是成員間彼此差異大？亦或是彼此間相類似？對團隊績效將造成不同的影響，此議題為？ (A) 團隊角色 (B) 團隊能力 (C) 團隊異質性 (D) 團隊大小。

( ) 9. 團隊成員的組成，是成員間彼此差異大？亦或是彼此間相類似？對團隊績效將造成不同的影響，此議題為？ (A) 團隊角色 (B) 團隊能力 (C) 團隊異質性 (D) 團隊大小。

( ) 10. 下列何者不符合「高績效團隊」所具備的特質？ (A) 團隊成員藉彼此的協調、合作以高效率地完成任務或目標 (B) 團隊的領導者固定由資深成員擔任，成員對領導者全力支持 (C) 團隊成員培養出良好互動關係與承諾。

本章習題

二、簡答題

1. 團體（group）和團隊（team）有何差別？請簡述之。

2. 試簡述問題解決團隊的特性。

3. 請簡述自我管理團隊的特性。

4. 如何從工作設計面來建立高績效團隊？

5. 請簡述團隊運作過程的因素如何影響團隊績效。

6. 團隊組成如何影響團隊績效？

三、問題討論

1. 團體和團隊有何不同？

2. 團隊有哪些類型？

3. 自我管理團隊的特性為何？和其他團隊類型有何不同之處。

4. 如何建立高績效團隊？

5. 團隊組成會影響團隊績效，想一想，可以從哪些作法來組成一個高績效團隊？

6. 團隊成員的角色有哪些？如何在適當的團隊運作過程中適度調整之？

Chapter 10
團體決策

● 學習目標

1. 團體決策的定義與涵義
2. 團隊決策的時機
3. 有效團隊決策的理論基礎
4. 團隊決策的優缺點
5. 團隊決策的有效做法

● 章首小品

挑戰者號太空梭的災難性事故

美國於 1986 年 1 月 28 日發射在美國佛羅里達州的上空。挑戰者號太空梭升空後，因其右側固體火箭助推器（SRB）的 O 型環密封圈失效，毗鄰的外部燃料艙在泄漏出的火焰的高溫燒灼下結構失效，使高速飛行中的太空梭在空氣阻力的作用下於發射後的第 73 秒解體，機上 7 名太空人全部罹難。挑戰者號的殘骸散落在大海中，後來被遠程搜救隊打撈了上來。

在飛機起飛的數月前工程師知道一些零件有問題，但他們不想這些負面新聞阻礙計劃的正常進度，抱著有問題的零件畢竟很少，不會產生惡劣後果的幻想而任由項目繼續推進，結果當然是可怕的。

心理學家艾爾芬·詹尼斯的研究指出，人們在團體決策過程中，往往會為了維護團體的和諧和凝聚力，而放棄一些事實的真相，這個現象被稱為團隊迷思，而正是團隊迷思導致了決策的不確定性。

→ 前言

　　運用團體決策模式雖能藉由員工的參與，而增進員工執行方案的成效。但是，從章首小品的團體迷失個案可以了解，團體決策可能存在著某些團體決策的偏誤，結果可能帶來不可預期的損失或災害。因此，運用團體決策的過程中必須偵測與預防相關可能發生的偏誤。

　　團體決策可能帶來正面影響，團體決策也會產生負面效果。團體決策可收集思廣益之效，成員在參與的過程中，意見獲得抒發，也增加成員對團體決策內容的瞭解，對於決策的推動有所助益。然而，就如同個人決策的不足完善，團體決策也並非都是完美無暇。團體決策在多人共同參與的情況下，難免因為成員背景、興趣、態度等因素的不同，造成意見上的歧異，進而產生爭論和衝突，反而帶來一些反效果。

　　組織在運用團體決策時，經常因為採取分工合作的工作型態以強化專業能力，面臨需要合作整合的時候，容易因為各別單位主管因為各自僅擁有少部分資訊，導致針對相同的議題，卻容易形成不同的判斷與決策，而分歧的見解與看法，更是容易阻礙決策的形成與執行；而在尋求共識的過程當中，也常常容易犧牲了應有的理性討論與選擇，使得團體所做成的決策產生團體迷失與決策偏誤。故而，團體成員能否透過討論，正向地形成共識，提升決策效能與執行的共識，就關係著團體決策的成敗。因此，如何有效降低團隊決策過程的失敗，也是運用團體決策時，必須謹慎考量。本章依序說明團體決策的意涵與適用時機、團體決策的理論基礎、團體決策的優缺點、以及團體決策的有效作法。

10-1 團體決策

　　組織面對重大影響時的決策大多是由團體共同決定的，主要原因是由於團體決策能產生許許多多的優點，包含團體決策能擁有豐富及完整的資訊、能產生較高的決策品質、提高對最終決策的認同感與支持度以及增加決策的法統性。尤其在決策的特性屬於複雜的決策任務時，團體決策是優於個人決策的，透過團體討論方式可以提升個人決策之正確性，因此在制定重要決策時，建立決策

團體，可以產生較好的決策方案。然而，實務上，運用團隊決策有其潛在問題，可能團隊成員因無法達成共識，或是其他非理性的決策之干擾事項，而陷入僵局，深入瞭解團體決策的意涵以及使用時機，將有助於適當運用團體決策，免除決策的不當效果，增進決策品質。

圖 10-1 　解決困難的任務時，團體決策可以找出較好的方法

（一）團體決策的意涵

團體決策（Group Decision）的意涵可以從四項構面討論，如表 10-1 所呈現。其意涵整體而言是指兩人以上組成的團體，基於一定的職能與職權，為了能夠集思廣益並滿足成員需求，依據決策內容的性質進行決策，藉由團體模式分析問題和機會，並且發展出多項可行的解決方案，經由共同討論溝通與互動的過程，而能將個別成員的偏好與意見結合成團體最後的決策，其目的無非在於增強個別決策的品質。團體決策目的加以探討，團體決策一方面是要使團體成員共同為團體所遭遇的問題集思廣益、共同討論，進而提升決策的品質；另一方面則是希望透過參與機會的提供，滿足成員對決策參與的需求，這也使得團體決策能夠引起成員更多的興趣，進而提升決策的接受度，有助於決策的實行與推動。

組織行為

表 10-1　團體決策意涵

構面	人數	目的	內容	過程
意涵	是由兩人以上的一群人所組成外，同時也是具有一定合法權限的正式團體。	一方面是要使團體成員共同集思廣益、共同討論；另一方面則是透過提供參與機會，滿足成員對決策參與的需求，提升決策的接受度，有助於決策的實行與推動。	成員必須是在擁有相等的決策權的前提下，共同偵測問題、產生可能的解決方案，並加以評估或形成實施方案的策略。考量決策內容的性質來決定是否應用團體決策。	團體決策乃是經由團體成員的溝通討論與互動，而將許多成員的個別偏好整合成一個團體決策的結合歷程。

　　整體來說，團體決策的意涵是指具有合法權限的兩人以上組成群體，為了達到集思廣益或是提升參與的目的，在彼此擁有對等決策權的情況下藉由溝通討論，共同偵測問題、產生解決方案的決策模式。

（二）團體決策的時機

　　團體決策有時間與資源等成本的支出與花費，考量其成效與耗費成本，才是決定是否運用團體決策模式進行決策。效用則從決策目的加以探討，團體決策一方面是要集思廣益，進而提升決策的品質；另一方面則是希望透過參與機會的提供，滿足成員對決策參與的需求，這也使得團體決策能夠引起成員更多的興趣，進而提升決策的接受度，有助於決策的實行與推動。簡單地說，團體決策的時機有二：一是提升決策品質；二是增進決策被團體成員接受的程度，以利激勵成員執行決策方案。

1. 提升決策品質

　　團體決策的主要目的有實質性的目的與象徵性的目的，實質的目的則在於提升決策品質，為了提升決策品質，團體決策的運用時機需考量的以下四項條件：

(1) 工作性質

　　當工作的性質對於成員而言是不熟悉以及無趣的時候，團體決策並不會有較好的表現。相對地，工作性質是團體成員所專精與熟悉的工作，會有較佳的決策品質。

(2) 時間寬裕程度

團體決策需要團體成員討論溝通，必須能有相當足夠的時間充分討論。當決策時間非常有限時，團體決策有時候的表現也不盡理想。

(3) 工作屬性的客觀程度

智能性任務（Intellective Task）產生了可被客觀檢視及判斷對錯的解決方案，但是判斷性任務（Judgmental Task）需要的是評價的判斷（Evaluative Judgments），並且對於這樣的評價判斷，並沒有一個正確的解答可以被權威性地決定。而當進行智能性工作時，團體有著較為明顯的優勢。

(4) 需求的資訊量

決策必須有外在資訊提供，才能達到決策的正確性。如果資訊的量太小，便容易形成隨機決策，而使決策的正確性受到侷限。

2. 增進決策被團體成員接受與承諾的程度

藉由團體決策來凝聚團體共識，由於決策是整個團體運作的結果，所以大家會覺得有參與感，便容易形成共識，便容易實踐。團體決策有其實質功能也有其象徵意義。團體決策除了有集思廣益、解決實際問題等實質功能外，其也具有一種形式的、象徵的意義。換言之，團體決策過程不在於提供資訊或解答，而是給予決策方案充分的執行力。透過團體成員的參與，使得成員對於方案產生擁有感（Ownership）以及提升成員的自主感，激勵成員執行方案的意願。為了增進決策被團體成員接受與承諾，團體決策的運用時機需考量的以下四項條件：

(1) 議題相對地屬於較為複雜、不明確、以及存在著潛在衝突的能性。

(2) 議題需要成員人際間獲團體間的合作與協調。

(3) 議題與解決方案對於個人與團體或組織具有重大影響。

(4) 需要普遍的接受與承諾才足以有效執行決策方案。

實務上，團體決策也可能象徵性地為了給予方案主導者背書，而成為一種形式上的支持。另外，團體決策也可能淪為避免責任或責任分擔的工具，亦即利用團體決策的方式來逃脫個人責任或減輕個人可能承擔的懲罰。而觀察許多重要決策，其實皆兼具上述二者的意義，許多重大政策形成前皆經過無數相關團體的討論而形成，然後，經常會經過團體決策的形式通過，成為組織共同的決議。

10-2 有效團體決策的理論基礎

雖然,理性決策模式不能完全合乎現實環境,但是,不可否認的是,理性模式的理想及其對決策過程的指導作用,依然是非常具有價值與貢獻,理性決策模式能夠導引決策朝向理想的目標前進。因而,運用團體決策的過程仍然需要考量如何朝向理性決策的理想目標前進,亦即遵守理性決策的步驟與前提,內容如表 10-2 所示。

團體決策的意涵涉及的面向相當廣泛,包含團體成員、決策過程中的互動以及決策後的結果。為能促使團體決策朝向理性模式前進,本節從社會系統理論、以及團體動力學進一步深究團體決策的理論基礎,使得團體決策的過程更加趨近理性決策的理想與目標。

表 10-2　理性決策模式的步驟與前提

理性決策模式的步驟	理性決策模式的前提
1. 意識到問題	1. 能清楚定義問題
2. 確認決策準則	2. 能找出所有方案與決策準則
3. 分配準則權重	3. 偏好清楚明確
4. 尋找所有可能方案	4. 偏好的順序清楚,並且不會改變
5. 評估所有可行方案	5. 沒有成本限制
6. 選擇最佳方案	6. 沒有時間限制

(一)團體決策的社會系統理論基礎

社會系統理論(Social System Theory)即認為社會系統乃是由一群人的交互作用組成,行動者間因為團體或個人的目標,而有某種互相依存的一致性表現,為了達成目標,組織成員需要一段足夠的時間來彼此互動進而產生行為。決策團體本身就是一個社會系統,團體成員彼此交互影響,進而期待能同時達到團體與個人的目標,而在決策過程中也會受到外在環境的影響,故可從開放的社會系統理論來探究團體決策之理論基礎。組織乃是從外在組織取得輸入,經過轉化而產生輸出,進而還諸外在環境。團體決策的進行同樣是受到外在環境的影響,經由決策過程中的互動與轉化而產生決策結果。

理性決策的步驟與前提中，決策準則與準則權重的明確與一致性，攸關理性決策的品質，然而，社會系統理論說明個體的決策行為受到社會期待、社會價值、與個體需求偏好的影響。社會系統模式（圖 10-2）呈現出決策團體成員的行為受到社會期待與個人需求傾向雙方的影響，且兩方面的影響對於個人的行為形成拉鋸的張力作用。個體來自不同的社會，經驗過不同社會文化與價值，決策團體成員對於角色期待與需求偏好存在著更大差異，相較個體決策而言，更加不符合理性決策的前提：清楚且明確的偏好、以及偏好的順序清楚，並且不會改變。

因此，團體決策的決策準則以及準則的權重的選擇，必須建立集體共識：依據組織目標與策略，作為準則與權重的重要且唯一的考量項目。團體中，可能會產生小團體領導人或是社會期待產生影響。此時，若能善用團體決策模式以避免小團體領導人或是社會期待的干擾，可以形成第二層校正個人決策的機制，用以去除「團體迷思」或「團體偏移」的現象，協助領導者做出正確的決策，才能避免後續評估方案步驟的偏誤。由於，忽略以組織目標與策略作為準則考量依據，極可能基於成員主觀的偏好與價值，而產生不一致的偏好傾向，決策準則的確認與權重的確認將產生干擾，導致方案的評估出現偏誤。

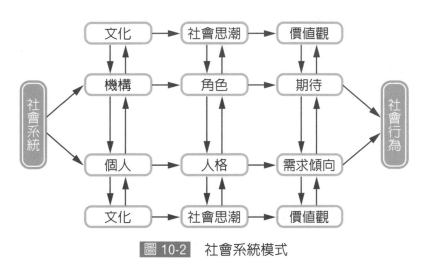

圖 10-2　社會系統模式

（二）團體決策的團體動力學理論基礎

團體動力學（Group Dynamics）主張團體本身就是一種動力和過程的現象，經由團體中的互動以及團體成員間各種特質不斷變動影響而產生的社會作用力，這些作用力也促使團體運作、改變、互動和反應，進而影響團體運作方式與方

向，這些社會作用力是動態的，且隨時隨地在改變。團體決策之所以能夠形成就是藉由這些社會作用力在其中的運作，經由團體成員彼此討論與互動，得以從複雜的團體網絡中整合出最後的決策結果。

　　然而，團體決策也因為團體動力的動態性，一方面使其得以維持運作，另一方面也造成團體互動的變動，增加團體決策的複雜性，使團體決策產生變化。因此，為了能夠使團體決策歷程流暢，就必須維持團體互動與團體特質所產生的作用力正常運作，否則，則需要藉由其他方式來加以改善，以免產生不良團體決策，甚至使團體關係惡化。從團體動力學的觀點來看可以發現，團體決策一方面是被含括在整個團體的歷程之中，可視為團體運作中的一部份，而團體動力是用來描述和探討團體內或團體和團體間的各種行為現象。

圖 10-3　在決策的過程中，有許多不同的聲音，必須學習溝通與協調才能順利完成任務

　　在團體互動的過程中，成員間必然產生衝突，主要的衝突有任務性衝突以及關係性衝突，有些衝突是有助於增進決策品質，有些衝突則是反功能性的衝突，團體的互動需要增進功能性的衝突，以促進決策品質，化解反功能性衝突來減低對於決策過程的不適當干擾。

1. 任務性衝突

　　是指與工作和目標有關的議題，即不同群體或個人在對待某些問題上由於認識、看法、觀念之間的差異而引發的衝突。在決策的過程中有意地激發任務性衝突，可提高決策的有效性。在群體決策過程中，由於從眾壓力或由於某權威控制局面，或凝聚力強的群體為了取得內部一致，而不願考慮更多的備選方案，就可能因方案未能列舉充分而造成決策失誤，如果以提出反對意見或提出多種不同看法的方式來激發衝突，就可能提出更多的創意，提高決策的正確性和有效性。低度至中度的任務性衝突對於團體決策品質有正面效益，倘若，過於激烈衝突導致任務角色無法釐清、延誤討論時間、甚至形成關係性衝突，也可能形成反功能性衝突。

2. 關係性衝突

即人們之間存在情緒與情感上的差異所引發的衝突，主要來源來自於價值系統與人格的不同。研究顯示關係性衝突大多屬於反功能性衝突，人際的磨擦與敵意，損傷彼此的互信，妨礙團體決策的討論互動，可能致使團體資源分散、成員的心理健康受損、以及成員激烈的競爭，對團體決策產生不良影響。

另一方面而言，團體決策本身屬於組織運作的次系統，目的是為了產生更好的決策，然而，此決策團體同樣會受到來自團體內部與團體外部的影響，並且也會因為團體結構的組成以及團體歷程的運作，進而影響到團體決策的成效。團體結構乃是根據某一標準來看團體成員間關係的安排，而團體歷程則是指發生在團體中所有一切的互動與溝通模式。

在團體決策中受到團體因素、成員因素、領導等因素以及團體決策的互動過程的影響。因此，團體決策除了需考量團體本身的因素之外，還需要考量組織環境的其他影響因素，例如，政治性的考量、組織文化的影響等因素都能對團體決策產生干擾。

從社會系統理論了解到團體決策受到成員個人的價值與需求偏好影響，同時也受到成員彼此的影響，還有社會期待等團體社會的條件影響；團體動力理論則說明了團體決策過程中，成員彼此相互影響彼此的決策與意見，更進一步提出，團體與組織系統是開放型態，團體決策會受到組織的相關因素所影響，例如政治性考量以及組織文化等因素的影響。

問題或是議題的不同，以及目標的差異，經常會有不同的決策類型，主要考量因素可以從成本效益原則的觀點予以篩選取捨。相對於個人決策而言，團體決策是由許多團體成員一起產生構想並且制訂決策，決策速度相較於個人決策會多耗費時間。不過團體決策在決策過程中可將原本複雜的工作加以分工，交由團體成員分別來負責規劃，所有成員把規劃的結果，提至團體中來討論並進行決策，因此團體決策比個人決策能產生更多的可行方案。

10-3 團體決策與個人決策的取捨

問題或是議題的不同，以及目標的差異，經常惠有不同的決策類型，主要考量因素可以從成本效益原則的觀點予以篩選取捨。相對於個人決策而言，團體決策是由許多團體成員一起產生構想並且制訂決策，決策速度相較於個人決策會多耗費時間。不過團體決策在決策過程中可將原本複雜的工作加以分工，交由團體成員分別來負責規劃，所有成員把規劃的結果，提至團體中來討論並進行決策，因此團體決策比個人決策能產生更多的可行方案。

圖 10-4　個體決策較封閉，無法接收開放的資訊

（一）團體決策與個人決策的差異

個人決策侷限於個人價值觀以及單一個人決策者對問題已有的認知架構，並無法有效率地傳遞資訊，可見團體決策相較於個人決策有其優勢。茲將團體決策與個人決策整理如表 10-3，並討論如下：

雖然個人決策所需的成本比較低，但團體決策最後在決策創發性、決策接受度、開放性以及理想度上都比個人決策來得高。團體之所以能比個人做出更好的決策主要取決於決策類型、參與者知識與經驗以及決策歷程的類型。例如在需求評估、預測、判斷等判斷性任務時，團體決策將會比個人決策來得好，簡單的議題適合個人決策來解決，但是，需要許多資訊與專業的複雜議題，則適合仰賴團體決策，越複雜的工作，團體決策的決策品質越佳。此外，與問題解決有關的任務，團體通常會比個人更能產生較多且較好的解決方法。由此可見，團體決策與個人決策的差異在於決策過程與決策品質，而其在決策工作的本質上也有所不同。個人決策在決策過程中缺乏人際互動與溝通，這也導致決策的接受性、開放性與理想度上均低於團體決策，團體決策的品質也較個人決策更具創發性與開放性，而被接受的程度也較高。因此，適合兩者的決策工作

性質也不相同，決定是否採取團體決策或是個人決策時，需要依據議題性質以及兩者間之各項特性的差異作為取捨準則。一般而言，個人決策適合簡單的工作，而複雜、需要判斷以及問題解決的決策工作，則適合經由團體決策來進行。

表 10-3　團體決策與個人決策比較

	團體決策	個人決策
速度	緩慢	快
人數	兩人以上	一人
過程	分工協調	獨自思考決策
成效	更多可行方案	可行方案較受限
成本	較高	較少
創新性	多創新	較少創新
接受度	成員接受度高	接受度偏低
執行度	執行意願較強	執行意願較低
開放度	與組織系統適配度較高	與組織系統適配度較低
理想度	趨近理想目標	較偏離理想目標

（二）團體決策優點與缺點

　　雖然，個人決策所需的成本比較低，但團體決策最後在決策精確度、創發性、決策接受度、開放性以及理想度上都比個人決策來得高。然而，如同個人決策具有不足效能的缺失，團體的決策並非全然無瑕，團體也會產生缺失。面對不同的決策情境，則需採用適當的決策模式進行決策。例如，在需求評估、預測、判斷等判斷性任務時，團體決策將會比個人決策來得好，而簡單的問題適合個人決策來解決，但是複雜的問題則需仰賴團體決策，越複雜的工作，團體的決策越佳。此外與問題解決有關的任務，團體通常會比個人更能產生較多且較好的解決方法。由此可見，團體決策與個人決策的差異在於決策過程與決策品質，而其在決策工作的本質上也有所不同。充分了解團體決策的優點與缺點，則更加有助面對採用哪項決策模式時的重要考量依據，茲將團體決策優缺點歸納如下：

1. 團體決策之優點

(1) **獲得更多的知識與訊息**：整合眾人的價值、意見與觀點，為團體決策提供了廣闊的知識與訊息來源。

(2) **增加問題解決之可行方案**：由於團體中個人專業、經驗、與背景的不同，可以讓團體在做決策時產生較多的問題解決的可行方案。

(3) **提升對於決策的認同感與支持度**：團體決策的共識是大家所共同參與而決定，因此，會產生一種休戚與共的擁有感，激勵成員們的責任感與榮譽心，對於決策產生較高的承諾與認同。

(4) **增進決策的法統性**：團體決策符合自主與民主的理念，團體所共同做成的決策，相較於個人決策，更具有法統的地位。

(5) **產生較高品質的決策內容**：團體決策是經由成員們的集思廣益與充分討論所產生論所獲得的決策方案將更加周延、思考的視角也更加周延。

2. 團體決策之缺點

(1) **耗費較多的時間**：集合一個團體需要時間，團體成員集合之後，其互動的過程易流於形式而缺乏效率，導致團體決策比起個人決策，需要花費更多的時間。

(2) **容易由少少人把持**：團體中，由於職務階級、權力、影響力及知識的不同，因此團體容易被少數人所把持。

(3) **從眾的壓力**：團體中，往往存在著一股無形的、強大的社會壓力。團體成員為了能被團體完全接受及融入團體，因此在眾人面前往往會壓抑自己對於某件事情不同的觀點，而去附和他人。

(4) **責任模糊**：團體決策由於是全體成員共同合作所完成，因此，責任也應由成員共同負責。但是由於責任是由眾人所共同承擔，因此會形成責任的推諉，並模糊個人應負起的責任。

（三）成功的團體決策所面臨的困難

因為團體決策是經由多人的溝通討論而形成的決策，一般而言，團體決策品質較個人決策更具精確性、創發性與開放性，被接受的程度也較高。也正因為多人互動溝通與討論，同時也增加了團體決策的過程損失（process loss），團體本身的溝通協調、權力分配、影響力、解決衝突能力、資訊分享與領導等社會關係整合與資訊整合結果，常會影響團體效能。茲將容易造成團體決策過程損失的主要干擾因素，也就是面臨的困難分述如下：

1. 團體成員彼此建立信任的困難

團體決策是基於集思廣義與滿足參與需求的目的，團體處理資訊的迅速，及提供資訊管道的廣度，都是個體所無法比擬的。然而團體成員之間倘若無法建立信任的情誼，則無法達到無私的貢獻良策、或合作解決問題的績效。參與徹底討論的團體成員並不多見，可以經由活動的規劃及執行面，尋找能合作、理性思考的成員，經常一起討論對問題的不同看法，多激勵部屬自由發表創意，充分表達對人才的重視，激發團體中成員參與決策的意願。

圖 10-5　團體成員必須彼此信任，才能共同解決問題

2. 成員分享知識管理的困難

參與團體決策的核心人員應該具備處理該項議題的經驗及熱誠，因此，當決策團體成員異動時，往往形成組織損失重要的經驗及智慧。平時應要求成員將工作經驗外化成組織智慧資本，或形成文字，或運用科技及網路予以儲存、備用及分享。

3. 團體迷失

團體迷思（Group Think）係指當團體產生追求共識的規範時，團體成員行為受到團體規範影響，可能忽略對其他可行意見的實際評估。產生團體迷思時，極可能發生下列的情形：問題被不完整地評估、資訊搜尋不良、選擇性偏誤地處理資訊、侷限可行方案的發展、不完善地評估可行方案、對於偏好選擇方案會忽視其產生的風險、無法再次地評鑑被依開始就拒絕的可行方案。

最容易導致團體迷思的情形經常是高度團體凝聚力與組織結構因素的交互影響作用而導致，由於團體成員過於在乎團體認同，使得未能有效指出組織的不當因素，其中包括組織排斥隔絕專業人才以及團體外的人員意見、導引式的領導、欠缺有系統處理情事的規範、以及團體成員社會背景與意識型態的同質性。最常發生團體迷失的情況則有：

(1) 重視成員間的情誼，不敢表達與人不同的意見。團體決策需要核心人員的討論及擬定草案，但是成員彼此之間的情誼，往往會成為舉棋不定的躊躇不前狀態。

(2) 領導者對決策已有預定立場，不易讓成員充分討論。領導者受個人人格特質或經驗的影響，對事情的看法常會以引導方式使成員不能暢所欲言，一言堂的作風喪失了團體成員徹底討論的機會。如何建立一個腦力激盪的合作氣氛，促使成員願意參與決策，領導者的領導風格會影響團體運作的民主氣氛，但是往往能做到的領導者為少數。

4. 團體偏移

團體偏移（Group Shift）係指在團體討論過程中，團體成員會傾向主要預定決策規範（Dominant Pre-discussion Norm）的決策方案，此決策有可能是更加保守的方案，也可能是更加激進的方案。主要原因如同團體迷失的成因之外，另外，是由於團體共同承擔風險與責任，由於個人分擔之決策責任減少了，成員個人將可能更加傾向風險追逐。因此，有些團體決策機制或會議，坦白而言，只是在進行一種風險轉移或責任分擔。此時，問題是否獲得合理解決，或是否達到集思廣益，就不是決策的重心了！事實上有許多會議確實是利用成員來替團體決策背書，或甚至更直接的說，是為團體領導者的決策背書。上述的事實常造成團體極化的決定，利弊互見，端視個案而定。

10-4 有效團體決策的做法

為了避免團體決策的相關缺點，增強團體決策的優點，以下依序說明有效團體決策的原則、步驟、以及決策技術。

（一）有效團體決策的原則

實務上，運用團隊決策有其潛在問題，可能團隊成員因無法達成共識而陷入僵局，因此，有效降低團隊決策過程損失的方法，除了下領導者需清楚表明追求目標、避免群體迷思、提出意見者要說明贊成和反對的理由之外。要能充分展現團體決策的優點，團體的領導者就應注意在團體決策的過程，達成有效能的團體決策的四項原則：

1. 團體共同參與

團體決策內容是團體成員共同偵測問題、簡化問題、產生可能的解決方案，並加以評估或形成實施方案的策略。唯有共同參與決策過程，充分表達每位成員的意見，才足以集思廣益，引發成員的接受度與擁有感。

2. 相等的決策權

團體成員必須是在擁有相等的決策權的前提下，進行內容的決策。不對等的決策權力，會導致資訊表達的干擾，可能產生以人廢言，或是產生高權力距離文化的缺失，阻礙成員間的溝通與互動。

3. 主題與問題的適當性

必須考慮決策議題的性質來應用團體決策，因為團體決策與個人決策在決策工作性質上有所不同，並非所有的議題都適用團體決策，一般而言，任務複雜度高的決策問題，相對於個人決策來說，團體決策更加合適。

4. 充分討論

從決策的過程來看，團體決策在過程中最強調成員間充分的討論與互動。這樣的過程也可視為一種社會歷程，乃是將團體成員的個別偏好加以整合成單一的團體偏好，可將決策團體視為一種結合機制，而團體的互動可被視為結合歷程（Combinatorial Process）。團體決策乃是經由團體成員的溝通討論與互動，而將許多成員的個別偏好整合成一個團體決策的結合歷程。

（二）有效團體決策的決策步驟

團體決策的功能論主張：團體若能按照定向階段（Orientation Phase）、討論階段（Discussion Phase）、決策階段（Decision Phase）及實施階段（Implementation Phase）四個階段來進行決策，則可以增進資料與資訊蒐集、分析以及評鑑的成效，並且產生較佳的決策。決策步驟的內涵說明如下：

1. 定向階段

必須先確認目的、設立目標、發展策略、擬定計畫以及選擇戰術。定向階段重要的部分包括：

(1) 釐清團體的期望與需求，以確認最佳的可能解決方式。

(2) 確認團體決策所需要的資源。

(3) 列舉任何必須克服與避免的障礙。

(4) 明確說明蒐集資訊與做決策必須依循的過程。

(5) 針對討論過程建立基本的規則。

定向階段的價值在於共享心智模式（Shared Mental Model）的發展，團體不再只是對於情境做出回應，他們能夠前瞻性地控制情境。當他們在執行任務

前能夠多去討論他們的執行策略，則團體會較有成效。而過程的的互動也導致較正向的團體氣氛、較滿足領導方式，以及在執行任務時較大的彈性。

團體投入越多的時間在定向階段，則團體的整體表現也會較佳，很不幸地，團體的成員很少對於決策前定向過程有興趣。當團體被賦予一項任務時，經常就開始他們的任務而不是關於決策過程的議題。

2. 討論階段

資訊是決策的關鍵性內容資源，討論階段就是決策過程的重心。在討論的階段，團體成員蒐集及處理做決策所需要的資訊。大部分的情況，人們經常僅藉由目前的資訊作出決策。倘若要能產生集思廣益的成效，則必須透過討論以增進決策認知程度，討論能產生三項訊息處理效益：

(1)改善資訊的記憶： 相較於個人，團體對於資訊能有較好的記憶。團體成員的討論與溝通促使成員間，經由交互提示（Cross-cueing）以及交互記憶系統（Transactive Memory System）可以促進人們去取得重要的訊息。交互提示是指當團體成員討論訊息時，他們彼此給予線索，以幫助記憶。至於交互記憶系統則是藉由在成員中彼此協助增進彼此記憶，來增加團隊的記憶。

(2)增加訊息的交換： 團體是由不同經驗、背景及立場的個人所組成，因而，不同個體可能得到獨特的資訊，而這樣的資訊有助於擴充資訊內容，促進討論的成效品質。

(3)訊息可以更徹底地被處理： 透過討論，許多的可行方案都可以被納入討論，以及每項可行方案的優缺點都加以考量。決策團體不僅分享及評鑑資訊，也彼此激勵於對於團體的承諾以及幫助其他成員。如同定向階段在有效決策上的重要性，積極的討論也可以增加團體決策的品質。有研究顯示：經由團體決策的運作，資訊的分享、觀點的批判性評鑑都與正確的判斷息息相關。

3. 決策階段

在一個團體決策中，團體會結合許多個別成員的意見。常見的決策模式有：

(1)授權的決策（Delegating Decisions）： 在團體中的一個人或次團體為了整個團體做決策。

(2)統計的決策（Statisticized Decisions）： 每一個團體成員個別做成自己的決策，以及這些決策被加以平均去產出一個名義團體（Nominal Group）決策。

(3) 投票的多數決（Plurality Decisions）：成員透過投票的方式來表達個人的偏好，可以採用公開或秘密投票的方式。

(4) 共識的決策（Unanimous Decision Consensus）：團體討論議題直到達成一致性的共識，但是並非透過投票的方式。

(5) 隨機的決策（Random Decisions）：團體並非以理性做決策，而是讓最後的決策訴諸於隨機化。例如如果團體無法達成共識或者所面臨的問題混淆不清時，成員會以擲銅板的方式來做決策。

圖 10-6　當無法達成共識時，只能採用最下策的方式───擲銅板

團體決策的模式會影響團體成員對於決策的滿意度以及執行的意願。專制的過程，會讓成員感覺自主性被剝奪以及受到忽視。當團體平均個別成員的輸入，所有的團體成員意見都會被考慮，這樣的過程常常去除了錯誤及極端的意見。但是，倘若僅是平均所有人的意見而沒有經由討論，則可能產生一個武斷的決策而無法滿足大多數成員，易造成多數成員無法對於決策產生執行的責任義務。

投票是西方社會最常用的方式，可以明確的作出決策，但是少數人會有疏離感及挫敗感，造成一些人對於決策不滿意以及較不會承諾於決策。投票也可能會導致內部的政治效應，就像有些人會在會議前聚集，並向成員施加壓力、形成聯盟以及交換利益等，俾利在投票時他們屬意的方案能夠順利通過。

透過達成共識的決策方式能夠避免以上缺點，經常能夠導致成員對於決策與團體的高度承諾。然而，不一定能夠在所有的議題上均達成共識。共識的建立需要花費許多的時間，因此當時間急迫時，這種方式是不可行的。

4. 實施階段

完成決策後，必須執行方案以及產生回饋。當成員在決策的過程中能夠扮演積極的角色及有表達意見的機會，則決策更能夠順利地實施。品管圈（Quality control Cycles）、自主工作團體（Autonomous Work Groups）或自我督導型團隊（Self-directed Teams）等都是成員積極參與以及表達意見的團體模式。這些團體在組成及目標上有極大的差異，但是在大部分的情況，他們必須確

認會破壞生產力、效能、品質及工作滿意度的問題。他們花了相當多的時間討論問題的成因及可能的解決方案。一旦有關變革的決策被做成,這些變革被實施及被評鑑。如果執行的成果未達到預期的效果,則會重複再做一次,這種方法增加了成員心理的滿足感及提升組織的生產力。

表 10-4　理性決策模式與有效團體決策步驟的關聯性

理性決策模式的步驟	有效團體決策步驟			
	定向階段	討論階段	決策階段	實施階段
1. 意識到問題	◎	◎		
2. 確認決策準則	◎	◎		
3. 分配準則權重	◎	◎		
4. 尋找所有可能方案		◎		
5. 評估所有可行方案		◎	◎	
6. 選擇最佳方案			◎	

◎表示具有關聯性

　　從表 10-4 的關聯性分析得知,有效的團體決策步驟相較於理性決策的步驟更加周延,除了包含了理性決策的應有步驟之外,有效團體決策步驟更加強化了決策的執行成效,能增進資料與資訊蒐集、分析以及評鑑的成效,並且產生較佳的決策以及執行成果。

(三) 有效團體決策的決策技術

　　有效的決策技術包含許多技術,例如分析其他可能的代替行動方案、審慎地再衡量所選擇行動的可能效果、外部專家的諮詢、備選方案的建立等。以下介紹腦力激盪術(Brainstorming)、名目團體技術(Nominal Group Technique)及德菲法(Delphi Technique)三種常用的團體決策技術:

1. 腦力激盪術

　　腦力激盪術能夠降低團體中的從眾壓力、以及對於產生創意方案的妨礙。為了能夠充分產生意見,腦力激盪術將討論分為意見表達以及意見討論階段。在意見表達階段,鼓勵大家盡量表示意見,提出各種替代方案,並且對於這些意見或方案,不能有任何的批評。主持人先清楚地陳述問題,確定每個人

均徹底了解問題後。在意見表達的階段，成員開始運用想像力及創意，想出任何可能的選擇方案，在表達階段時間中，絕對禁止批評任何意見，任何想法都可能刺激另一個觀點或意見的產生，即使是最荒謬的想法也不能被批評，因此可以鼓勵團體成員充分地提出看法。進入討論階段才可以逐一地對於各意見與看法進行討論與分析。

2. 名目團體技術

這種技術對於問題的討論及人際間的溝通都有所限制，只是名義上的團體而已。與傳統的會議一樣，具名團體技術中所有的團體成員都必須親自出席，但是在運作的時候卻是彼此獨立。此一技術包含四個主要步驟：

(1) 任何討論進行之前，成員須針對問題寫下自己的意見。

(2) 接下來是較沉默的時刻，由每個成員輪流報告自己的意見，並分別記錄在會議紀錄簿或黑板上。在所有的意見尚未記錄完畢之前，不允許任何討論。

(3) 接著團體開始討論與評鑑各意見。

(4) 各個成員以獨立的方式私下將各項意見表排列出一個順序，之後再找出總排名最高的意見，作為最終的決策。此方法的優點在於既允許召開正式會議，又不至於限制獨立的想法。高權力距離明顯的團體中，可以避免意見受到有力人士的影響而無法表達。

3. **德菲法**：與名目團體技術頗爲類似，最大的特徵是德菲法刻意阻止了成員間面對面地討論，成員能避開其他成員的影響，完全以文字書寫的方式來蒐集、分送成員的意見、以及匯集共識，防止成員間面對面討論可能發生的缺點。實施的步驟爲：

(1) 仔細設計出一系列問卷，要求成員針對問題，提供可能的解決辦法。

(2) 成員以不具名的方式獨自完成第一次問卷調查。

(3) 將第一次問卷調查的結果加以整理。

(4) 每個成員收到一份調查結果的影印本。

(5) 看過調查結果之後，要求成員再一次解答原先的問題，透過審閱第一次的調查結果，可能會引發成員新的問題解答方式或者改變成員原先的看法。

(6) 重複第3至第5個步驟，直到有一致性的看法爲止。雖然運用德菲法可以減低團體迷思發生的可能性，並且在時間與空間受限的情況下，亦能讓無法面對面討問的團體成員提供意見，然而，在團體須做快速決策、團體成員缺乏高度參與動機、成員文字表達能力較差的情況下，其適用性將大爲減低。

　　以上有效團體決策技術主要在於藉由減低或是避免他人或群體的社會影響，例如，團體凝聚力與團體規範等對於團體決策所造成的不適當社會影響。也就是說，有效團體決策技術目的在於免除團隊迷失與團隊偏移的偏誤，以強化團體決策之集思廣益的目的與效果。

1. 團體決策是指兩人以上組成的團體，基於一定的職能與職權，為了能夠集思廣益並滿足成員需求，依據決策內容的性質進行決策，藉由團體模式分析問題和機會，並且發展出多項可行的解決方案，經由共同討論溝通與互動的過程，而能將個別成員的偏好與意見結合成團體最後的決策，其目的無非在於增強個別決策的品質。

2. 團體決策有時間與資源等成本的支出與花費，考量其成效與耗費成本，才是決定是否運用團體決策模式進行決策。

3. 團體決策的時機有二：一是提升決策品質；二是增進決策被團體成員接受的程度，以利激勵成員執行決策方案。

4. 為了提升決策品質時，團體決策運用時機需考量的以下四項條件：工作性質、時間寬裕程度、工作屬性的客觀程度、需求的資訊量。

5. 為了增進決策被團體成員接受與承諾，團體決策的運用時機需考量的以下四項條件：議題相對地屬於較為複雜、不明確、以及存在著潛在衝突的能性；議題需要成員人際間獲團體間的合作與協調；議題與解決方案對於個人與團體或組織具有重大影響；需要普遍的接受與承諾才足以有效執行決策方案。實務上，團體決策也可能象徵性地為了給予方案主導者背書，而成為一種形式上的支持。另外，團體決策也可能淪為避免責任或責任分擔的工具，亦即利用團體決策的方式來逃脫個人責任或減輕個人可能承擔的懲罰。而觀察許多重要決策，其實皆兼具上述二者的意義，許多重大政策形成前皆經過無數相關團體的討論而形成，然後，經常會經過團體決策的形式通過，成為組織共同的決議。

6. 為了能夠促使團體決策朝向理性決策模式前進，需考量的理論至少有社會系統理論以及團體動力學理論。

7. 社會系統理論即認為社會系統乃是由一群人的交互作用組成，行動者間因為團體或個人的目標，而有某種互相依存的一致性表現，為了達成目標，組織成員需要一段足夠的時間來彼此交會進而產生行為。

8. 團體動力學主張團體本身就是一種動力和過程的現象，經由團體中的互動以及團體成員間各種特質不斷變動影響而產生的社會作用力，這些作用力也促使團體運作、改變、互動和反應，進而影響團體運作方式與方向，這些社會作用力是動態的，且隨時隨地在改變。然而，團體決策也因為團體動力的動態性，一方面使其得以維持運作，另一方面也造成團體互動的變動，增加團體決策的複雜性，使團體決策產生變化。在團體互動的過程中，成員間必然產生衝突，主要的衝突有任

務性衝突以及關係性衝突,有些衝突是有助於增進決策品質,有些衝突則是反功能性的衝突,團體的互動需要增進功能性的衝突,以促進決策品質,化解反功能性衝突來減低對於決策過程的不適當干擾。

9. 從社會系統理論了解到團體決策受到成員個人的價值與需求偏好影響,同時也受到成員彼此的影響,還有社會期待等團體社會的條件影響;團體動力理論則說明了團體決策過程中,成員彼此相互影響彼此的決策與意見,更進一步提出,團體與組織系統是開放型態,團體決策會受到組織的相關因素所影響,例如政治性考量以及組織文化等因素的影響。

10. 個體決策侷限於個人價值觀以及單一個人決策者對問題已有的架構,並無法有效率地傳遞資訊,可見團體決策相較於個人決策有其優勢。雖然,個人決策所需的成本比較低,但是,團體決策最後在決策創發性、決策接受度、開放性以及理想度上都比個人決策來得高。

11. 團體之所以能比個人做出更好的決策主要取決於決策類型、參與者知識與經驗以及決策歷程的類型。個人決策在決策過程中缺乏人際互動與溝通,這也導致決策的接受性、開放性與理想度上均低於團體決策,團體決策的品質也較個人決策更具創發性與開放性,而被接受的程度也較高。

12. 一般而言,個人決策適合簡單的工作,而複雜、需要判斷以及問題解決的決策工作,則適合經由團體決策來進行。充分了解團體決策的優點與缺點,則更加有助面對採用哪項決策模式時的重要考量依據,團體決策之優點包含獲得更多的知識與訊息、增加問題解決之可行方案、提升對於決策的認同感與支持度、增進決策的法統性、產生較高品質的決策內容。

13. 團體決策之缺點包含耗費較多的時間、容易由少數人把持、從眾的壓力、責任模糊。容易造成團體決策過程損失的主要干擾因素有:團體成員彼此建立信任的困難、成員分享知識管理的困難、團體迷失、以及團體偏移。

14. 有效團體決策的原則:團體共同參與、相等的決策權、主題與問題的適當性、充分討論。有效團體決策的決策步驟則包括定向階段、討論階段、決策階段及實施階段四個階段,以增進資料與資訊蒐集、分析以及評鑑的成效,並且產生較佳的決策。而有效的決策技術包含許多技術,例如分析其他可能的代替行動方案、審慎地再衡量所選擇行動的可能效果、外部專家的諮詢、備選方案的建立等。

15. 常用的團體決策技術有腦力激盪術、名目團體技術及德菲法三種常用的團體決策技術。

一、選擇題

( )1. 團體決策的主要實質性的目的是什麼？ (A) 提升決策品質 (B) 增進決策被團體成員接受 (C) 增進團體成員對於決策的承諾 (D) 以上均是。

( )2. 團體決策意涵不包含右列哪一項？ (A) 目的 (B) 內容 (C) 影響力 (D) 過程。

( )3. 智能性任務（Intellective Task）產生了可被客觀檢視及判斷對錯的解決方案，比較適合什麼樣的決策？ (A) 團體決策 (B) 個人決策 (C) 集權決策 (D) 分權決策。

( )4. 說明個體的決策行為受到社會期待、社會價值、與個體需求偏好的影響，是哪項理論的主張？ (A) 價值系統理論 (B) 團體動力學理論 (C) 社會系統理論。

( )5. 團體決策的決策準則以及準則的權重的選擇，必須建立集體共識，如此有助於避免什麼偏誤發生？ (A) 團體迷失 (B) 團體偏移 (C) 以上均是 (D) 以上均非。

( )6. 經由團體中的互動以及團體成員間各種特質不斷變動影響而產生的社會作用力，這些作用力也促使團體運作、改變、互動和反應，進而影響團體運作方式與方向。是哪項理論的主張？ (A) 價值系統理論 (B) 團體動力學理論 (C) 社會系統理論。

( )7. 不同群體或個人在對待某些問題上由於認識、看法、觀念之間的差異而引發的衝突，是指那項衝突？ (A) 關係性衝突 (B) 任務性衝突 (C) 價值觀衝突。

( )8. 哪項類型決策比較能增進決策的法統性？ (A) 團體決策 (B) 個人決策 (C) 集權決策 (D) 分權決策。

( )9. 哪個決策的階段就是決策過程的重心？ (A) 定向 (B) 討論 (C) 決策 (D) 實施。

( )10. 有效團體決策步驟相較於理性決策的步驟更加周延？ (A) 是 (B) 不是。

二、簡答題

1. 團體決策的時機有哪兩項？

2. 為了提升決策品質時，團體決策運用時機需考量的哪四項條件？

3. 為了增進決策被團體成員接受與承諾，團體決策的運用時機需考量的以下四項條件？

4. 請說明社會系統模式

5. 比較團體決策與個人決策的差異。

6. 團體決策有哪些缺點？

7. 成功的團體決策所面臨哪些困難？

8. 本章指出有效的決策技術包含哪些技術？

三、問題討論

1. 團體決策有哪兩大項目的？為了達成各別的目的其運用時機分別有哪些時機？

2. 從社會系統理論觀點來看團體決策，團體決策與個體決策存在什麼差異？

3. 從團體動力學理論觀點來看團體決策，團體決策與個體決策存在什麼差異？

4. 有效的團體決策作法是如何克服或改善團體決策所面臨的困難？

5. 有效的團體決策步驟是否符合理性決策步驟？

Chapter 11
領導與溝通

● 章首小品

家人間衝突與問題的解決模式－薩提爾模式

維琴尼亞・薩提亞（Virgin Stair）發展了薩提爾模式，運用於家族治療中。她指出家人間存在著五種溝通模式：討好型（只關注到情境他人）、指責型（只關注到情境、自己）、超理智型（只關注到情境）、打岔型（都沒關注到）、以及一致型溝通（關注到自己、他人、情境）。

討好型的人忽略自己，自我感受內在價值比較低。言語中經常流露出，行為上則過度和善，習慣於道歉和乞憐。

指責型的人則常常忽略他人，習慣於攻擊和批判，將責任推給別人。指責型的人通常孤單失敗，寧願與別人隔絕保持權威。

超理智型的人極端客觀，只關心事情合不合規定，是否正確，總是逃避與個人或情緒相關的話題。表面上很優越，舉動合理化。而實際上，內心極為敏感，常感到空虛和疏離。往往會成為在超理智型家庭溝通下長大的孩子進入社會的關口或以後，可能出現種種適應障礙。

打岔型的人經常抓不著重點，習慣於插嘴和干擾，不直接回答問題或根本文不對題。他們內心焦慮、哀傷，精神狀態混亂，欠缺歸屬感，不被人關照，還常被人誤解。

一致型溝通是薩提亞所倡導的目標。一致型的人具有高自我價值，達到自我、他人和情境三者的和諧互動。

→ 前言

James C. Hunter（詹姆士・杭特）：「領導是一種技能，用來影響別人，讓他們全心投入，為達成共通目標而奮力不懈。」

詹姆士・杭特定義的領導是領導的最佳目標，全心全力投入為達成共通目標而奮力不懈，是完全激發員工工作意願了。一般而言，影響他人的行為就是領導的廣泛定義，然而，杭特定義的領導的確更加具體指出領導的完美境界，使我們知道自己是否還可以強化領導能力，尤其在需要創新與工作團隊模式工作的知識經濟時代，全心投入的內在工作動機是必要的一項影響要素。

王永慶、許文龍、郭台銘等人是大家熟悉的企業家、集團的領導者。台塑集團創辦人王永慶出了名的領導風格是嚴謹，他的「追根究底」、「務本精神」的領導哲學深深地影響台塑的企業文化。奇美集團創辦人許文龍喜歡釣魚、古物，以及研究歷史人物，領導風格是信任員工、充分授權、是老莊思想「無為而治」的實踐者，他曾向員工說過：「我們的時間很自由，你們自己去做」，只提出兩個原則「給員工幸福」、「不要垮掉」。郭台銘的強悍是眾所周知的，鴻海集團能有世界級大廠的聲譽，郭台銘的強勢領導風格是關鍵之一，他曾說過：「走出實驗室就沒有高科技，只有執行的紀律。」，因此他講究紀律、重效率，對於上級的指示要絕對服從。他們三者的領導風格截然不同，卻都是社會大眾所稱的成功的企業家與領導者，實際上，我們可以更精準的說，他們是競爭勝利的企業家與領導者，競爭勝利的企業家與領導者，他們或許仍然可以更加強化領導能力來影響員工投入於工作目標，而怎樣的領導者才是成功的領導者？這是全球化經濟環境下，管理者與企業家應該注意與思考的領導定義。

領導是管理功能之一。管理者期望運用領導的力量使部屬達成既定的目標。管理者藉由領導發揮影響力，使組織成員協調、合作、認同與支持組織的目標，而這種影響的力量與歷程是研究領導所關心的，管理者藉由何種力量或方式以影響部屬，不同的時期有不同的理論，從科學實證的研究中可知領導的研究大約分為特質論、行為論與權變理論三期。本章首先介紹領導的意義，說明領導者和管理者有何相似相異之處，再則探討領導的權力來源，並進一步說明領導理論的演進，最後闡述溝通的重要性。

11-1 領導的意義

領導者與管理者有何不同？一般而言管理者是組織任命的，主要影響力的來源為職位，因為擁有職權，可以影響他人以完成組織所賦予的目標；而領導者可以被指派，也可能從團體中產出，甚至產生了非正式的領導人，他影響其他人的力量是超出職權的，因此，我們可以說領導者如果不具備管理技能，也未經過組織正式任命，就不是管理者，而管理者也未必是位領導者，我們希望管理者都是領導者，不但有能力執行管理程序以達成組織目標，又可以有效地影響他人。

領導者如何有效地影響他人行為？在本書第十二章中 12-5 權力的來源，說明影響他人行為的力量來源共有法定權、強制權、獎賞權、專家權和參照權等五種。

11-2 領導的理論

有關領導的研究相當地多，其研究結果亦為分歧，有時甚至互相矛盾，但綜觀其研究取向可以分為二大類，其一主要在研究領導者個人所有的特性或特質，強調領導者應該「像什麼」，研究的主題為領導者是什麼，即 WHAT，此類有關領導的研究稱之為「特質論」；另一類研究領導者應該表現出何種行為與領導風格，強調領導者應該「做什麼」，研究的主題為領導者所應該展現的作為，即 HOW，此類有關領導的研究稱之為「行為論」或「過程論」。晚近在 1960 年代則為權變理論，如表 11-1，本章下介紹特質論、行為論與權變理論，以及當代的領導理論。

表 11-1　領導理論之發展取向

時期	研究取向	研究主題
1940 年代晚期之前	特質論	領導能力是天生的
1940 年代晚期~1960 年代晚期	行為論	領導效能與領導者行為的關聯性
1960 年代晚期~1980 年代早期	權變論	有效的領導受情境影響
1980 年代早期以後	當代的領導理論（新型領導論）	領導者需具有願景

資料來源：Bryman A.(1992),Charisma and Leadership in Organization, London:SAGE,pp.1

（一）特質論（Trait Theories）

早期 1920 和 1930 年代有關領導的研究大都爲特質論，希望找出領導者和被領導者之間有何不同的特質，諸如心理特質與人格特質（熱心、勇敢、果斷、正直、自信、有魅力等等）、生理特質（身高、體重、體型等等），還有社交能力、社會地位、表達能力等等。Kirpatrick& Locke 提出六個有效領導的特質：驅動力、領導慾、誠實與正直、自信、智力與專業知識。

但爲了區別領導者和非領導者之間的不同，是一件不容易的事，研究者常常陷入泥沼中，所區分出來的特質卻不是有效的，例如擁有領導特質的人應該在任何組織中都能發揮其領導效能，但事實並不是如此，可以領導一個冠軍球隊，卻不一定能領導某個企業、或某個學校。特質論之所以無法完全解釋領導的意涵，主要在於它忽略領導者與被領導者之間的互動關係，以及情境因素，因此，在 1940 年代開始，有關領導的研究便開始轉向。然而，特質論之所以無法完全解釋領導的意涵，並不

圖 11-1　領導者的特質無法完全被界定，每一位領導者都有不同的特質

代表人格特質對於領導不具影響力，而是除了領導者人格特質之外，還存在著其他影響因素，才能使得領導產生更佳效能。因此，對於領導的各學派理論，經常是互補而不是互斥排拒的立場，這也是學習者必須瞭解的概念。

（二）行為論（Behavior Theories）

在 1940 年代後期至 1960 年代中期，有關領導的研究轉向瞭解領導者的行爲，也就是說領導者應該展現出何種行爲、或是何種領導風格，才能發揮領導效能，帶領部屬達成組織任務與目標。

1. 俄亥俄（Ohio）州立大學研究

在 1940 年代晚期，俄亥俄州立大學進行一系列有關領導的研究，期望發現領導者最重要的行爲。他們針對不同團體，從上千個行爲構面中，企圖找出成功領導者的共同特性，研究人員位此設計一份「領導者行爲描述問卷」（Leader Behavior Description Questionnaire, LBDQ），最後從部屬們對領導

者的行為描述，歸納兩個最主要的領導行為：體恤型（Consideration）與體制結構型（Initiating Structure）。

(1) 體恤型構面： 指的是領導者以互信和尊重部屬想法與感受進行領導的程度，是一位會關心與關懷部屬的主管，一位高體恤型的領導者是友善、親切的，會主動協助員工解決問題，甚至是私人的問題，還會用平等的方式對待員工。

(2) 體制結構型構面： 指的是領導者在領導過程中以工作結構化和角色界定進行領導的程度，是一位關心工作本身、工作目標與工作關係的主管，一位高體制結構型的領導者會將組織工作目標放在第一位，強調工作之間的角色關係。

此領導方式可以體恤型為縱座標，體制結構型為橫座標，形成四種領導型為的象限圖，如圖 11-2。

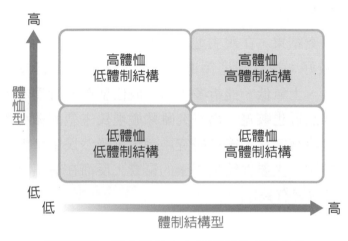

圖 11-2　俄亥俄州立大學研究的領導行為

俄亥俄州立大學的研究發現高 - 高型（高體恤和高體制結構）的領導者比其他領導者能讓部屬有更高的工作績效和工作滿意度。

2. 密西根（Michigan）大學研究

1940 年代晚期，密西根大學同時和俄亥俄大學進行有關領導的研究，密西根大學對於領導的研究主題主要在找出和生產力有關領導行為，研究結果亦得出兩個構面，即員工導向（Employee Oriented）與生產導向（Production Oriented）。

員工導向的領導者會關心員工心理的感受，重視人際關係，管理者會授權部屬作決策，且較能提供支持性的工作環境以滿足員工的需要；而生產導向的

領導者是目標導向，關心工作任務是否達成及對工作技術的要求，其強調計畫的擬定與執行的程序。

密西根大學的研究發現員工導向的領導者會使員工擁有高工作績效和高工作滿意度，而生產導向的領導者工作績效和工作滿意度都較低。

3. 愛荷華（Iowa）大學研究

Kurt Lewin 等人於愛荷華大學研究成員的行為是否會因領導方式的不同而產生差異，其研究則提出三種領導型態來探究最有效的領導行為：專制型（Autocratic Style）、民主型（Democratic Style）與放任型（Laissez-fair Style）。專制型態的領導者偏好集權式的領導與命令式的工作方法，做決策時多不會讓部屬參與，屬於個人決策型；民主型態的領導者傾向於分權與授權的管理，讓部屬有較大的發揮空間，決策時會參考部屬的意見，甚至讓部屬參與決策與目標的設定；放任型態的領導者會給予部屬極大的自由空間，不會干涉部屬的工作方式。

愛荷華大學的研究結果，在民主型的領導行為下，成員的行為較主動、士氣高、工作品質較好；在專制型領導行為下，成員工作效果好，但是比較依賴、缺乏創造性、士氣低、挫折多；而在放任型領導行為下，成員所完成的工作較少、工作品質也較差。而研究雖然發現民主型的領導型態有較佳的領導效能，但卻也沒有定論，後續研究中發現，雖然民主型態有高的績效，但也會有例外的情況，主要為情境因素的影響，反而在員工滿意度上，民主型較專制型態的領導者有較好的表現。

4. 管理方格

管理方格（Managerial Grid）是 Robert Blake 和 Jane S. Mouton 在領導研究中發展了領導雙構面的理論，此雙構面座落於兩個座標軸上，X 軸為關心生產，Y 軸為關心員工，並劃分 1（低）到 9（高）九個程度，劃分成代表性的五種領導型態，如圖 11.2。即自由放任型（1,1）、鄉村俱樂部型（1,9）、工作任務型（9,1）、團隊管理型（9,9），以及中庸型（5,5），研究發現（9,9）的團隊管理型有較高的績效，但是此研究並無說明如何成為團隊管理型的領導者。

圖 11-3　民主型的領導者會傾聽人民的意見

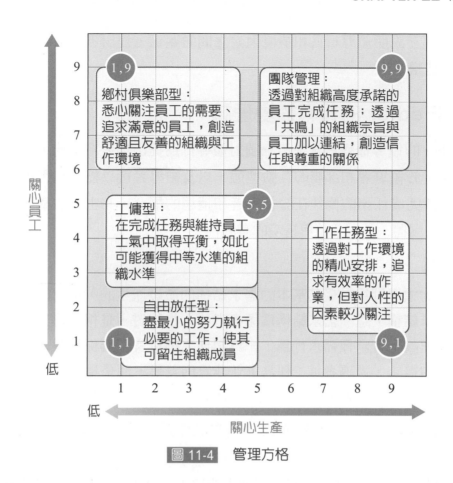

圖 11-4　管理方格

11-3 領導的權變理論

領導的行為理論認為管理者的領導行為是可以後天養成的，和特質論的先天具備條件有所不同，也使得管理者可以兼顧組織目標與部屬需求，但其忽略了情境因素，而兩構面的領導行為較難確立，也無法確定領導者行為和效能之間的關係。

所謂領導的權變理論主要認為有效的領導行為應該隨情境因素的不同而調整，管理者為展現高效能的領導，首先必須診斷與評估可能影響領導效能的各個因素，因此也就沒有所謂的最佳領導方式。

領導的權變理論已是現在研究的主流，最早的權變觀點由 Fred Fielder 於 1951 年提出，本節除介紹 Fiedler 的領導權變理論外，將再探討 Hersey & Blanchard 的情境領導理論、領導者與部屬交換理論，以及路徑一目標理論，此

四種理論都在說明領導行為和情境因素之間的關係，提出不同情境搭配不同領導行為的建議。

（一）Fiedler 的領導權變理論

Fiedler 的領導權變理論是第一個對領導行為提出權變看法的，他認為團體的績效決定於領導者和部屬的互動型態，以及領導者可以控制和影響的情境因素，而團體完成任務的條件在於領導者和情境的配合，其主要的構念有三個：領導行為、團體－任務情境與情境的有利性。

1. 領導行為

領導者的領導行為是受其基本的需求結構的激發產生的，不同的領導者有不同的需求結構，這一需求結構為領導者的人格特質，是相當持久且不容易改變的。理論上有兩種需求行為，一為與他人維持良好關係的需求，另一為達成任務的需求。領導者這二種需求並非質的差異，而是量的不同，Fiedler 將這二種不同需求的領導行為稱之為「關係導向」和「任務導向」。

(1)關係導向：領導者希望以維持良好的人際關係為主要需求，任務的達成則屬次要。

(2)任務導向：領導者以任務達成為主要需求，則維持良好人際關係則為次要需求。

為了區分這二種領導行為，Fiedler 發展出一「最不喜歡的共事者量表（Least-preferred Co-worker Questionnaire, LPC）」，這份量表有十六組對比的形容詞（詳見本章之自我評量），如高興－不高興、開放－封閉、冷漠－溫暖、無聊－有趣等等，分數由 1 至 8 分，8 分表示對「最不喜歡的共事者」最有利的描述，所有項目的分數總和，即為 LPC 的分數。LPC 分數愈高，表示填答者對「最不喜歡的共事者」用較正面的形容詞形容之，表示填答者較重視人際關係，此類的領導者為「關係導向」，反之，LPC 分數愈低，表示填答者以較負面的形容詞描述「最不喜歡的共事者」，此類的填答者對生產力與工作任務的達成較有興趣，這種管理者所呈現的領導行為是「任務導向」。

圖 11-5　關係導向的領導者會和部屬保持良好的互動

2. 情境因素

權變理論最關心的議題便是「情境」，所謂情境是指影響領導者領導效能的環境因素，依據情境，才可以「視情況而定」，選擇最適當的領導行為（領導風格），Fiedler 所體的情境因素為團體－任務情境，認為最有可能增進或阻礙領導者影響力的情境因素有三：領導者和部屬的關係、工作結構與領導者的職權。

(1) 領導者和部屬的關係（Leader-member Relations）：指領導者與部屬相處及部屬對領導者信任和忠誠的程度，即為部屬對領導者的關係品質，如合作、友善、接納、支持、敬重等等。

(2) 工作結構（Task Structure）：指工作的正式化、程序化和標準化的程度。

(3) 領導者的職權（Position Power）：指領導者職位本身的權力，可以對部屬運用影響力的程度，包含職位所賦予的地位、權威、獎懲、升遷、加薪等等。

3. 情境的有利性

情境的有利性係將上述三種情境加以組合，每一個因素可以視為一連續變項，但一般多分為二分的情況，領導者和部屬的關係可以分為「好」和「壞」；工作結構分為「高」和「低」；領導者的職權分為「強」和「弱」。組合上述情境，可以獲得八種領導行為，如下圖 11-6。

情境因素	情境							
領導與部屬關係	好				壞			
工作結構	高		高		低		低	
領導者的職權	低	弱	低	弱	低	弱	低	弱
情境	1	2	3	4	5	6	7	8

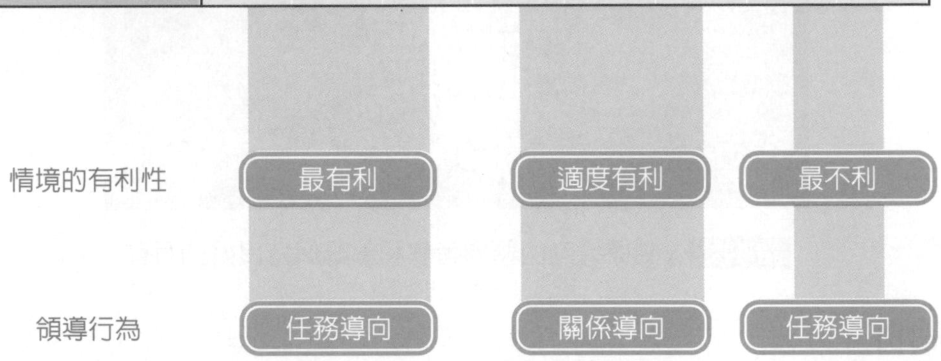

情境的有利性	最有利	適度有利	最不利
領導行為	任務導向	關係導向	任務導向

圖 11-6 Fiedler 的領導權變理論

　　這八種領導行為沒有一種可以適用於所有的情境，Fiedler 認為領導效能的發揮必須配合情境，上圖中，情境 1、2、3 是有利於領導者；情境 4、5、6 為適中；而最不利領導者的情境為 7 和 8。Fiedler 更明確指出關係導向的領導行為適合 4、5、6 的適中情境，而最有利和最不利領導者情境，則適合任務導向的領導行為。

（二）Hersey & Blanchard 的情境領導理論

　　Hersey & Blanchard 的情境領導理論中在領導情境因素中加入了「部屬的成熟度」，形成任務導向、關係導向與部屬成熟度等三層面的理論。部屬的成熟度愈高，則工作可以趨向低的結構，然而關係導向必須增加，而部屬成熟度（readiness）指部屬有能力且有意願完成工作任務的程度，其決定因素有部屬的相對獨立性、擔負責任的能力與成就－動機水準等三個要素。

　　隨著部屬成熟度的發展，領導行為亦隨之改變，形成一基本的領導行為週期，故此理論有人稱之為「領導週期理論（Life-cycle Theory Of Leaderstyle）」。領導週期從部屬未成熟階段至成熟階段，領導行為的調整如下圖 11-7，即高任務導向與低關係導向→高任務導向與高關係導向→低任務導向與高關係導向→低任務導向與低關係導向。

Hersey & Blanchard 更進一步提出四種領導行為說明之：指導型、推銷型、參與型與授權型。

1. 指導型（Directing）

此時部屬成熟度最低，可以採用高任務導向與低關係導向的指導型領導行為。領導行為應多強調任務，較少的關係導向。由領導者自己作決策、自己定義部屬的工作角色、並且明確告知工作的方法與步驟。

2. 推銷型（Selling）

此時部屬成熟度漸漸提高，可以採用高任務導向與高關係導向的推銷型領導行為。領導者雖會自己作決策，但會向部屬說明原由，在工作任務上，領導者會提供指導性與支援性的行為。

3. 參與型（Participating）

此時部屬成熟度趨漸成熟，可以採用低任務導向與高關係導向的參與型領導行為。領導者會和部屬共同決策，領導者並扮演較多協調與溝通的角色。

4. 授權型（Delegating）

此時部屬成熟度最高，可以採用低任務導向與低關係導向的授權型領導行為。領導者授權部屬自己作決策，領導者較少提供指導與協助。

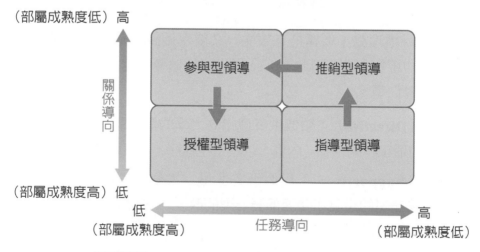

圖 11-7　Hersey & Blanchard 的情境領導理論

（三）路徑－目標理論

1. 路徑－目標理論的領導行為

路徑－目標理論（Path-goal Theory）由 Robert House 於 1970 年提出，此一理論整合領導行為和情境有利程度，特別指出領導者如何影響部屬的工作目標、個人目標和達成目標的路徑，以確保部屬的個人目標、團體目標和組織目標一致。如圖 11-8 所示。

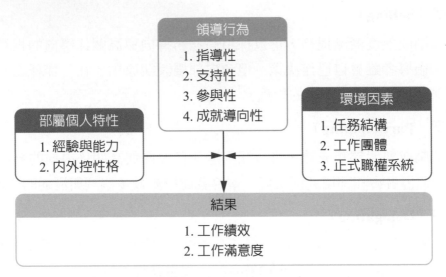

圖 11-8　路徑－目標理論

依據路徑－目標理論，領導是有效能，必須視領導者是否可以提高部屬動機層次和部屬的接納程度，因此 House 提出四種領導行為：指導型、支持型、參與型與成就導向型。

(1) 指導型（Directive）：類似俄亥俄州立大學的體制結構型，領導者會讓部屬清楚知道工作的目標、內容，以及工作程序，並且明確地進行工作指導。

(2) 支持型（Supportive）：類似俄亥俄州立大學的體恤型，領導者關心部屬，尊重部屬的意見和關懷部屬心理的改受，並會協助員工解決問題，將部屬視為同仁一樣對待。

(3) 參與型（Participative）：領導者在決策之前會徵詢部屬的意見並將部屬的建議納入決策的考量。

(4) 成就導向型（Achievement-oriented）：領導者會和部屬一同設定具挑戰性的目標，並能激發部屬的潛能以達成目標。

2. 路徑－目標理論的情境因素

其所提及的情境因素為部屬個人特性和環境因素。領導行為應該和這兩者的權變情境因素相配合。

(1) 部屬個人特性有部屬的經驗與能力以及內外控性格：

部屬的經驗與能力類似 Hersey & Blanchard 情境領導理論中的部屬成熟度，部屬的成熟度越高，領導行為就越不需要指導型。內外控性格方面，內控型的認為凡事可以掌握在自己手中，因此領導者對內控型的部屬可以採取參與型的領導行為，而外控型的部屬則較適合指導型的領導行為。

(2) 環境因素有任務結構、工作群體和正式職權系統：

任務結構屬於非結構性、沒有明確的工作執行步驟時，指導型領導行為會有較大的工作滿意度，而成就導向型領導行為可以提升部屬的期望，相信只要努力就可以達成目標；工作團體是否滿足員工的社會需求，當工作團體中可以得到社會性支持，那麼就比較不需要支持型的領導行為；正式職權系統是否適合指導型或是參與型領導行為，當正式職權系統越清楚、越僵化，應該降低指導型的領導行為。

路徑－目標理論的驗證較為困難，因為管理者不僅需要考量部屬個人特性和環境因素的個別影響效果，還有兩者之間的交互影響，使得問題的複雜性增加，因此需要後續的研究再加以驗證。

（四）領導者與部屬交換理論

領導者與部屬交換理論（Leader-member Exchange, LMX）認為領導者和部屬的關係中，領導者和部屬相處之間，領導者會和其中一小群人建立較特殊的關係，此一群人獲得領導者比較高的信任，甚至特權，這些人便是所謂的「圈內人（In Group）」，其他人便是「圈外人（Out Gorup）」，如圖 11-9 所示。

領導者在和部屬相處時，領導者會用不同的方式對待部屬，而且這種差別待遇並非是偶然的，領導者會在心理將部屬分為「圈內人」和「圈外人」。為什麼領導者會將部屬區分為圈內人和圈外人，這是基於交換理論的對偶關係，領導者希望部屬能努力工作、達成組織目標，而部屬希望領導者能給予相對的報酬、晉升的機會。因為在組織資源有限的情況下，當有額外的工作時，領導者希望部屬能多一點的工作承擔或配合，而這些領導者認為圈內人就是最好的配合對象，當部屬和領導者的相容性高、工作能力強、忠誠度高，就容易成為圈內人。

研究顯示,「圈內人」會得到領導者較多的關心、好的績效評估結果、離職率低,而其對管理者的滿意程度也較高。

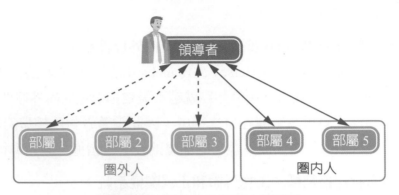

圖 11-9 領導者與部屬交換理論

11-4 當代的領導理論

1980 年代早期的的領導理論首推轉換型 / 交易型領導的研究。

(一)轉換型領導

所謂轉換型領導指的是領導者經藉由其個人的魅力、對追隨者個人的關懷與智識上的啓發,以達到更高層次的目標。轉換型領導者會訴諸於較高的理念與道德價值,並藉由提昇部屬的需求層次,例如:自我實現、自我尊榮等,讓部屬自然地對領導者產生尊敬,而願意追隨並服從於領導者的領導,故轉換型領導所強調的是,要使被領導者的工作表現以及潛能能有所發揮,表現出強烈的內在價值與理想,有效提昇被領導者的成就表現。而其所包含的意義如下:

圖 11-10 魅力領導者會讓人追隨

1. 魅力影響

領導者受到追隨者的欽佩、尊敬、認同及信任,並使追隨者想努力趕上或超越領導者。領導者會優先考慮部屬的需求而勝於

自己的需求，因而博得追隨者對他的信任。另外，領導者會與追隨者共同分擔風險，並願意犧牲自我以追求團體的利益；表現出高道德倫理標準的行為，以設立個人的典範。

2. 激勵鼓舞

領導者運用象徵及情緒上的吸引力傳達組織未來的願景予部屬，使部屬對未來樂觀並具有信心，因而產生強烈工作動機與向心力。

3. 啟發才智

領導者藉由質疑假設、增加對問題的關注及要求追隨者以新的角度或觀點來檢視現有或舊有的問題等方法來刺激、鼓勵其追隨者去創新和創造，以培養其創新的思考能力，並強調智識的運用，使其在待人接物方面能更加圓融。

4. 個別關懷

領導者就猶如教練或良師益友般地關注每個人成就及成長需求，並給予追隨者支持、鼓勵與訓練，及創造新的學習機會，以激發出追隨者更高層次的潛能。

（二）交易型領導

交易型領導意指部屬認同、接受或順從領導者是為了換取讚賞、報酬、資源或是免於被懲罰等，故交易型領導並不關心部屬的個別需求及個別發展，交易型領導者是運用交換的概念，來滿足自己和部屬對於工作結果的預期成效；簡言之，交易型領導乃是基於工作上的要求及站在交換的理論基礎上，對部屬運用獎懲、協議、互惠等方法以促使部屬努力工作的一種領導行為。交易型領導所包含的意義如下：

1. 權宜獎賞

指領導者和被領導者在交換過程中成就工作目標，交易型領導者約定工作內容與實際籌賞，讓被領導者換取實質利益。

2. 例外管理

將例外管理分為積極的例外管理與消極的例外管理。積極的例外管理是指，領導者隨時觀察員工及採取修正行為，來確保工作能有效的達成；而消極的例外管理則是指領導者只有在員工未能達到預期標準或發生錯誤時，才會介入管理，以矯正實際與預期標準的偏差。

（三）服務型領導

　　「杭特（2001）提出領導是一種技能，用來影響別人，讓他們全心投入，為達成共通目標而奮力不懈。杭特提出服務型領導（僕人領導），同時也給予深入的定義：領導是建立在威信之上、威信始終建立在犧牲奉獻之上，犧牲奉獻是建立在愛之上、愛是建立在決心之上」（張沛文，2001）。服務型領導是一種精神勝於物質、引導勝於驅使、助人成長勝於壓抑他人成長、價值信念領導勝於行為技術領導的領導風格。是一種「服務先於領導」的哲學，領導人展現誠信、關懷、傾聽、謙卑等領導特質以滿足部屬的基本需求，同時以美德形成楷模，以共識創造合作並以激勵發揮部屬的最大潛能。

　　Greenleaf（1995）認為身為一位領導者所以選擇為他人服務，並非是一種行動的完成，而是一種生命本質的表達，強調服務領導「開始就有一種自然的感覺，要去服務他人」，領導者透過服務的行動去發展追隨者或部屬的潛能。就具體行為特徵來說，服務型領導的十個特質：

1. 傾聽（listening）

Greenleaf 指出，通常達到較高領導地位的人都不是一位好的傾聽者，因為他們太獨斷了。領導者必須學會傾聽，雖然有時候傾聽內容違反領導者的個人意願，但是他們得從這個過程中學習如何面對他人，進而修正自己的態度及行為。

2. 同理（empathy）

同理是以自我意識進入他人的想法投射，也就是感同身受的意思。服務領導能夠接受人性的弱點，如果領導者能夠地智慧的領導，將使成員能奉獻所能。當個人有同理心時，即使幫助他人的成本大於可能獲的的獎賞，也會產生高度的利他精神而對他人伸出援手。也就是說，唯有能夠真切的體會到他人的困境，才會產生助人的意願。

3. 治療（healing）

治療意謂獲得整體成員的共識（to make whole），使他人分享他們的經驗。領導者若想幫助追隨者，那麼他們要不斷在治療的狀態中，亦即領導者在達成理想的成就之前，必須先會處理過去的議題，自己與他人的傷害，並且給予自己的與他人的心理關懷。

4. 覺察（awareness）

覺察就是對於自我不斷進行探索與反思。領導者可以透過許多方法以進一步

了解自己，讓自己的思慮能更周延完備，同時了解自己的缺點，並力求改進。服務領導人要能夠自我覺察，探索自己的內心世界，並透過了解自我的內在價值，進而能夠成為內外真誠一致的領導者。

5. 說服（persuasion）

說服的行為是真誠尊重他人的觀點、用心傾聽他人意願、分享決定緣由及動機的歷程。因此，領導者必須要透過「說服」的能力，而非只是靠著職位權威來做決策。服務領導人必須以身作則，利用美德、智慧及楷模來說服跟隨者。

6. 概念化（conceptualization）

概念化是一種留意事件與整個大願景是否契合的能力，領導者要有長期的目標或願景，瞭解實行的困難，因此必須調整現在的決定、行動與目標，和未來的願景相互配合。

7. 遠見（foresight）

Greenleaf 認為遠見就是指考量現在的事件，並不斷和過去的事件作比較，然後能夠預見特定事件未來發展及其影響的能力，透過這個能力，不但可以理解過去的教訓，也可以了解當前的狀況和未來可能產生的發展。

8. 服侍（stewardship）

此意指領導者與跟隨者之間，彼此互相信任，有如管家班彼此為對方服務。而想要激發組織成員的信任感，藉以互相服務，達成組織目標，則須靠領導人的誠實、公正、有能力及前瞻性。服務領導者要協助組織成員完成組織的使命及目標。服侍的行為就是服務領導精神的具體表現。

9. 成長的承諾（commitment to the growth of people）

服務領導者相信每一個人都會有超越外在貢獻的內在價值。而服務領導者受到內在心靈的召喚，願意主動為他人服務，因此身為服務領導者，應具有幫助組織每個成員成長的承諾，透過增能賦權，給予成員參與決策的機會，以協助成員發揮自己的價值。

10.建立社群（building community）

能夠分享共同承諾、想法和價值，給予追隨者家庭式的愛、幾近無盡的愛，讓他們得到充分的信任與尊重，並且強化他們到的倫理的觀念。

從以上行為特徵來看，領導即是與利益關係人（工作夥伴）建立信任關係，在

這些關係中建立和保持時，領導者可以激勵團隊成員投入於執行共同目標。如圖 11-11 所示，領導之所以對他人產生激勵，是領導者重視以及滿足利益關係人的需求，同時這樣的關係之所以能維持，是建立在信任的文化基礎上。滿足需求並不是去滿足利益關係人的慾望，需求是生存所必要的條件，慾望則是個人衍生出的個人想要的條件。針對員工需求而言，可以依據馬斯洛的階層需求理論所提出的需求進行關懷與予以滿足，即是生理需求、安全需求、社會需求、尊嚴需求以及自我實現需求。領導者必須瞭解員工所欠缺的需求，給予關心、協助與支持，同時取得員工信任，才能夠持續地激勵員工投入工作目標。

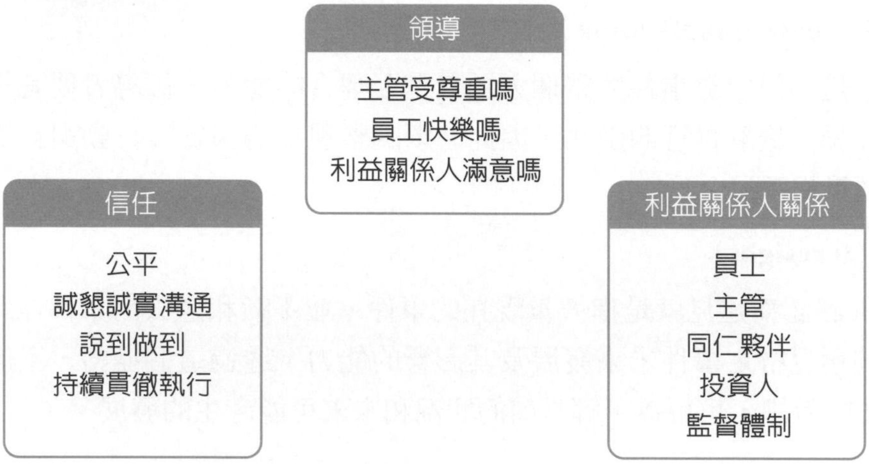

```
                        領導
                      主管受尊重嗎
                      員工快樂嗎
                      利益關係人滿意嗎

   信任                                    利益關係人關係
   公平                                        員工
   誠懇誠實溝通                                 主管
   說到做到                                    同仁夥伴
   持續貫徹執行                                 投資人
                                            監督體制
```

圖 11-11 領導基礎：信任文化的建立

資料來源：Jolene Lampton, CPA, CGMA, CFE,(2017). "THE TRUST GAP IN ORGANIZATIONS", Strategic Finance, December 2017. 第 39 頁。

11-5 溝通

　　人們花在溝通的時間相當的長，舉凡口頭、書寫、閱讀、傾聽等溝通形式佔了我們清醒的時間有 70% 左右，而溝通不良的情況也常常發生在自己或周圍人們身上，這也是人際衝突、組織績效不好的主要原因之一。

　　溝通具有控制、激勵、情緒表達和資訊等四個主要功能。例如溝通可以控制人的行為，組織利用溝通對員工進行工作要求。可以利用溝通激勵員工，讓員工隨時瞭解自己的工作表現，激發員工的潛能。溝通也滿足人們抒發心情與社交的需求。最後，溝通表現出資訊傳達的重要意義，組織任何決策、目標都必須資訊的傳達才能確保執行力。

本文主要介紹溝通過程、溝通方向、人際溝通、組織溝通、有效溝通的障礙，以及跨文化的溝通等議題。

（一）溝通過程

溝通的過程如圖 11-12 所示。溝通首先必須明瞭溝通的目的，然後將目的轉為訊息傳達給接受者，溝通的過程為傳達者將訊息編碼、經過溝通管道、由接收者將訊息譯碼後接收傳訊者的訊息，如果有誤，再經回饋不斷修正，以達溝通目的。因此溝通的過程包含：傳達者、編碼、溝通管道、譯碼、收訊者和回饋等七個部分。

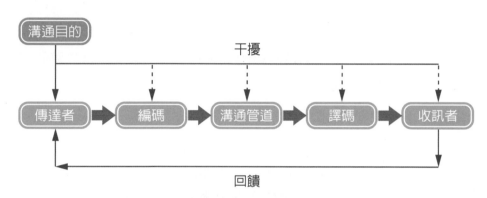

圖 11-12　溝通過程

1. 傳達者

即訊息來源者，想要傳遞訊息達到溝通目的。

2. 編碼

將想要傳達的訊息轉化成具體的事物，如文字、語言、圖像、身體姿勢、臉部表情等等。

3. 溝通管道

只訊息傳達的媒介，依組織觀點，有正式管道和非正式管道之分，組織正式職權體系的命令系統就是正式管道，而人際關係、社交需求的管道是一種組織非正式的管道。

4. 譯碼

訊息接收者將傳播者所編碼的訊息加以解讀便是譯碼。

5. 接收者

溝通目的的對象，即訊息的接收對象。

6. 回饋

回饋用以檢視接收是否正確、完全瞭解訊息傳達者所要傳達的訊息，而溝通目的是否達成。

（二）溝通方向

一般組織的溝通方向可以分為垂直溝通、水平溝通和斜向溝通，而垂直溝通又可分為向下溝通和向上溝通。

1. 向下溝通

向下溝通即溝通的方向是由組織層級的上層到下層，如主管對部屬的溝通，常見的溝通內容有目標傳達、工作分派、公司政策等等。

2. 向上溝通

即溝通的方向是由組織層級的下層到上層，如部屬向主管或是更高階層的訊息傳達，常見的溝通內容有工作報告、工作困難點回報等等。組織為了瞭解員工、增進員工參與度，常常會使用向上溝通的方式，如意見箱的設置、員工申訴管道等等。

3. 水平溝通

即組織階層同層級之間的溝通，例如部門或團體之間、同級員工或同階層的主管之間，水平溝通可以增強部門之間的協調與合作，使得組織目標的執行力更有效率。

4. 斜向溝通

為組織階層不同層級之間的溝通，即不同單位且不同層級地位人員之間的溝通，此種溝通方式可以減緩因層層報告所耗費的時間和成本。

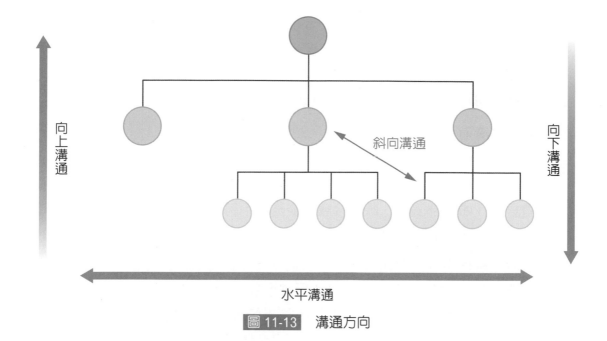

圖 11-13　溝通方向

（三）人際溝通和組織溝通

　　人際溝通指的是團體成員在團體內或團體間的訊息傳遞，將介紹三種方式：口語溝通、書面溝通、非語文溝通。而組織溝通指的是組織層次的溝通，如正式溝通網路、小道消息網、電腦輔助溝通等三種。

1. 人際溝通

(1) 口語溝通

　　口語溝通是用語言來進資訊的傳遞，有一對一、團體討論，或演講，而謠言、小道消息也是常見的口語溝通。

　　口語溝通有其優缺點，優點是快速與立即回饋，口語溝通可以快速傳達訊息，而且如果訊息需要修正，也可以立即得到回饋，隨時進行溝通的調整。口語溝通的缺點是當溝通人多時，就容易發生訊息被扭曲的情形，造成溝通溝通不量，訊息錯誤或是衝突的發生。

(2) 書面溝通

　　任何以文字呈現方式的溝通均屬之，如書信、備忘錄、電子郵件、刊物、公佈欄等等。書面溝通的優點是可以將溝通訊息進行完整、具體的表達；其缺點是所花時間長、回饋慢，以及文字使用的習慣，文字書寫的速度當然比口說來得慢，因此書面溝通要比口頭溝通花的時間長，而且回饋

也比較慢，更可能發生訊息接收者根本沒收到傳達者所傳達的訊息。書面溝通的另一個缺點是每個人文字使用習慣的差異，有可能因為文字使用的問題，而產生辭不達意、看不懂或是理解錯誤的情形。近年來網路科技的發達，即時通訊息可以補足回饋慢的缺點。

(3) 非語文溝通

在人際溝通中使用的語言內容只佔溝通的 7%，而聲音、語調大佔 38%，肢體語言佔了 55%，可見非口語溝通的重要性，非語文溝通包括肢體語言（如臉部表情、眼神接觸、姿勢、手勢、觸摸）、聲調和人際距離（傳達者和接收者的身體距離）。

在溝通過程中我們會使用聲調，也就是聲音表情來輔助溝通的訊息，如大小聲、加重語氣等等，而且會使用許多肢體語言將傳達的訊息表達得更完整、涵義更清楚，例如手勢、臉部表情等等。在電子郵件或是即時通中，人們也創造了許多表情符號，可見肢體語言在溝通表達上的重要。而肢體語言有時也會透過出溝通者潛在的意識，揚眉表示懷疑，雙臂交叉於胸前可能表示不耐煩或是防衛。

在人際距離方面，一般人際距離越短，表示溝通者較想親近對方，對對方也比較有好感，而距離越遠，代表溝通者對談話內容可能不感興趣。

2. 組織溝通

在組織層次的溝通，主要介紹正式溝通網路、小道消息網、電腦輔助溝通等三種。

(1) 正式溝通網路

組織正是溝通網路有鏈型、Y 型、輪型、圈型和網型等五種，如圖 11-15

所示。鏈型和 Y 型為組織職權體系所展現的溝通方式，和組織的命令系統相一致，Y 型除了單位主管之外，還多了一位類似秘書或助理人員來向下傳達訊息。輪式溝通方式表示溝通網中有一位核心人物，為整個溝通網的樞紐，是強勢領導者所展現的溝通方式。圈型的溝通網沒有明顯的領導人員，成員互動頻繁且每個人員屬於同層級的地位上，組織中的謠傳像是此種類型。而網式溝通方式是一種全面交流的方式，每個人都可以自由地和他人聯繫，本書第九章所述的自我管理工作團隊溝通方式便是此種類型。

(2) 小道消息網

這是組織中非正式溝通管道的一種，有稱為葡萄藤（Grapevine），此種溝通的方式完全不受組織層級的限制，溝通訊息在組織成員間私下傳播，有研究顯示，75% 的員工會先從小道消息網得知公司的訊息。

小道消息網雖是組織非正式溝通管道，是組織相當重要的溝通網，也是謠言傳播的重要管道，所謂「水能載舟，亦能覆舟」，小道消息網也可以將組織訊息有效地傳遞至組織團體中，類似政策的「風向球」，小道消息網有一套過濾與回饋的機制，可以協助主管人員瞭解訊息被關切的程度，或是訊息傳播的方向與流向。

(3) 電腦輔助溝通

隨著科技的發達與進步，透過科技的溝通愈來愈普遍，也愈來愈方便。除過去的電子郵件之外，加上近年發展的即時通、FB（FaceBook，臉書）、3G、4G 智慧型手機通訊等，文字、語言加上視訊，使溝通可以全面化、無時差和無距離的同步化。

圖 11-14 電腦使工作時間界線模糊

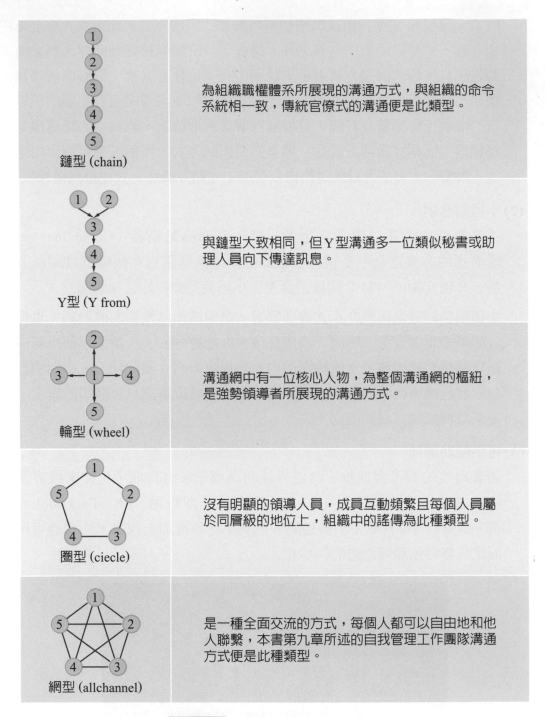

鏈型 (chain)	為組織職權體系所展現的溝通方式,與組織的命令系統相一致,傳統官僚式的溝通便是此類型。
Y型 (Y from)	與鏈型大致相同,但Y型溝通多一位類似秘書或助理人員向下傳達訊息。
輪型 (wheel)	溝通網中有一位核心人物,為整個溝通網的樞紐,是強勢領導者所展現的溝通方式。
圈型 (ciecle)	沒有明顯的領導人員,成員互動頻繁且每個人員屬於同層級的地位上,組織中的謠傳為此種類型。
網型 (allchannel)	是一種全面交流的方式,每個人都可以自由地和他人聯繫,本書第九章所述的自我管理工作團隊溝通方式便是此種類型。

圖 11-15　組織正式溝通網路類型

(四)有效溝通的障礙

　　溝通過程的任一階段皆可能發生障礙,良好的溝通為「善傳己意、善解人意」,但往往在傳達者、編碼、溝通管道、譯碼、收訊者和回饋等六個部分產

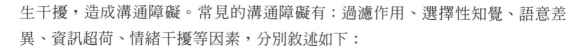

生干擾，造成溝通障礙。常見的溝通障礙有：過濾作用、選擇性知覺、語意差異、資訊超荷、情緒干擾等因素，分別敘述如下：

1. 過濾作用

指傳達者蓄意操弄訊息，隱瞞部分訊息，例如：「報喜不報憂」，故意取悅上司，使向上溝通受到扭曲。

2. 選擇性知覺

在本書第二章個體行為中曾述及選擇性知覺，選擇性知覺亦是造成溝通障礙的原因之一。收訊者會基於個人的需求、動機、背景、經驗等因素篩選自己所聽、所見的訊息，對於資訊的解碼產生資訊扭曲，造成溝通障礙。

3. 語意差異

即使為相同的文字或辭彙，因每個人的年齡、教育與文化背景，可能產生不同的涵義，這就是「語意差異」。因此在溝通前，雙方必須事先瞭解某些語言的用法會因雙方的年齡、教育和文化背景產生差異，如此才能提高溝通的效能。

4. 資訊超荷

資訊超荷指訊息超過我們的處理能力。我們每個人對資訊的處理皆有其限制，如電腦的容量限制，資訊一旦超過負荷量，將會排除、遺忘、忽略訊息或者將訊息延後處理，因此容易造成訊息的遺漏，使溝通不順暢，產生溝通障礙。

5. 情緒干擾

傳達者和收訊者在溝通時，情緒狀態會影響編碼與譯碼的正確性，使編碼訊息有誤或譯碼的解讀不正確，如同高興時會傾向傳送快樂的訊息或以快樂的角度解讀訊息；悲傷、沮喪時也會傾向以悲傷、沮喪的角度發送或解讀訊息，因而造成情緒化的溝通，降低溝通的效能。

（五）跨文化的溝通

文化的因素可能使溝通更加困難，每個人對文字、辭彙的解讀有其文化背景因素的影響。跨文化溝通的障礙除語言和文化認知上的差異之外，另一個因素為文化情境。

以文化情境表示，國家文化可以分為高情境（High-context）和低情境

（Low-context）文化，如表 11-2 所示。詳細國家文化內容，可參考本書第二章之文化差異部分。

高情境文化的國家在溝通過程中所用的語言線索較少，大多訴諸溝通情境裡的非語言線索，溝通內容較含蓄，所謂「意在不言中」、「愛你在心中，口難開」即為一種表現，因此在高情境文化中，雙方溝通重視信任和彼此之間的人際關係；低情境文化的國家較依賴語言傳達訊息，溝通過程中，資訊非常充分，溝通重視文字化的書面合約與直接表達。

表 11-2　高情境文化和底情境文化

區別	特徵	國家
高情境文化	1. 溝通過程資訊內容少 2. 社會重視人際交往與溝通過程中的「情境」而非內容 3. 注重建立社會信任，高度評價關係和友誼，關係的維繫較為長久 4. 溝通較含蓄 5. 具有權力的人對下屬的行為負有個人責任 6. 圈外人不易打入圈內 7. 對時間觀念不嚴謹，但卻拘泥形式	日本 中國大陸 韓國 越南 阿拉伯國家 希臘 西班牙
低情境文化	1. 溝通過程資訊充分 2. 重視內容非情境 3. 不太重視個體問的關係 4. 溝通直接 5. 權力分散在整個組織系中，個人責任明確釐清 6. 圈外人與圈內人的界線並非十分明確 7. 人們重視時間與效率，但不太重形式	瑞士 德國 美國 法國 義大利

資料來源：廖永凱編著（2005），國際人力資源管理，臺北：智勝文化。

在跨文化的溝通中如何降低語言、文化認同差異和高低情境文化等溝通的障礙，有幾點方法可以促進有效的溝通。

1. 進行跨文化溝通時須有心理準備，認知到彼此之間存在著差異，不要認為別人與我們相同。

2. 慎選翻譯。

3. 制訂公司語言，多國籍企業，須選擇一種語言為公司的語言。一般為英語，作為大家的溝通語言，以降低溝通成本。

4. 真誠對待，在溝通之前須以同理心設身處地為收訊者著想，試著瞭解對方的背景。

5. 建立有效的回饋機制，發送訊息之後，須確定對方是否收到，並且清楚、正確地瞭解溝通的內容。

6. 善用溝通方式，書面、口語和非口語溝通的合適選用。

1. 領導理論可以分為特質論、行為論、權變論及當代的領導理論。

2. 特質論希望找出領導者和被領導者之間有何不同的特質，但所區分出來的特質卻不是有效的，特質論無法完全解釋領導意涵的原因，主要在於它忽略領導者與被領導者之間的互動關係及情境因素。

3. 行為論指領導者應該展現何種行為或何種領導風格，才能發揮領導效能，帶領部屬達成組織任務與目標。行為論主要介紹有俄亥俄州立大學研究、密西根大學、愛荷華大學研究和管理方格。

4. 管理方格將領導行為依 X 軸為關心生產，Y 軸為關心員工，並劃分 1（低）到 9（高）九個程度，構成代表性的五種領導型態，即自由放任型（1,1）、鄉村俱樂部型（1,9）、工作任務型（9,1）、團隊管理型（9,9）及中庸型（5,5），研究發現（9,9）型的團隊管理型有較高的績效，但是此研究並無說明如何成為團隊管理型的領導者。

5. 領導的權變理論主要認為有效的領導行為應該隨情境因素的不同而調整，管理者為展現高效能的領導，必須先診斷與評估可能影響領導效能的各個因素，因此沒有所謂的最佳領導方式。

6. Fiedler 的領導權變理論，其主要的構念有三個：領導行為、情境因素與情境的有利性。二種不同需求的領導行為稱為「關係導向」和「任務導向」。Fiedler 的情境因素有三，領導者和部屬的關係、工作結構與領導者的職權。將上述三種情境加以組合，每一個因素可以視為一連續變項，但一般為二分的情況，領導者和部屬的關係可以分為「好」和「壞」；工作結構分為「高」和「低」；領導者的職權分為「強」和「弱」。組合上述情境，可以獲得八種領導行為。

7. 交易型領導意指部屬認同、接受或順從領導者是為了換取讚賞、報酬、資源或是免於被懲罰等。

8. 服務型領導（僕人領導）是建立在滿足員工需求的關係上，並且建立信任基礎，以維持與保護與員工的關係。服務型領導是一種精神勝於物質、引導勝於驅使、助人成長勝於壓抑他人成長、價值信念領導勝於行為技術領導的領導風格。

9. 溝通具有控制、激勵、情緒表達和資訊等四個主要功能。

10.人際溝通指的是團體成員在團體內或團體間的訊息傳遞,有三種方式:口語溝通、書面溝通、非口語溝通。組織溝通指組織層次的溝通,如正式溝通網路、小道消息網、電腦輔助溝通等三種。組織正式溝通網路有鏈型、Y 型、輪型、圈型和網型等五種類型。

11.常見的溝通障礙有:過濾作用、選擇性知覺、語意差異、資訊超荷、情緒干擾等因素。跨文化溝通的障礙除了語言和文化認知上的差異之外,另一個因素便是高情境文化和低情境文化。

一、選擇題

( ) 1. 管理者與領導者主要的影響力在於： (A) 職權 (B) 魅力 (C) 專業 (D) 以上均是。

( ) 2. 特質論無法完全解釋領導涵義的主要因素是： (A) 缺乏量表 (B) 只注重領導者行為 (C) 認為領導是主管的職權 (D) 忽略領導的互動關係與情境。

( ) 3. 管理方格領導理論研究發現幾項領導型態？ (A) 4 (B) 5 (C) 6 (D) 7 項領導型態。

( ) 4. Fiedler 的領導權變理論認為最有可能增進或阻礙領導者影響力的情境因素有： (A) 領導者和部屬的關係 (B) 工作結構 (C) 領導者的職權 (D) 以上均是。

( ) 5. Hersey & Blanchard 的情境領導理論主張，領導行為從哪一型態開始？ (A) 推銷型 (B) 參與型 (C) 授權型 (D) 指導型。

( ) 6. 路徑－目標理論的領導行為考量部屬個人特性時，除了經驗與能力之外，還包含哪一項？ (A) 智商 (B) 專業能力 (C) 內外控性格 (D) 自我監控能力。

( ) 7. 依據領導部屬交換關係的主張，部屬什麼特質容易形成圈內人？ (A) 與主管個性相容 (B) 工作能力強 (C) 忠誠度高 (D) 以上均是。

( ) 8. 以獎賞、資源、或懲罰進行領導是指： (A) 轉換型領導 (B) 指導型領導 (C) 交易型領導 (D) 成就導向型領導。

( ) 9. 服務型領導屬於右列哪類領導？ (A) 特質論 (B) 行為論 (C) 權變論 (D) 當代的領導理論。

( ) 10. 一般而言，花在溝通的時間佔人們清醒時間多少百分比？ (A) 40 (B) 50 (C) 60 (D) 70。

( ) 11. 人際溝通中最常使用的是： (A) 肢體語言 (B) 聲音與語調 (C) 語言 (D) 文字。

( ) 12. 右列哪一國家不屬於高情境溝通文化？ (A) 日本 (B) 中國大陸 (C) 韓國 (D) 美國。

二、問答題

1. 特質論之所以無法完全解釋領導的意涵,主要因素是甚麼?

2. 管理方格領導理論提出哪五項領導類型?

3. Fiedler 的領導權變理論其主要的構念有哪三項?

4. Hersey & Blanchard 的情境領導理論提出,隨著部屬成熟度的發展,領導行為亦隨之改變,形成一基本的領導行為週期,領導週期從部屬未成熟階段至成熟階段,領導行為的調整依序是哪四型態領導?

5. 轉換型領導所強調的四要項是什麼?

6. 服務型領導提出哪十項行為特質?

7. 領導即是與利益關係人(工作夥伴)建立信任關係,說明這領導是如何建立其影響力?

8. 人際溝通過程主要有哪三種溝通型態?

三、問題討論

1. 試述領導者權力的來源。

2. 試述領導相關的行為論,並比較之。

3. Fiedler 的領導權變理論中所提及的權變因素為何?

4. Hersey & Blanchard 的情境領導理論中,部屬的成熟度如何影響領導行為?

5. 轉換型領導行為和交易型領導行為有何不同?

6. 服務型領導如何能建立信任的關係?

Chapter 衝突、權力與政治

● 章首小品

東元父子決裂？

　　經濟日報 2021 年 3 月 19 日報載東元集團會長黃茂雄之子、東元常務董事暨資訊電子事業群執行長黃育仁 18 日晚間無預警發出親自署名、長達 478 字的「辭職聲明書」，強調東元集團目前的經營路線，將難以面對未來的挑戰，他因而痛下決定，請辭所有東元集團內職務，同時也不再接受董事會的董事提名。

　　2021 年 3 月 18 日報載外傳黃育仁有意結合東元創始五大家族資源，在董事改選中對抗外來勢力。黃茂雄說，五大家族是很遠的事了，不能再用家族事業角度看待東元營運；也不應用世襲制來處理改選董事與推選董座。

　　2021 年 4 月 7 日報載東元（1504）5 月 25 日股東會全面改選改選董事、推舉新任董事長一戰，黃家父子黃茂雄與黃育仁形成對決態勢；市場盛傳，雙方已開始布局徵求股東委託書的戰火，尋求有一成以上的散戶股東支持。目前市場預估，黃茂雄（老黃）陣營掌握股數約 35%、黃育仁（小黃）約 20%，雖然老黃暫居優勢，不過，小黃頻頻放話改革東元，後勢不能小覷。

　　黃茂雄強調，邱純枝、黃育仁各有優缺點，應以更全面角度審視。他期望黃育仁更穩重、成熟一些。他說，他知道有一些幕僚人員在替黃育仁出謀劃策，但這些都不會影響今年東元推選董事長。黃茂雄對經營企業一直「傳賢不傳子」，他 12 年前交棒劉兆凱做了二任董事長，接著由財務專業的邱純枝繼續擔任二屆董座。

　　股東會改選結果可能是黃茂雄持續掌握經營權，或是黃育仁掌握經營權，結果若是黃育仁掌握經營權，此經營權之爭究竟是父子之間是經營理念與方向差異產生衝突？還是世代交替的組織政治行為？

→ 前言

衝突的主體是個體，個體人格特質有自利與利他兩種傾向，解決人際衝突往往需要理解對方的立場傾向。利他行為傾向者往往以組織或團體目標為努力達成的目標，在解決衝突上，較為容易達成共識；自利行為傾向者總是以自身利益為主要考量，然而，在表面上自利行為傾向者不會表現出自利的意圖傾向，衝突則更難獲得解決。因此，在面對衝突情境時，除了對於個體的自利與利他行為傾向必須探索外，對於不呈現出來的組織政治行為也要清楚知覺，才能在不同權力影響情勢上，有效應對衝突以及解決衝突，以提升組織效益。

本章在說明衝突相關理論外，也對於權力與組織政治行為相關理論進行說明，以強化解決衝突的效能。人是社會性的動物，在群居與互動的過程中，為了維護自己的目標和權益，難免引發衝突，權力的展現和維護自己利益的政治行為也常常出現在組織環境中。衝突、權力和政治在組織中無法避免，進一步瞭解「馬基維利主義者行為傾向」，馬基維利主義者乃是與人交往時，利己主義勝過道德觀念之人。乃是為了達成個人或組織目標，而採取攻擊性、操縱、剝削與迂迴的方式在人際互動情況下，傾向以狡猾或諂媚、欺騙、賄賂或脅迫等手段來操縱他人的人。

衝突、權力和政治的本質及管理和控制，這些行為是必要的。

12-1 衝突的定義

衝突是什麼？一般對衝突的定義甚多，例如：衝突為兩個體之間對共同目標與分配稀有資源有不同目標與知覺的結果；也有人認為衝突是由於不同的目標、利益、期望或價值，產生不同意見的結果。Stephen P. Robbins 則認為衝突是一種過程，個體 A 藉由某些阻撓性行為，企圖致力抵制個體 B，使個體 B 在達成其目標或增進其利益方面受到挫折。

雖然對衝突的定義意見分歧，但其有二個共同點。第一，衝突為一種知覺，不管衝突是否真實存在，只有個人覺得衝突存在，衝突即存在；若沒有人意識到衝突，那麼衝突也就不存在。第二，衝突必須具備匱乏性、異議性、不相容

性、對立性及阻撓性等五個概念。由以上特點可以清楚知道，衝突必須具備衝突的主體、衝突的客體、衝突的活動與互動的行為等四要素。

衝突的產生必須具備兩個條件，一為衝突情境，二是衝突的知覺。當資源有限，發生匱乏性，雙方因興趣、認知與目標不相同，產生異議，進而不相容、對立，導致一方阻撓另一方達到目標，此時，衝突情境便產生。故衝突是價值中立的，即使衝突情境存在，只要有一方認為是衝突，便是衝突；如果不認為是衝突，就不是衝突。因此，衝突是一種過程，在此情境過程中，一方藉由阻撓行為，企圖抵制另一方，使另一方在達成目標或取得利益上受到阻礙，這個阻撓行為是雙方所知覺。

12-2 衝突觀點的演變

多數的人一聽到「衝突」二字，直覺的反應都是負面的。因為衝突的出現將代表兩種含義：衝突是指標，表示有問題發生；衝突可能引發更嚴重的後果。有人認為衝突具有正面的意義，例如：衝突可以讓雙方共同正視問題與提升解決問題的能力。

衝突具有正、反面的評價，在團體和組織中所扮演的角色為何？

（一）衝突的三種觀點

一般對衝突有傳統觀點，人際關係觀點與互動觀點，等三種不同看法。

1. 傳統觀點

傳統觀點是早期對衝突的看法，於 1930 年代至 1940 年代最為盛行，認為衝突是負面的且具有破壞性，必須極力避免它。衝突的發生代表團體或組織出現問題、成員間缺乏信任與安全、彼此溝通不良，此觀點認為應該避免衝突，將注意力放在衝突的起因，並強化團體或組織運作的機能，增加成員間的信任與安全。

2. 人際關係觀點

人際關係觀點，盛行於 1940 年代後期至 1970 年代中期，認為衝突為組織內自然而然的現象，無法被避免，所以應該接受它，而且衝突對績效有幫助。

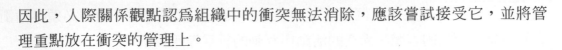

因此，人際關係觀點認爲組織中的衝突無法消除，應該嘗試接受它，並將管理重點放在衝突的管理上。

3. 互動觀點

互動觀點，又稱爲現代觀點。互動觀點認爲衝突對組織具有正面與負面的影響且認爲衝突可以保持組織的活力，帶來組織的創造力、問題解決能力與生產力。因此，互動觀點認爲組織中若無衝突，此組織將變得靜止、冷漠、毫無創造力，故組織中的衝突不但具有正面的功能，更能促進組織績效。互動觀點認爲個人於衝突中將可以學會面對衝突與處理衝突，進而幫助個人進行調適，從中獲得成長。

衝突在團體或組織中雖然不可避免，但衝突也不是一味地對團體或組織不好，良性的衝突有助於組織工作績效，而負面的衝突將使組織成員互相阻撓目標的達成，造成個人與組織受害，因此適當的衝突對組織績效是好的。如圖 12-1 爲衝突強度對組織績效的影響。

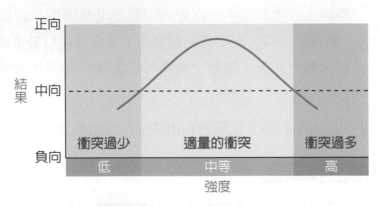

圖 12-1 衝突強度與利害關係

（二）衝突的三種型態

衝突有良性與惡性之分，良性衝突是正向的衝突，有助於組織工作績效的增進，是一種功能性且具建設性的衝突；惡性的衝突是負向的衝突，則會阻礙工作績效的達成，是一種反功能性且具破壞性的衝突。什麼樣的衝突才是好的衝突？什麼樣的衝突爲惡性的衝突？這必須從衝突的焦點內容判定，依衝突焦點的不同，有三種不同的衝突型態，即任務衝突（Task Conflict）、關係衝突（Relationship Conflict）與過程衝突（Process Conflict）等三種型態。

1. 任務衝突

任務衝突和工作內容與目標有關。任務衝突屬於工作導向，衝突的焦點在於工作方面上不同觀點的研討與辯論，例如：工作角色的釐清、問題真相的爭論或是問題解決方案的討論等。研究顯示低度至中度的任務衝突對組織績效有幫助。

2. 關係衝突

關係衝突和人際關係有關。關係衝突是一種情緒衝突，屬於個人情緒導向，衝突的焦點在於個人的不舒適與爭論，容易陷入情緒化，使得衝突難以解決，為反功能。人際關係衝突屬於個人因素，是對於人際關係間不相容的知覺，包括感覺緊張與不合，例如：不喜歡成員中的某人，在組織中覺得挫敗、憤怒與不適。研究顯示無論人際關係衝突的強度為何，對組織績效皆為負面的影響。

3. 過程衝突

過程衝突的焦點在於工作執行的過程，當對於工作應如何達成與執行，工作分配、責任分配與資源分配產生不同意見的爭論時，而形成過程衝突。研究顯示過程衝突不得太高，低度的過程衝突對組織績效有幫助。

（三）衝突的四種類型

衝突是個體知覺而來，有必要從個體知覺上，進一步了解以下四類衝突類型。

1. 假性衝突

主要是對於衝突客體的認知偏誤，也就是對於面對的情境有認知上的偏頗，例如，努力工作提升個人績效，有助組織競爭力，提升組織利潤，組織有更多利潤則更有能力加薪。

2. 內容衝突

來自於訊息的正確與否，爭論哪一個內容才是對的，內容衝突其實是單純的衝突，只要證明事實就能解決衝突。

3. 價值觀衝突

主要是個體有著不同的價值系統，因為個體間的價值重要順序不同，對於面對的問題有不同的價值選擇所致。價值觀的衝突確實難以解決，可以說，我們只能接受彼此差異的存在。如果彼此能充分理解，相互尊重，互相信任的

態度來認清差異，並進一步討論引起的情緒，雙方盡可能彼此妥協，就比較可能解決衝突並維繫關係。

4. 自尊衝突（自我衝突）

把輸贏當作決定自尊的標準，這時的衝突是自尊衝突。眞理不重要，獲勝反而成爲重要的目標。自尊衝突是最難處理的衝突，因爲大部分的人都容易失去理性，使衝突程度升高，更加模糊了衝突的焦點。

12-3 衝突的過程

依據衝突的定義與本質，衝突的產生必須同時存在衝突情境與個人的知覺，從衝突的產生到衝突的結果，Stephen P. Robbins 將衝突過程分爲五個階段：第一階段爲潛在對立、第二階段爲認知與個人介入、第三階段爲意圖、第四階段爲行爲、第五階段爲結果，如圖 12-2 所示。

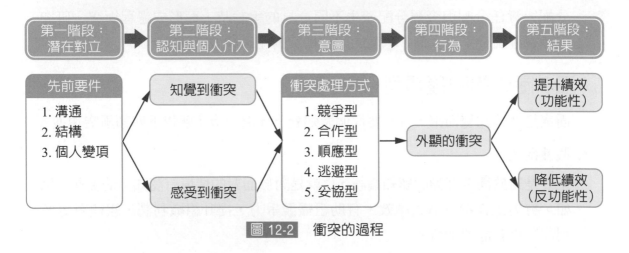

圖 12-2　衝突的過程

（一）第一階段：潛在對立

潛在對立階段，主要指出可能產生衝突的要件，爲衝突發生的必要條件，也是衝突的來源，這些要件爲溝通、結構與個人變項。

1. 溝通

溝通引發的衝突主要來自語意表達困難、語意的誤解及溝通管道中的干擾等。本書第十一章溝通與領導章節中，敘述溝通的重要性與溝通的問題，即清楚

說明適當的溝通有助於彼此對事物觀點的釐清，增加彼此的瞭解與信任。

2. 結構

因素包括組織環境是否有支持性、創新性、共同願景，而團體大小、團體發展階段、團體異質性、團體凝聚力、團體成員對團體的效能及團體成員間的互信、互賴程度，另外目標的一致性、領導風格與獎酬制度也是衝突的來源。

一般來說，團體愈大、成員的工作愈專業化，衝突會愈高；團體成員年資淺、流動率又高，此時衝突也會愈高。

3. 個人變項

某些人格傾向衝突導向，容易和他人產生摩擦而引發衝突；某些人格傾向盡量避免衝突。例如：高權威型的人則容易產生潛在的衝突。另外，文化的差異、個人價值觀的不同也是造成潛在衝突的原因。

（二）第二階段：認知與個人介入

在第二階段中的認知與個人介入，主要為個人對於前一階段潛在衝突的知覺。如同前述，衝突的產生必須具備兩個條件：一是衝突情境，二是衝突的知覺。當衝突雙方有一方知覺到衝突，並進一步個人化介入，即個人感受與知覺到衝突之後，產生挫折、焦慮、緊張或敵意時，衝突才會進一步產生。

（三）第三階段：意圖

意圖表示人們即將採取什麼樣的處理方式。知覺衝突並個人化介入之後，衝突的雙方便會發展衝突解決的方式，許多學者提出不同的處理方式，但每個方式多基於「雙構面架構」，此雙構面分別為合作性與獨斷性。橫座標為合作性，指衝突的某一方試圖滿足對方需求的程度，即關心他人、滿足他人利益的程度；縱座標為獨斷性，指某一方試圖滿足自己需求的程度，即關心自己、滿足自己利益的程度。兩個座標相搭配，共分出五種型態：競爭型（獨斷與不合作）、合作型（獨斷與合作）、順應型（不獨斷與合作）、逃避型（不獨斷與不合作）與妥協型（中度獨斷與中度合作）。

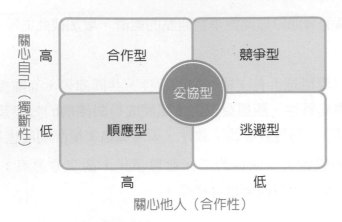

圖 12-3　衝突管理的五種風格

1. 競爭型（Competition）

競爭型指衝突雙方的個人只追求自己的目標與利益，不關心對方且盡量讓對方屈服，這是一種非輸即贏的型態，常會運用身體或心理的脅迫達到目的。競爭型的衝突解決方式較屬於情緒型的反應，只會提高衝突與模糊衝突的焦點，在組織中常認為自己是對的，盡可能讓對方接收自己的想法，此為爭鬥的衝突解決方式。

2. 合作型（Collaboration）

合作型為一種雙贏（Win-win）的衝突處理方式，雙方都希望滿足對方，重視彼此的結果，期望在合作的情況下尋求兩者皆有利的結局，因此會對問題加以釐清，以解決問題為導向，為一種雙贏的衝突解決方式。合作型以討論的方式解決衝突，必須在雙方信任的基礎上，才有可能彼此坦誠與合作，共同獲得雙方均滿意的解決方法。

3. 順應型（Accommodation）

順應型則將對方的利益擺在自己的利益上，降低自己的需求，讓對方贏，其對自己的目標並不堅持。為了維持良好關係，願自我犧牲，並且很熱心協助對方，此為讓與的衝突解決方式，組織中為讓其他成員好或維持良好關係，常會採取此種解決方式。

4. 逃避型（Avoidance）

逃避型的人採取退縮或壓抑的方式面對衝突，表示衝突的雙方對衝突的結果不在意，採取一種漠不關心、消極的反應。逃避型最被常使用，也是最簡單的衝突解決方式，它是一種不活動的衝突解決方式。若覺得自己在團隊中無法得到滿足，在工作方面又須高度互動，逃避行為的衝突解決方式便會出現。

逃避型的解決方式基本上為負向的行為，因為衝突未消失，也沒有試圖解決，長期下來反而演變更嚴重的問題，帶來下一次更大的衝突。有兩種情況例外，一是利用逃避降溫，使衝突緩和，讓雙方稍微冷靜一下，再繼續衝突的解決；另一種情形是衝突的雙方原本就不常溝通，或是過去常有嚴重的衝突發生，如此的退縮可避免衝突。

5. 妥協型（Compromise）

妥協型是彼此雙方為達成自己的目標，必須放棄某些東西，此時雙方都付出代價同時也獲得利益。在組織工作過程中，妥協型的解決方式會出現在衝突雙方覺得彼此勢均力敵時，妥協型可以取得中間的平衡點。

（四）第四階段：行為

行為是最常認定的衝突，因為此階段的衝突可能可看見且外顯的，也可能是內隱的。衝突的雙方可能出現語言或非語言的行為以表達異議，例如：外顯的衝突多數以直接態度表現，如爭吵、咆哮等；內隱的衝突則是消極的攻擊，例如：故意迴避、不配合等。

（五）第五階段：結果

衝突的結果可能為正面的功能性結果，即提升績效，也可能呈現負面的反功能性結果，即降低績效。

1. 衝突的正反影響

(1)功能性衝突： 在上述衝突的型態中，低度和中度的任務衝突或是低度的過程衝突都是好的衝突，帶來正面績效的功能性結果。功能性衝突可以激發點子與創意並自我反省與成長。研究更顯示功能性的衝突可以降低團體迷思，廣納各方意見、集中在問題的焦點，進而提升決策品質。

(2)反功能性衝突： 高度的衝突或是關係衝突皆為反功能性的衝突，帶來績效的降低。高度衝突容易使得雙方對立、模糊問題焦點、無法溝通，進而導致關係的破裂；關係衝突的焦點只在人際關係上，對於工作績效沒有幫助，只會衍生出對立、鬥爭等問題。

2. 創造功能性衝突

(1) 發生衝突並不一定會帶來不好的結果，除適當地管理衝突之外，創造功能性衝突有其必要性。當衝突即將演變至反功能性衝突時，組織可以採取如

隔離、明文規定、第三者協商、尋求協助或是增加彼此互動等方法降低衝突程度。

(2) 組織適當地鼓勵不同的聲音，將問題焦點聚集在工作內容上，甚至管理者主動策劃計畫性衝突，以訓練大家對彼此歧異觀點的容忍與接受等方法創造功能性衝突。

12-4 權力

權力（Power）指影響他人的力量，使他人可以做出原本不願意做的行為。為何可以具有這種影響他人的力量，圖 12-4 可以說明這種關係。

圖 12-4 中，A 擁有影響 B 的力量，即 A 有權力影響 B，A 可以影響 B 的目標，在這種影響關係中，B 對 A 存有依賴性。依賴關係為權力的重要層面之一，B 對 A 依賴性愈高，A 對 B 的權力也就愈大，相反地，B 對 A 有逆權力（Counterpower），如在組織中，上司對部屬掌有影響升遷、獎勵的權力；部屬對上司可以藉由工作效率或目標的達成與否的行為自主性，展現部屬的逆權力。因此在權力關係中，擁有權力的上司也會謹慎地考慮權力施展的時機，使得這種依賴關係不被破壞。

權力包含有三種意義：

1. 權力是一種潛力，不一定要展現出來。

2. 具有依賴關係。

3. 受影響的一方有自主性，施展權力者必須考慮權力施展的時機。

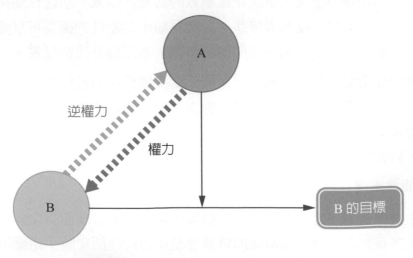

圖 12-4　權力關係中的依賴關係與權宜性

12-5 權力的來源

組織中的個人或團體如何有效地影響他人行為？一般而言影響他人行為的力量來源共有法定權（Legitimate power）、獎賞權（Coercive power）、強制權（Reward power）、專家權（Expert power）和參照權（Referentpower）等五種，分別敘述如下：

（一）法定權

法定權指法定的權力，它是合法正當且法律所賦予的。在組織中其來源便是組織的正式職位，也就是職權。當組織中的管理者要求部屬執行工作任務時，部屬均會聽命執行該任務，因為部屬瞭解管理者是組織正式任命的，擁有組織規章制度中所賦予的權力。

（二）獎賞權

獎賞的權力為給予利益和獎勵。當一個人可以給予他人好處，使得其他人願意受其影響，便稱此人擁有獎賞權。在組織中，部屬願意聽從主管的指示與命令，因為部屬瞭解主管有權力決定其是否升遷與加薪。

（三）強制權

強制權可以影響別人，主要的來源在於懼怕。當部屬認為若不聽從主管的指揮，可能會招致不好的結果或是受到處罰，此時所產生的影響力即是強制權。在組織中，強制權的來源為組織的正式職位，因為主管擁有懲罰部屬的權力。

（四）專家權

專家權來自於個人所擁有的專業知識或技能。病人遵從醫生的建議、人們願意聽取法律專家、稅務專家、財經專家的意見，主要因為他們擁有專業背景。例如：記者喜歡徵詢台積電或聯電董事長對半導體產業景氣的看法。

（五）參照權

參照權即是擁有他人認同且羨慕的資源或人格特質。當一個人對他人產生

仰慕且希望與其一樣，並以無代價追隨的心理慾望，便是受參照權的影響。例如：宗教領袖、影歌迷對明星的崇拜，均是此種力量的影響。

想一想你此時坐在教室中聽老師講授「組織行為」的課程，你為什麼願意坐在教室中？老師的何種力量影響你？因為老師是學校安排擔任這門課的授課老師，這種權力是法定權；若不來上課，會被老師當了此門課，這就是強制權；乖乖在教室聽講，老師會因為我的表現好給我較高的分數，這便是獎賞權；若老師講授的組織行為課程相當豐富又有內容，讓我獲益良多，這就是專家權；如果過去我曾聽過老師的課程，非常崇拜此位老師，只要是老師上的課，我都非常喜歡，這就是參照權。

一般而言，獎賞權與強制權較傾向於短期效果，倘若要延續較為長期效果則專家權與參照權較為有效。

12-6 權力的依賴關係與權宜性

在前述圖 12-4 中，描述權力關係的依賴關係與權宜性。依賴關係表示 B 愈依賴 A，則 A 對 B 的權力愈有影響力；權宜性則表示 A 對 B 的權力影響只有在某些情況下才有影響力。以下將介紹權力的依賴關係與權宜性，藉以更瞭解權力的本質。

（一）權力的依賴關係

有依賴性，權力才會有作用，當你擁有控制他人所需要的事務及沒有的資源時，他人便會對你產生依賴，擁有對他們的權力，這種依賴關係會隨著資源的重要性與稀少性而增強。

1. 資源的重要性

所掌控的資源在他人心目中的重要程度。依賴關係會隨著重要程度的增加而增強。例如：組織中的業務工作是組織主要的功能，也是獲利的重要因素，那麼組織的業務部門即為組織中最有權力的單位，只要業務部門提出的問題解決方案，受認可與被執行的機率相對較大。

2. 資源的稀少性

另一個增強依賴關係的要素，即是所掌控資源的稀少性，「物以稀為貴」說的便是這個道理。在組織中，高階人員擁有較多的權力，原因在於他們擁有基層人員所沒有的重要知識或資訊。

（二）權力的權宜性

A 對 B 施展權力，B 對 A 則有逆權力，A 對 B 的權力並非在所有狀況之下皆可施展，只有在某些情況下權力才會產生影響力，這些情況有替代性、中心性、辨別性及可見性等四種，稱為權力的權宜性。

1. 替代性

當所擁有資源的替代性增加時，資源的重要性和稀少性將降低，權力的影響力也會變弱。

2. 中心性

中心性指權力的影響層面和速度。若權力的施展可以影響多數人，那麼權力便具中心性，例如：總公司主管的影響力會比分公司的主管大，原因在於總公司主管權力的中心性。

3. 辨別性

辨別性指權力的施展不受任何的規範，例如：主管對部屬獎金的分配權，若不受任何規章制度的明文規定，此權力即具有辨別性，權力可以順利的施展，相反地，獎金分配方法已明文規定，這個缺乏辨別性的權力便無用武之地。

4. 可見性

增加個人的可見度可以增強自己的權力，若工作可見度或是知名度夠高，權力愈容易施展，逆權力的運用也是如此，當你見多識廣和你互動的人變多，他人要向你施展權力則須斟酌情況。

12-7 政治行為

人們總想在組織中獲得權力，擁有權力能影響別人朝向自己設定的目標行動，除了可以影響別人，進而獲得自己想要的利益。當人們將權力轉換成具體

行動並為自己謀取利益，即是運用政治力量，因此組織中的政治行為可以定義為組織內個人的自利行為，這些行為可以影響組織內利害關係的分配。

政治行為的好壞必須端視這個政治行為是否影響組織或他人的權益，組織並不能粉飾政治行為的合理性，應該試圖瞭解政治行為的本質及員工為什麼會有政治行為，其行為背後的目的為何，如此才能適度管理與控制。

12-8 組織政治行為模型

Ferris, Russ & Fandt（1989）提出組織政治行為模型，清楚描述組織政治行為的構成因素與影響的結果，如圖 12-5 所示。

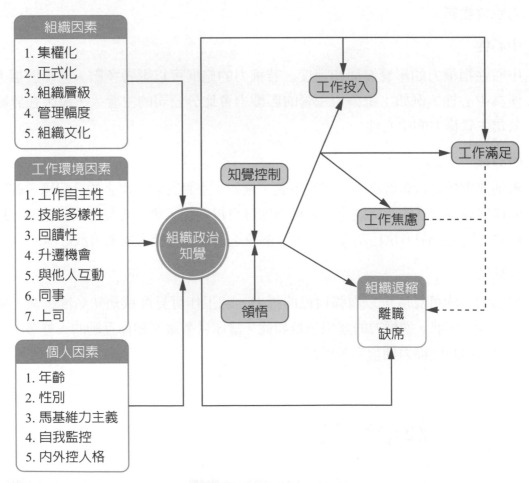

圖 12-5　組織政治行為模型

組織因素、工作環境因素與個人因素和組織政治行為的發生有關，分別敘述如下：

（一）組織因素

組織的集權化、正式化、組織層級、管理幅度及組織文化會影響組織政治行為的產生。集權化愈高、高度正式化、組織層級多或是管理幅度大會使得組織更趨向官僚，員工愈容易產生政治行為。組織文化亦是重要的影響因素，如組織充滿不信任感、績效評估制度不明確、獎賞制度不公平、高階主管無法以身作則等情況，在此組織中就容易出現政治行為。

（二）工作環境因素

若工作環境更具激勵性、升遷機會公開且透明等，員工就較不容易有政治行為。

（三）個人因素

已有研究顯示，某些人格特質和政治行為有關，如權威傾向、高度冒險傾向、外控型性格者、高自我監控，以及馬基維力主義者，較常會表現出政治行為。

組織政治行為經過個人認知的解讀，如知覺控制和領悟則會影響個人後續的行為結果，如工作投入的降低、工作滿足的低落及工作焦慮的提高，或是產生組織退縮的行為，如常常請假、缺席，甚至離開公司。

12-9 組織中的政治行為

一般在組織中的政治行為有七種：攻擊或責備他人、選擇性的分配資訊、控制資訊管道、形成聯盟、培養網絡關係、建立恩惠及印象管理，如圖 12-6。

圖 12-6　組織中常見的政治行為

（一）攻擊或責備他人

此為最直接也是讓人最詬病的行為，以敵對的方式攻擊或責備他人。

（二）選擇性的分配資訊

擁有他人不知道的資訊即可控制他人，透過自己擁有的資訊選擇性的分配，掌控他人的利益。

（三）控制資訊管道

資訊不流通或是禁止議題的公開討論，皆屬於控制資訊管道的政治活動，藉此滿足自己個人的利益。

（四）形成聯盟

正式組織常見的行為，如俗稱的「小團體」，藉由聯盟的形成，鞏固自己的利益。

（五）培養網絡關係

藉由個人網絡關係可以培養與他人的社交人際關係，達成個人的目標。

（六）建立恩惠

施恩於他人，日後要求其回報，亦是一種政治活動。

（七）印象管理

每個人都在意他人對自己的看法和評價，個人會想給別人好的印象，因此每個人會想辦法為自己塑造一個良好的印象，因此個人有意識或無意識的實行此種行為。印象管理便是個人有企圖地想要控制他人對自己的想法。例如：刻意表現出討好上司的行為以獲得升遷機會，這便是政治行為。

圖 12-7　每個人都期望能在別人面前建立好的形象

1. 衝突是一種過程，個體 A 藉由某些阻撓性行為，企圖致力抵制個體 B，使個體 B 在達成其目標或增進其利益方面受到挫折。

2. 衝突有二個共同點。第一，衝突為一種知覺，不管衝突是否真實存在，只有個人覺得衝突存在，衝突即存在；若沒有人意識到衝突，那麼衝突也就不存在。第二，衝突必須具備匱乏性、異議性、不相容性、對立性及阻撓性等五個概念。

3. 衝突具有正、反面的評價，在團體和組織中所扮演的角色為何？一般對衝突有傳統觀點、人際關係觀點與互動觀點等三種不同的看法。

4. 人際關係觀點認為衝突是組織內自然而然的現象，無法被避免，所以應該接受它，而且衝突對績效有幫助。

5. 互動觀點，認為衝突可以保持組織的活力，帶來組織的創造力、問題解決能力與生產力。

6. 團隊中的衝突有良性與惡性之分，良性衝突有助於組織工作績效的增進，是一種功能性且具建設性的衝突；惡性的衝突則會阻礙工作績效的達成，是一種反功能性且具破壞性的衝突。

7. 依衝突焦點的不同，有三種不同的衝突型態，即任務衝突、關係衝突與過程衝突。

8. 衝突過程分為五個階段，第一階段為潛在對立、第二階段為認知與個人介入、第三階段為意圖、第四階段為行為、第五階段為結果。

9. 權力（Power）指影響他人的力量，使他人可以做出原本不願意做的行為。

10. 影響他人行為的力量來源共有法定權、獎賞權、強制權、專家權和參照權等五種。

11. 當人們將權力轉換成具體行動並為自己謀取利益，即是運用政治力量，因此組織中的政治行為可以定義為組織內個人的自利行為，這些行為可以影響組織內利害關係的分配。

12. 組織因素、工作環境因素與個人因素和組織政治行為的發生有關。

13. 一般在組織中的政治行為有七種：攻擊或責備他人、選擇性的分配資訊、控制資訊管道、形成聯盟、培養網絡關係、建立恩惠及印象管理。

一、選擇題

(　　) 1. 衝突必須具備衝突的主體、衝突的客體、衝突的活動以及哪項要素？ (A) 職權　(B) 價值觀　(C) 人格　(D) 互動的行為。

(　　) 2. 研究顯示哪一項衝突無論強度為何，對組織績效皆為負面的影響？ (A) 任務衝突　(B) 人際衝突　(C) 過程衝突　(D) 以上均是。

(　　) 3. 右列哪像衝突是最難處理的衝突？　(A) 假性衝突　(B) 內容衝突　(C) 價值衝突　(D) 自尊衝突。

(　　) 4. 衝突的潛在對立階段，主要是指可能產生衝突的要件，為衝突發生的必要條件，不包含哪項要件？　(A) 結構　(B) 個人變項　(C) 職權　(D) 溝通。

(　　) 5. 研究顯示功能性的衝突不具備哪項功能？　(A) 降低團體迷思　(B) 增進團體和氣　(C) 集中在問題的焦點　(D) 進而提升決策品質。

(　　) 6. 哪一項衝突管理風格最被常使用，也是最簡單的衝突解決方式？　(A) 競爭型　(B) 合作型　(C) 逃避型　(D) 順應型。

(　　) 7. 擁有他人認同且羨慕的資源或人格特質是哪一項權力的來源？　(A) 法定權　(B) 獎賞權　(C) 專家權　(D) 參照權。

(　　) 8. 替代性、中心性、辨別性及可見性等四種權力特性，是指權力關係的哪項性質？　(A) 權宜性　(B) 依賴關係　(C) 資源的重要性　(D) 資源的稀少性。

(　　) 9. 以下哪項人格特質和政治行為無關？　(A) 權威傾向　(B) 高度冒險傾向　(C) 馬基維力主義　(D) 內控型性格。

(　　) 10. 組織中的政治行為可以定義為組織內個人的？　(A) 自利行為　(B) 衝突管理　(C) 印象管理　(D) 以上均是。

二、問答題

1. 說明衝突有哪三種觀點？

2. Stephen P. Robbins 將衝突過程分哪五個階段？

3. 許多學者提出不同的處理方式，但每個方式多基於「雙構面架構」，此雙構面分別為合作性與獨斷性。請寫出衝突管理的五種風格。

4. 一般而言影響他人行為的力量來源共有五種，影響效果較為短期效果的是哪兩項？

5. 請說明描述權力關係的依賴關係與權宜性。

6. 試說明影響組織政治行為的因素。

7. 在組織中常見哪七種政治行為？

三、問題討論

1. 何謂衝突？

2. 衝突的過程為何？

3. 試說明衝突類型對組織工作績效的影響。

4. 衝突處理的方式有哪些？適用情況如何？

5. 試說明權力的來源，並舉例說明之。

6. 權力的依賴關係和權宜性對權力施展的影響為何？

7. 影響組織政治行為的因素有哪些？

8. 請說明組織政治行為對員工的影響。

9. 組織中有哪些政治行為，如何避免？

Chapter 組織結構與設計

章首小品

　　無論是營利組織、非營利組織,新創企業、百年企業,企業組織不外乎關心營運目標是否達成、是否更能超標,效率可以更加提升,營運績效不斷成長,使得企業組織持續發展並且永續。但面對現今 VUCA 時代下,外在環境的四大特性:Volatility 易變性、Uncertainty 不確定性、Complexity 複雜性、Ambiguity 模糊性之劇烈變化之下,如何確保永續成長,一直考驗著企業組織。

　　全球最大會計事務所公司德勤(Deloitte)曾做的全球研究調查中,指出組織設計已上升為全球高階主管、領導者關心的首要問題,該份研究報告同時指出超過九成的高階主管將組織設計列為首要任務,且近 50% 的高階主管們稱他們的企業正處於組織架構調整及計畫重建中。

　　這幾年不斷創新成長的網飛(Netflix)公司,躍升為全球最受歡迎的線上影音串流服務之一,在動態的環境、高度需求改變中,發現強大組織框架可以支持員工的自由與彈性。

　　在組織中不斷產生的績效問題,原先預定的目標計畫無法順利完成,計畫趕不上變化,重要計畫事項爭奪優先順序、員工流動率太高、找不到遙不可及的上司、不同職能工作之間的對立、跨單位合作的困難等等問題一直反覆出現,這時,回頭看看,問題的根源在組織設計!

→ 前言

在我們生活中，「組織」一詞是而熟能詳的，也是無所不在的，舉凡學校、政府機關、醫院、社會福利機構、公司行號等等，但它不像建築物那樣具體、明顯，但我們會覺得組織是存在的，但它是那麼地模糊、抽象。而所謂組織指的是透過彼此相互協調合作關係，以達成共同目標的一群人，它必須具備四個特徵，即一個實體、有目標的、具特定結構與協調活動，以及與外界環境互動。因此，組織是一種過程與程序，為水平分化與垂直分化後所呈現的結果，這整個過程與程序便是組織結構設計。我們常說「人」、「事」，先有人才有事？還是先有事才有人？組織結構設計考量的便是人與事的適當搭配。

組織結構是關於（一）工作釐清與設計；（二）正式的報告關係；（三）將個人劃分至所屬部門；（四）確保有效的溝通與協調等關係的架構，藉以表示這個組織界線（Organizational Boundary）與其運作架構，組織設計是管理者進行組織結構的設計、變更或發展，一般所稱的組織圖，即組織結構設計的呈現。

13-1 組織結構的基礎

組織是一建立結構的程序，在建立結構的同時，便是考慮組織的設計，因此，組織也可以說是組織設計程序的結果，在此組織結構設計的過程中必須考慮許多基本因素，本節介紹專業化分工、指揮鏈、管理幅度、職權、直線與幕僚與授權等和組織設計相關的基本因素，這些因素關係人們在組織中對工作的適應與反應，進而影響工作績效。

（一）專業化分工

將組織中的任務切割成較小的部分以完成組織工作，此一過程便是專業化分工（Work Specialization）。組織工作經過專業化分工之後，工作的完成是經過片段的組合，每一位員工不需要完成整個工作，只需要從事專精的小部分，不必每樣工作都精通，如此每位員工均從事其專業的工作，使得工作效率增加，有助於提升生產力。

故專業化分工讓組織在招募人力時，因為所需的技能被簡化。可以快速找到缺額的人力，在訓練時，也因為技能被簡化，更可以快速地養成該技能能力。

但是工作過度分工，反而造成員工覺得工作枯燥、乏味、沒有挑戰性，使得工作意願降低、流動率與缺勤率的上升，如圖 13-1 所示，此時便可透過工作範圍的擴大與增加工作的變化性來提生生產力，而在第九章中 9-4 介紹的工作設計，讓員工的工作所需的技能是多樣性、任務較完整、任務具多樣性，以及給予工作自主和回饋等也是有助於提升員工工作績效工作滿意。

因此，專業化分工是一個管理的機制，不一定能提高效率或適用於所有的情境，必需視工作量的多寡與是否能維持績效水準而定。

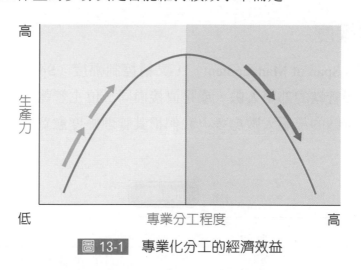

圖 13-1　專業化分工的經濟效益

（二）指揮鏈

指揮鏈（Chain Of Command）說明的是主管與部屬的層級關係，它是從組織的最上層至最下層沒有中斷的指揮和權責線，從組織結構中的指揮鏈可以看出組織命令如何從上層下達至基層，也可以了解基層的員工如何將資訊上達至高層，從指揮鏈中員工可以清楚知道如果碰到問題該去問誰？誰有資格下達命令？我該聽誰指揮？應該向誰負責？

被譽為行政管理之父的亨利費堯（Henri Fayol），他著名的「費堯十四點管理原則」中的隸屬鏈鎖原則（Scalar Chain）便說明了指揮鏈是便於命令和報告，從組織最高層至最基層各個職位間的職權與溝通管道應該是明確且不中斷的。

而費堯另外的命令統一原則（Unity of Command）和指揮統一原則（Unity of Direction）進一步指出在指揮鏈中，對人對事的管理權責應該明確且不容許

混淆。對人方面，認為每一個員工應該只有一位主管（命令統一原則），而對事方面，同一個目標或同一套計畫也應該只有一位主管（指揮統一原則）。

隨著競爭環境的快速變化以及電腦科技的發達，為了能快速反應環境變遷，員工被要求提高自主性與反應能力，在本書第九章談及的團隊與團隊工作中，可以發現在現今提高環境應變能力，加速資訊流通及產品與服務創新之際，每一位員工有可能有多位主管，而在自主團隊中，管理者的角色也不是那麼地清楚定義，故指揮鏈中命令統一原則和指揮統一原則在一些組織的運作中就顯得不重要了，同時也更突顯出，現今組織運作中，如何在有形的組織結構設計下，強化組織員工軟性心理需求的重要性。

（三）管理幅度

管理幅度（Span of Management），又稱控制幅度（Span of control），指的是管理者直接管轄的部屬人數，或是直接向同一位主管報告的部屬人數。如果管理者直接管轄的部屬人數愈多，我們稱其管理幅度愈寬，反之，則管理幅度愈窄。

圖 13-2　不同管理幅度的比較

如圖 13-2，有兩家公司第一線基層員工約有 4100 人，左圖公司管理幅度為 4，右圖公司的管理幅度為 8，左圖之管理幅度窄，故其管理階層數較多（7 層），

約比右圖公司的階層數（5 層）多出 2 層，而在管理者人數方面，管理幅度窄的公司其管理者人數也大幅多餘管理幅度寬的公司（1365 人－585 人＝780 人）。

一般而言，組織結構的層級和管理幅度寬窄為相反關係，組織中管理幅度愈寬，組織層級就愈少，組織會呈現較扁平的形式，相反地，管理幅度愈窄，組織層級就愈呈現瘦高型。愈寬的管理幅度，管理的負擔較重，部屬可能無法有效地管理與控制，因此而降低員工的工作績效，相反地，過窄的管理幅度，組織中管理者人數較多，管理人才無法充分發揮，組織的用人成本過高。

管理者直屬管轄的人數多少才算適當？管理幅度寬或窄的決定因素有管理者的能力、部屬的專精程度、技術與工作的複雜性、工作地區的集中度等因素。管理者的能力較佳，擁有較好的管理技能，其所屬的部屬人數可以增多，管理幅度可以加寬（大）；若部屬的專精程度較高，部屬無須太多的工作指令與技術教導，則管理者的管理幅度可以加寬；在技術與工作複雜性方面，技術與工作愈複雜，表示管理者需要花在指導部屬的時間加多，此時管理幅度則愈窄（小）；如果工作地區的集中度愈高，表示管理者愈能有效控制，則管理幅度可以增寬。

（四）職權

組織所賦予管理者的權力稱之為職權。組織中管理者對所屬部屬具有工作命令、升遷、考核等等權力。職權是一種權力，此權力伴隨指揮鏈而來，並且來自於組織正式的任命。在本書第十四章敘述的權力來源的基礎中，職權是一種法定權，話說「不在其位，不謀其政」，所述的便是職權的概念。

（五）直線與幕僚

直線與幕僚（Line and Staff）表示組織結構中兩種不同的關係。和組織營運、完成組織目標有直接關係的稱之為直線部門，而扮演輔佐和諮詢角色的則為幕僚部門，兩者之間應該相輔相成，例如古時候官制的縣太爺和師爺，縣太爺是直線部門，而師爺是幕僚，真正拍板下決策的人是縣太爺，而師爺的角色則為提供資訊給縣太爺做決策。

因此在指揮鏈下，幕僚單位並無直接的管理權，不對組織目標直接負責，他們提供意見、服務給直線單位，並協助其控制作業，而直線單位直接對組織

目標負責，有時對於幕僚單位所提供的資訊認為不適用或是無法執行而忽視，造成幕僚人員有不被重視的感覺；而幕僚人員有時也會認為直線人員不夠專業，沒有足夠的資訊或知識作決策，而干涉直線人員的管理權，如此便引發直線和幕僚人員的衝突。

如何解決直線和幕僚人員的衝突？一般組織較常用的方法便是工作輪調，透過工作輪調讓直線人員調任至幕僚單位，不但可以學習資訊蒐集與規劃輔導角色，進一步可以藉著過去直線主管的經歷提出更適合單位主管運作的計畫；同樣地幕僚人員調任至直線單位，可以充分瞭解單位主管的工作內容與角色，降低直線和幕僚人員的衝突。

圖 13-3　古代衙門師爺負責供資訊給縣太爺

（六）授權

管理者將其部分的職權委託他人來執行，便是授權（Degelation），是一種職權分散的過程。

組織可以透過授權讓部屬學習自主決策和溝通，是一個不僅可以讓部屬成長、培養人才及建立責任感，又可以讓部屬覺得自己的工作更具自主性、工作更成就感。但是在授權過程中員工可能會感覺事情變多了、責任變重了，覺得自己的能力不足，頓時工作壓力倍增，此時反而失去了授權的本意，於是主管在授權時，應該賦予員工能力和自信心，稱之為賦能或賦權（Empowerment），其概念如圖 13-4。

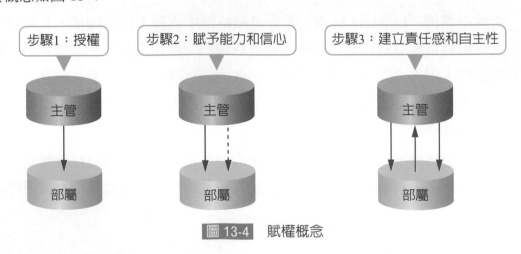

圖 13-4　賦權概念

13-2 組織結構

本節主要說明組織結構的各種形式。組織為了更有效率與效能的運作，依據某些邏輯程序將一群人或組織工作任務分門別類地放一起並指派一位管理者，此過程變為部門化（Deapartmentailzaiton），而組織結構便是組織部門化的結果。以下介紹幾種常見的組織結構。

（一）功能別

功能別部門化（Functional departmentalization）主要依組織功能活動來劃分部門，這種部門劃分方法是最常見，一般組織的功能可以區分為生產、行銷、人力資源、研究發展與財務等五種功能，如圖 13-5 所示。

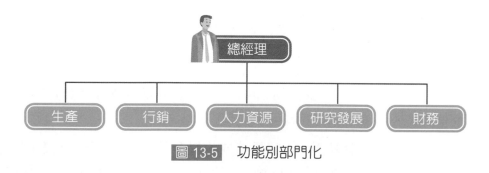

圖 13-5　功能別部門化

透過功能別部門化，組織可以將活動相似的工作聚集在一起，增加組織運作的效率，因此功能別組織具有下列幾點優點：(1) 每個部門可以由專業的人員擔任，提升部門的專業化運作；(2) 部門內員工專業技術背景相似，彼此溝通協調容易；(3) 部門內僅需擁有某個領域的知識，管理容易；(4) 部門能夠深入發展其專業知識。

但是功能別組織在運作上也有其缺點：(1) 當組織規模變大，太過專業領域的部門，容易產生各個部門狹隘觀點的部門化主義，使得部門間的協調困難；(2) 部門內人員專精自己領域的知識，不易培養通才的經理人才；(3) 決策累積至高層，組織對環境的因應速度變慢；(4) 缺乏創新；(5) 忽略整體組織目標的觀點。

（二）事業部別（Divisional Departmentalization）

因為功能別組織有其溝通協調與責任歸屬不清等缺點，組織變朝向事業

部別設計。功能別組織主要以組織運作的功能來劃分（如上圖 13-5），而事業部別則以組織的產出為部門化的基礎，一般所稱的策略事業單元（Strategic Business Unit, SBU），即是一種事業部別的組織，其類型有產品別、地區別、顧客別與通路別。

1. 產品別（**Product Departmentalization**）

產品別組織以公司產品為部門化的基礎，如圖 13-6 所示，此種組織適合擁有數項產品的大組織。

圖 13-6　產品別部門化

依產品別部門化的優點為：(1) 同一產品內部門協調容易；(2) 提升決策速度與效率；(3) 績效與責任歸屬容易；(4) 可以培養高階管理者；(5) 對環境變化的反應速度較快；(6) 提高該產品的專業化服務。

然而產品別組織亦有其缺點 (1) 容易造成組織分裂；(2) 失去功能部門的經濟規模，行政管理成本增加；(3) 目標有可能和組織整體目標衝突；(4) 產品線之間的協調性低、整合與標準化困難。

2. 地區別（**Location Departmentalization**）

地區別組織以地理區域為部門化的基礎，其優缺點和產品別很相似，但地區別組織可以快速反應特定區域的環境與顧客變動，有助於區域性服務水準的提升，但是當地區別劃分過多，其缺點便是需要龐大的行政人力和營運成本。

圖 13-7　地區別部門化

3. 顧客別（Customer Departmentalization）

顧客別組織以公司客戶為部門化基礎，組織期望提供顧客更滿意的服務。此部門劃分的方法其優點同產品別，但此方法更可以提供顧客滿意的服務，對於顧客需求的變化可以快速反應。而其缺點亦如同產品別組織結構類似，行政成本增加、目標間的衝突與組織資源的爭奪。

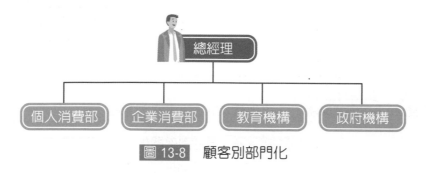

圖 13-8　顧客別部門化

4. 通路別（Channel Departmentalization）

通路別組織則以市場通路為部門化基礎。依通路別部門化的優點為可以滿足各個不同通路顧客的需求，而其缺點亦和產品別相同。

圖 13-9　通路別部門化

（三）混合別組織（Hybrid Organization）

隨著環境的變化與組織日益的成長，大多數組織的結構並非只使用一種部門化方法，同時會使用二種以上的劃分基礎，如顧客別加上功能別、地區別加上通路別再加上顧客別等等，如圖 13-10。

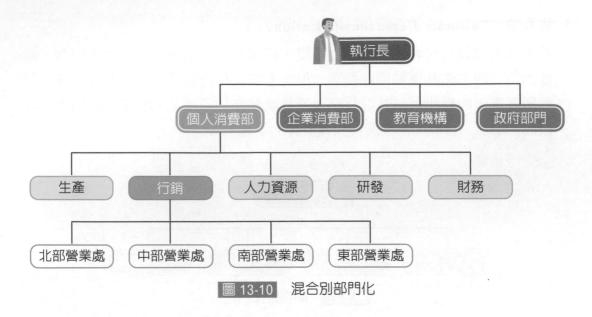

圖 13-10　混合別部門化

　　混合別組織可以滿足部門劃分的優點，如服務顧客、快速回應當地需求、培養專業經理人等等，同時也可以消滅因部門劃分所帶來的行政資源浪費的情形。

（四）矩陣式結構

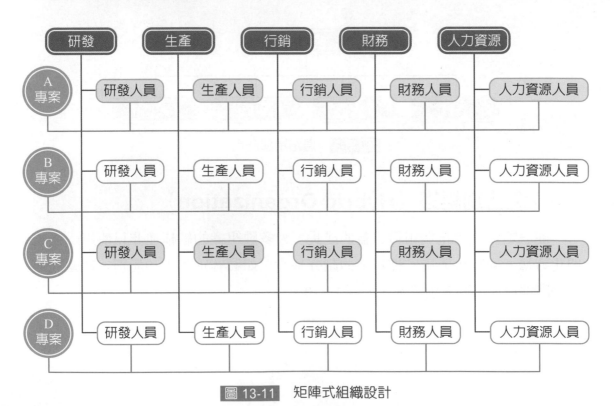

圖 13-11　矩陣式組織設計

　　矩陣式結構（matrix structure）是一種雙職權的組織模式，在直式的組織結構中加入橫向的組織，形成一個矩陣圖，故稱為矩陣式組織。矩陣式組織最常見的為在功能式組織中，由各部門人員匯集成橫向的專案組織，是一種由直線組織與專案組織並存的組織形式，如圖 13-11 所示。

　　矩陣式組織結合了功能式組織的專業分工，也結合了事業部組織提升效率與對環境反應速度快的優點，另外還有許多的優點：(1) 善用人力；(2) 避免功能式組織的本位主義；(3) 增加彈性；(4) 專業發展與協調並存。

　　但是矩陣式組織也有其缺點，首先它違反了費堯（Fayol）的命令統一原則（Unity of Command），形成多重指揮的結構。命令統一原則表示每一位員工只有一位主管，不能同時接受二位以上主管的命令，但是矩陣式組織中的專案員工變同時有二位主管，一為功能單位主管，另一為專案的主管，如此容易產生管理上的衝突。其二，專案組織中成員歸建的問題，功能部門員工調派至專案組織後，原功能單位的工作仍需有人負責，但專案成員於專案結束，回歸功能部門時，便發生人員安置與工作安排的問題；其三為管理耗費與龐大，因雙重命令與溝通協調費時費力，造成管理成本加大。

　　為使矩陣式組織能有效地運作，必須掌握三點原則，一為充分溝通與協調，二為人員的發展為直線主管的責任，三為改變組織人員只聽從一位主管的心智模式。因為雙重指揮的問題，為使工作任務能順利完成，發揮專案的功能，直線部門與專案部門應不定期進行溝通與協調；再則，因為人員在組織的發展是直線主管的權責，有關專案人員的升遷、考核、薪酬與教育訓練等，專案主管應尊重直線主管的職責；組織的設計將愈來愈複雜，且變動加速，組織人員應改變過去只在直線主管指揮下工作方式與思考模式，可以同時接受二位、三位、甚至多位主管的任務指示，並同時處理多項工作任務。

　　儘管矩陣式組織有其缺點，但是面對複雜且快速變遷的環境，矩陣式組織彈性與應變等多項優點，仍會是一種普遍的組織結構。

（五）水平結構

　　由於科技進步、全球化趨勢與不斷變遷的競爭環境，為了能快速反應環境與滿足顧客的需求，愈來愈多的企業朝向扁平化的組織結構。這是一種水平結構的組織設計，在此介紹三種新型的組織結構：團隊結構、虛擬組織和無疆界組織，這三種新型的組織結構均是水平結構。

1. 團隊結構（Team Structure）

在組織結構的扁平化下，團隊對於彈性與效率的表現較好，使得組織朝向以團隊為基礎的方向前進，並利用團隊來增進競爭力與改善工作流程。透過團隊，團隊中的成員相互學習，他們在一起思考、創造與學習，並且彼此分享正面與負面的經驗，經由創造性的活動與解決問題而獲得團隊的成長與個人的成長，因此，傳統上個人單打獨鬥的學習、吸收知識的方式，面對快速變遷的內外在環境，已無法為組織帶來競爭優勢，團隊整體的學習績效遠大於個別學習的總合，這便是水平組織的特點，水平組織便是一種扁平化的組織，組織會朝向以團隊建構為主。本書第九章介紹的團隊與團隊設計即是一種水平結構的組織設計。

2. 虛擬組織（Virtual Organizaion）

為了讓組織運作更有彈性、更有效能，有些組織的工作不見得均需要自己來完成，可以將部分組織功能轉移給其他組織，組織僅保留自己最核心、最具競爭力的部分，這便是虛擬組織的概念。

圖 13-12　B-1 轟炸機的組成，需要多家公司配合

虛擬組織一般會透過策略聯盟、投資或委外的方式和其他組織成員夥伴關係，例如全球知名的 Nike、Reebok、Apple 等公司，每年數百億元以上的營業額，其生產活動大多委託台灣、南韓或亞洲其他國家，例如國內知名的企業寶成、豐泰、鴻海、廣達等公司扮演地便是這些企業「生產部門」的功能。

例如 B-1 轟炸機需要約 2000 家公司共同合作才能完成，而這近 2000 家公司便組成虛擬組織，共同完成 B-1 轟炸機所有的設計與生產工作。

在虛擬團隊中，無法感受溝通時，語言抑揚頓挫地變化及臉部、手勢、肢體等非語言溝通地表現。

另外，在台灣特有的「辦桌文化」就是一種跨組織外的一種虛擬團隊形式，在「辦桌」任務中，總舖師團隊負責人，聯繫位處各地廚師團、服務人員、租賃桌椅及餐具，以及採購、運輸，準時到客戶指定場所進行外燴服務，完成特地目標。

為了因應市場快速變化，許多組織為了獲得營運上的效率與彈性，虛擬組織變成為組織設計的選項之一，而虛擬組織中的員工會擔心自己的工作是否被邊緣化，又加上和不同組織間的溝通、協調問題，使得虛擬組織的運作並未能達成當初預期的競爭力，所以組織應對員工說明為了提昇公司的競爭力，虛擬組織是配合該策略的組織結構設計，因此組織應幫助員工瞭解虛擬組織的管理功能、溝通機制與控制程序。並訓練員工支持虛擬組織，強化溝通協調機制。

3. 無疆界組織（**Boundaryless Organization**）

無疆界組織是由 GE 前總裁 Jack Welch 首先使用「無疆界組織」這個名詞。Welch 希望看到 GE 變成一個「家庭雜貨店」〈Family Grocery Store〉，GE 的公司規模相當大，2004 年的營收超過一千三百五十億美元，但 Welch 希望能夠消除組織內垂直與水平的界限，並且破除公司與外部顧客和供應商之間的障礙，如圖 13-13 所示。

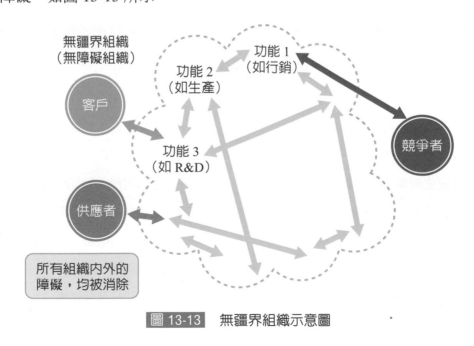

圖 13-13　無疆界組織示意圖

所謂消除組織內的垂直界線就是讓組織變得更扁平化，組織特性傾向有機式組織（如 13-3 所敘述）。而消除水平界限便是去除功能別組織的部門本位主義，改為以工作流程為主的團隊結構。

13-3 影響組織結構設計的因素

並不是所有組織結構設計都是同一形式，即使規模相同的組織，其組織結構也不會一樣，一個經營績效優良的組織，其組織結構設計也不一定適用於其他公司，不同的情境因素考量，管理者所思考的組織結構也會不相同，以下介紹兩種組織結構設計的因素，一為傳統的機械式與有機式組織，另一為權變觀點。

（一）機械式與有機式組織

Tom Burns 和 G.M. Stalker 觀察英國二十幾家工業公司（1961 年），發現外在環境和組織結構是有關係的，當外在環境穩定較無變動時，組織結構設計會傾向於有規則、程序、權責劃分明確的形式，這種組織是中央集權式，他們稱此種組織為機械式組織（Mechanistic Organization）。另外當外在環境是快速變動時，組織結構的設計無法明確化，此時會傾向於彈性與適應性的組織形式，此種組織的權限是不明確的，沒有制式的規章制度，這種組織稱之為有機式組織。機械式和有機式組織（Organic Organization）之特徵與差異如表 13-1 所示。

表 13-1　機械式與有機性組織之間的差異

特徵	
機械性系統	有機性系統
1. 工作為專業化的結果	1. 工作由組織任務決定
2. 工作任務依規章、制度決定	2. 工作任務可由與別人的互動而調整
3. 層級化的控制結構、職權	3. 自由且開放的控制結構、職權
4. 決策集中在高階層	4. 決策分散至中、低階層
5. 垂直的溝通方向	5. 垂直與水平的溝通
6. 溝通內容大部分是工作指示與命令	6. 溝通內容為資訊分享與建議

（二）權變觀點

所謂權變（Contignecy）所表示的是和環境的相互依存關係，代表沒有一種策略或方法是好的、組織結構設計有一定的規則可循，它必須適情況而定，因此，組織設計因應環境的需求，應隨時改變，近年來組織設計已朝向權變觀點，權變的因素計有：文化、規模、策略、環境、技術等等，也就是說組織結構設計必須隨組織文化、規模、策略、環境、技術的不同而調整。

1. 組織文化

文化指的是價值觀、信仰、信念、意識、思想與思考方式的集合，而組織文化即是組織大多數人的共同價值觀、信仰、信念、意識、思想與思考方式，而呈現出和其他組織不同的風格。組織文化可以增強組織策略與組織結構設計，透過內部環境力量的整合，可以有效地因應外在環境的變化，例如組織所面對的環境是彈性且快速變化的，組織文化應該強調適應、彈性與創新，而在結構的設計上會傾向具備彈性、授權、水平等組織結構。

2. 組織規模

所謂組織規模即是組織的大小，一般衡量組織規模的方式有許多種，較普遍的方法有二，一為組織的營業額或資本額，另一為組織員工人數，我國中小企業的認定標準即製造業實收資本額在新臺幣八千萬元以下者，或員工人數在二百人以下者，這些中小企業在組織結構設計上當然和所謂的大型企業或跨國企業（如台塑、宏碁等等）一定會不同，一般而言，小規模企業傾向較少的專業化與標準化，但集權化高，而大型組織較傾向標準化、專業化、層級化與分權化。

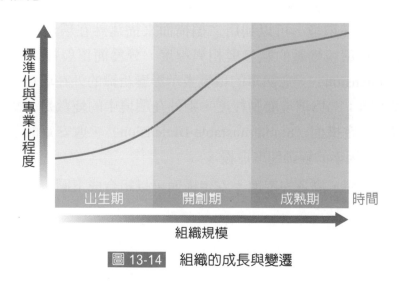

圖 13-14　組織的成長與變遷

3. 組織策略

策略是為達成組織目標所設計的，而組織結構的設計必須配合組織策略以增進組織完成預定的目標。Alfred D. Chandler 是最早研究策略和組織結構間的關係，他研究美國大型企業長達五十年，提出（1962 年）「結構追隨策略」（Structure Follows Strategy）的結論，認為公司策略的改變會使組織結構設計也跟著改變。以 Michael Porter 提出的成本領導與差異化與集中化略為例，組織若採用成本領導策略，表示組織對成本控制與效率的追求，強調標準化作業程序與嚴密監控，因此組織會傾向朝效率導向、集權專制等方向設計，機械式組織便是一種追求效率的組織設計；組織若是採差異化策略，反應組織對創意的追求，強調彈性與溝通，此時有機式組織的彈性與溝通便適合追求創意的組織。

另外 Danny Miller 提出功能別、事業部別、混合式與矩陣式組織搭配不同組織策略的建議，如下表所示。

表 13-2　各種部門化方式所搭配的策略類型

部門化方式	策略
功能別	集中化
事業部別	成本領導
混合別	市場型差異化，或部門層次的成本領導
矩陣式組織	創新型差異化

4. 組織環境

組織外在環境會影響組織的經營績效，組織必須有效因應與管理外在環境，為了有效了解外在環境，可以利用二個構面來描述外在環境，一為環境複雜程度，指外在環境變數的數量與相異程度，分為簡單與複雜構面（Simple-complex Dimension），愈簡單的環境表示影響組織的外在環境因素較少或因素之間較相同；二為環境變動程度，指外在環境中的變數是否為動態的，分為安定與不安定構面（Stable-unstable Dimension），愈安定的環境表示影響組織外在環境因素的變動速度愈慢。

簡單與複雜構面，以及安定與不安定構面可以組合成下圖以了解環境和組織結構的關係。

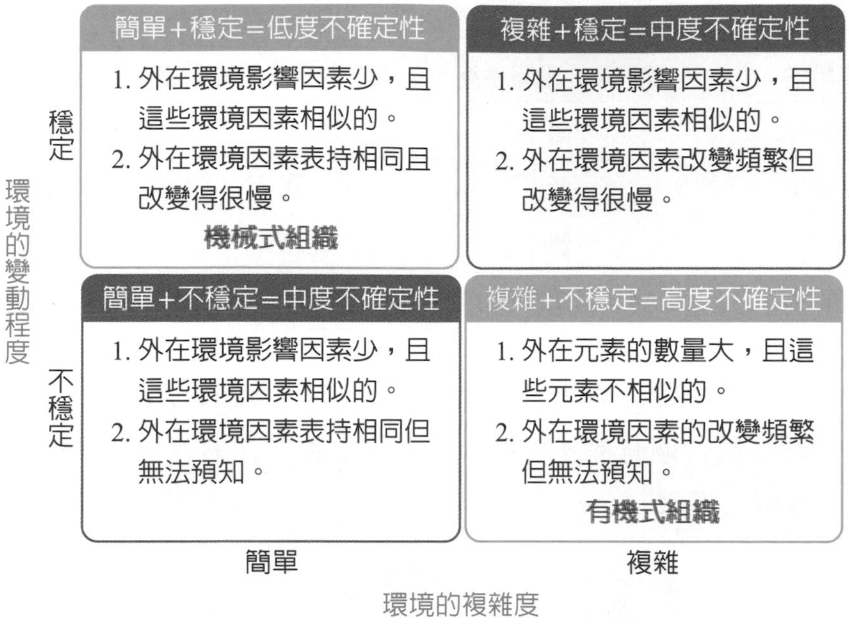

圖 13-15 環境不確定性與組織結構的關係

5. 組織技術

技術是組織如何使投入（原物料、人力、機器、金錢）轉換成產出（產品或服務）的方式，組織結構的設計必須搭配不同的組織技術，使技術得有效運用，但新的技術也會影響組織結構，反之，組織結構也會影響組織技術的發展。John Woodward 根據製造技術的複雜度將組織技術分為三類，由複雜度低到高，分別為小批量與單位生產方式、大批量與大量生產方式與連續程序生產方式。

小批量與單位生產（Small-batch and Unit Production）指產品的製造傾向於小量的訂單已符合顧客個別特殊的需求，一般是沒有產品存貨的，如客製化的手工的衣服、飾品、汽車等等。

大批量與大量生產（Large-batch and Mass Production）指產品以大量生產的方式進行，一般有標準化的生產程序，是有產品存貨的，如裝配線生產的汽車、電器用品等等。

連續流程生產（Continuous Process Production）指產品是以連續的方式進行生產，整個過程均機械化，沒有開始也沒有停止，一般流體、氣體的產品如石油、天然氣、酒廠等等產品製造即是連續流程生產方式。

John Woodward 根據這三種技術和組織結構進行比較，其關係於下表 13-3。

表 13-3　各種生產技術下的組織結構特性

結構特性	單位及小批量生產	大批量及大量生產	連續程序生產
垂直分化	低	中	高
水平分化	低	高	低
制式化	低	高	低
整體結構	有機式	機械式	有機式

　　由上表可知，小批量與連續流程生產方式具備較低的標準化程序，需要彈性與自由溝通，較合適有機式組織；而大量生產方式具有高度標準化的作業程序，較適合機械式組織。

1. 組織指透過彼此相互協調合作關係，以達成共同目標的一群人，它必須具備四個特徵，即一個實體，有目標、具特定結構、協調活動及與外界環境互動。

2. 組織是一個建立結構的程序，建立結構等同於考慮組織的設計，在此工作過程中必須考慮專業化分工、指揮鏈、管理幅度、職權、直線與幕僚和授權等因素。

3. 依據某些邏輯程序將一群人或組織工作任務分門別類地放一起，並指派一位管理者，此過程便是部門化，組織結構便是組織部門化的結果。

4. 功能別部門化主要因組織活動劃分部門，這種部門劃分方法最常見。一般組織的功能可以區分為生產、行銷、人力資源、研究發展與財務等五種功能。

5. 事業部別則以組織的產出為部門化的基礎，一般所稱的策略性事業單位，即是一種事業部別的組織，其類型有產品別、地區別、顧客別與通路別。

6. 隨著環境的變化與組織日益的成長，大多數組織的結構會同時使用二種以上的劃分基礎，稱為混合別組織。矩陣式結構是一種雙權的組織模式，在直式的組織結構中加入橫向的組織，形成一個矩陣圖。

7. 由於科技進步、全球化趨勢與不斷變遷的競爭環境，為能快速反應環境與滿足顧客的需求，愈來愈多的企業朝向扁平化的組織結構。

8. 三種新型的組織結構：團隊結構、虛擬組織和無疆界組織。

9. 兩種組織結構設計的因素，一為傳統的機械式與有機式組織，另一為權變觀點。

10. 組織設計因應環境的需求，應隨時改變。近年來組織設計已朝向權變觀點，權變的因素計有文化、規模、策略、環境、技術等，表示組織結構設計必須隨組織文化和生命週期、規模、策略、環境、技術的不同而調整。

一、選擇題

(　　) 1. 將組織中的任務切割成較小的部分以完成組織工作，此一過程稱之？
(A) 部門化　(B) 專業分工　(C) 專業部門　(D) 專業功能。

(　　) 2. 下列何者不是專業分工的優點？　(A) 工作有變化　(B) 招募容易　(C) 技能學習快速　(D) 工作有效率。

(　　) 3. 下列何者情況，其管理幅度會較寬？　(A) 部屬專精程度高　(B) 工作複雜度低　(C) 工作地區集中度高　(D) 以上皆是。

(　　) 4. 在授權時賦予員工能力和自信心，稱之為？　(A) 賦權　(B) 職權　(C) 職責　(D) 分工。

(　　) 5. 最常見的部門化組織結構是？　(A) 事業部組織　(B) 虛擬組織　(C) 功能別組織　(D) 跨國組織。

(　　) 6. 下列何者不是功能別組織的缺點？　(A) 部門間溝通協調　(B) 部門專業提升　(C) 部門主義　(D) 部門間責任歸屬。

(　　) 7. 哪一種組織結構為雙職權設計，員工需更加學習溝通協調？　(A) 虛擬組織　(B) 網路組織　(C) 混合別組織　(D) 矩陣式組織。

(　　) 8. 下列何者是有機式組織的特性？　(A) 垂直與水平的溝通　(B) 工作任務依規章、制度決定　(C) 決策集中在高階層　(D) 工作為專業化的結果。

(　　) 9. 下列何者是組織設計的權變因素？　(A) 文化　(B) 規模　(C) 技術　(D) 以上皆是。

(　　) 10. 下列何者敘述有誤？　(A) 大型組織較傾向標準化、專業化　(B) 組織所面對的環境是快速變化的，在結構的設計上會傾向機械式　(C) 公司策略的改變會使組織結構設計也跟著改變　(D) 有機式組織較具彈性與溝通。

二、簡答題

1. 請簡述組織結構的基礎。

2. 請說明矩陣式組織設計的優缺點。

3. 請問何謂功能別部門化之組織設計形式，以及優缺點。

4. 請簡述水平結構組織設計中的團隊結構？

5. 請簡述組織設計權變觀點的源由。

本章習題

三、問題討論

1. 影響組織結構的因素有哪些？

2. 專業化分工對組織有何效益？對員工的影響為何？

3. 為什麼直線與幕僚會有衝突？如何解決？

4. 機械式組織和有機式組織的特性？

5. 試論組織設計的權變觀點。

6. 試說明組織部門化的方法，及其優缺點。

7. 試論矩陣式組織的優缺點，及其解決方式。

8. 員工如何適應矩陣式組織？

Chapter 組織文化 14

● 學習目標

1. 清楚定義組織（企業）文化
2. 瞭解組織文化的要素
3. 如何建立與維持組織文化
4. 如何落實組織文化
5. 瞭解職場靈性和組織文化的關係

● 章首小品

　　每個人都是獨一無二的，有自己的個性、價值觀，展現出自己和別人不一樣的行為。個人如此，組織亦是如此。每間公司有自己的願景、使命，這些與眾不同的價值觀指引組織各項決策的方向、帶動公司全體員工的行為，讓每個組織不同、深藏在組織員工中的密碼、DNA，便是組織文化。

　　IKEA 公司創立於 1943 年，公司的理念起源於為大多數人提供價格實惠的家具家飾，而非僅為了少數人。從設計、採購、包裝、配送與經營業務模式，在每一個環節都需要體現 IKEA 理念，實踐公司的願景：為大多數人創造更美好的生活。所以，商品特色主打負擔得起、又有設計感，當公司面臨支出、營運成本增加，IKEA 思考的不是高售價，或降低產品品質，而是思考「應該讓顧客付這筆錢嗎？」如果答案是否定的，公司就會設法從管理效能、減少資源浪費等方面來改善問題。這就是組織文化，是全體員工的行動準則。

資料來源：經理人 2016/04/27、IKEA 官網

→ 前言

　　相信你一定可以很容易地從下圖中快速地分辨各個航空公司的空服人員，你一定也可以容易地分辨出所謂的「慈濟人」，到底是什麼因素讓我們可以如此快速地分辨不同組織的人？而台積電更告訴員工要擁有台積電的 DNA，如 ICIC（integrity 誠信正直、commitment 承諾、innovation 創新、customer partnership 客戶關係），而這些 DNA 要如何內化到上萬名員工身上？有些公司自稱是幸福企業，但公司員工一點也感受不到，但是王品集團是個幸福企業，也讓員工感受到公司的確是個幸福企業，它是怎麼辦到的？這些問題的答案會指向一個議題，那就是組織文化（或稱企業文化）。

14-1 組織文化的定義

　　所謂組織文化（Organizational Culture）是指組織內大部分員工共同的價值觀與行為模式。個體有個體的人格與價值觀，透過這些特質我們可以預測個體的行為與態度，同樣地，組織也有組織的特有的特質，是一家企業（組織）外顯的特質與價值，以及內隱的行事風格與資產，它會形成了組織的願景、宗旨與精神，而這個特質是可以預測組織內大部分員工行為與態度。

　　一般認為組織文化有下列十個基本的特徵，即創新與冒險、注意細節、成果導向、員工導向、團隊導向、企圖心、穩定性、控制程度、衝突容忍度與報酬制度。

1. **創新與冒險**：組織是否鼓勵員工創新與承擔風險，是否可以容忍員工犯錯。

2. **注意細節**：組織是否期望員工表現出準確與注重細節。

3. **成果導向**：管理階層重視事務執行結果的程度。

4. **員工導向**：管理階層是否關心決策結果對員工的影響。

5. **團隊導向**：組織是否重視團隊活動，組織設計或工作設計朝向以團隊為基礎的程度。

6. **企圖心**：員工有強烈的進取心和企圖心，而不是抱持著糊一口飯吃的心態。

7. **穩定性**：組織是否傾向維持現狀，對環境變化的回應程度。

8. **控制程度**：組織用規章、制度來監督與控制員工的程度。

9. **衝突容忍度**：組織是否鼓勵員工公開表達反對的意見。

10.**報酬制度**：報酬的計算是依據員工的工作表現，還是以年資為主。

圖 14-1 組織文化的十個特徵

組織文化常讓員工感受得到，但覺得說不清、講不明白，每個組織各擁有不同的文化，便可以利用這十個基本特徵來描述之。

然而組織都有其文化，並非所有的組織文化都可以讓員工內化到員工自己的身上，而被員工接受的程度也不相同。依據組織文化對員工的影響程度，可以將組織文化區分為強勢文化和弱勢文化。

（一）強勢文化（Strong Culture）與弱勢文化（Weak Culture）

強勢文化對對員工的影響力較深，也就是說，組織中絕大部分的員工深深地相信並奉守組織的核心價值。組織的價值觀被組織大部分員工所認同，組織文化就會愈強勢。相反地，弱勢文化指的是組織成員並不認同組織的核心價值，組織價值觀的共享性（Sharedness）低，對員工的影響程度也不高。

在強勢文化的組織中，組織成員受組織文化的影響較深，相對地員工會清楚地知道什麼樣的行為是可以被組織接受的，而員工本身也願意扮演組織所期待的行為，如此員工會更認同公司、凝聚力愈高，組織承諾也相對提高，因而降低員工的離職率。

相對地，在弱勢文化的組織中，因為成員受組織文化的影響較弱，組織就必須有更多、更明確、規定更細的規章、制度來指引員工行為的方向。

（二）主文化（Dominant culture）與次文化（Subculture）

一個組織中，大部分成員共同的價值觀與行為模式的文化，稱之為主文化，而組織中因部門化、地理位置區隔或是專業領域的不同，而形成各個部門、單位或不同地區的文化，稱之次文化。組織內通常只有一個主文化，而有多個次文化。

14-2 組織文化的要素

組織文化的要素可以分為三個層次，如圖 14-2 的組織文化水蓮圖所示。第一層是浮在水面的蓮花和蓮葉，稱之為人為飾品（Artifact）；第二層為蓮花的莖，稱為價值觀（Value）；第三層為蓮花的根，稱為基本假設（Basic Under Lying Assumption）。

1. 第一層－人為飾品

如同浮在水面上的冰山，組織文化的第一層是組織文化中可見度最高的部分，如組織的政策、制服、建築物、辦公設備、口號標語、組織識別系統（CIS）等等。一般我們可以快速地從此層面辨識不同的組織，但是，無法瞭解其真正的意涵；同樣地，組織的新進員工並無法從此部分的組織文化要素瞭解公司，必須經過一段時間後才能清楚它所代表的意義。

另一部分為蓮葉所表示的行為模式，對組織外的人而言，最容易從此要素判別不同的組織，如組織成員的言行、英雄事蹟、典禮、儀式等等。

第一層的組織文化要素是最容易從視覺、聽覺感受到，也是最容易教導與傳授的，在本章 14-4 組織文化的落實中將詳細介紹組織如何透過故事、儀式、符號象徵，以及語言等來教導並落實組織文化。

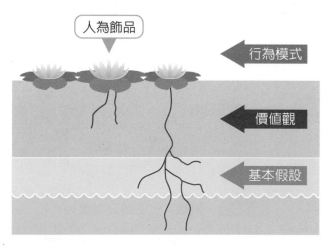

圖 14-2　組織文化水蓮圖（Hawkins, 1999）

2. 第二層－價值觀

如同水面下的冰山，第二層的組織文化是價值觀，無法直接觀察，只能藉由第一層的組織文化表徵來推論或驗證，是屬於外顯的價值。一般組織中的策略、目標和哲學觀即是，如同本章前言所敘述的台積電 ICIC 的核心價值，即是組織文化的第二層。

3. 第三層－基本假設

如同水面下冰山的最底層，內隱於組織深層，是屬於組織文化中無法觀察的部分，為組織的真實價值。此層組織文化是組織的基本假設，為員工視為理所當然的價值觀與理念，屬於不可見、不可觀察的潛意識部分，員工經過一段時間後，會形成一股無形的力量，影響員工的思考與行為。

14-3 組織文化的建立與維持

　　組織文化並非憑空出現，也不是依管理規章制度規劃出來的，也並非創辦人或是高階管理者喊喊口號就可以形成了；另一方面，組織文化一旦形成，也非一朝一夕就可以改變，也不是短期內就會消失。哪些因素是組織文化建立的因素？而哪些因素影響組織文化得以維持？

　　如圖 14-3 的組織文化的建立與維持中所示，組織文化建立的因素主要來自於組織的創辦人；而影響組織文化維持的因素有：甄選原則、高階管理者、社會化等因素，分別說明如下。

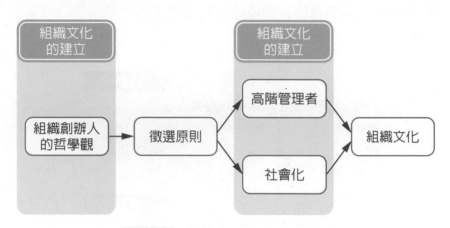

圖 14-3　組織文化的建立與維持

資料來源：Robbins, S.P. Judge, T.A.(2019). Organizational Behavior. 18th ed. NJ: Person Education.

（一）組織文化的建立

　　組織現在呈現的文化樣貌，無論是前述的第一層人為飾品第二層價值觀，或是第三層的基本假設，多半是受到組織過去的經驗所影響，組織成立的歷史有多久，組織文化就可以追塑至那麼久！組織文化最早的根源便是來至於組織的創辦人。

　　組織的創辦人在創辦該企業時，對於企業存在的使命有其抱負與遠景，對於組織各項運作，也有其創辦人自身的想法，而組織剛成立時，其規模不大，舉凡組織中大大小小的事物，創辦人均可以身歷其境，甚至親力親為，因此創辦人的理念與想法會傳遞到每位員工，或是事情的處理方法上，如此再經過假以時日的修正與調整，文化逐漸漸形成。

　　我們在許多企業的官方網站上大都會看到「創辦人的話」，這便是企業文化的建立之初，如下圖中信義企業集團創辦人講述其「信義」二字的由來，也是傳遞其企業文化的核心價值觀。

○ 董事長的話

文選・羊祐・讓開府表：是以鑒心守節，無苟進之志。

　　隨著關係企業日益擴展，不少人問我經營企業的方法，我總是回答：「道理大家都知道，只是我堅持去做而已！」「信義」二字，流傳中國互古不變的精神，我們始終堅持展現在具體的服務上。創業至今，不斷得到消費者與社會各界所給予的肯定，更證明我們對信義二字堅持的價值。

　　我一直以「質優、價廉、薪高、利厚」當作經營的座右銘。「質優」是箇中之鑰，代表著我們的服務必須符合客戶需求與期望及信義的經營理念。我們證明，只要做到最好，就會是最大；我們致力讓更多的客戶蒙受其惠，目前信義經營的區域以臺灣及上海為主，前不久也跨足至北京、重慶、蘇州與浙江，未來更將經營版圖延伸至香港及整個大中華地區，並朝向多元化連鎖事業集團邁進，這是我們集團的遠景與雄心。

　　「價廉、薪高、利厚」看似有矛盾衝突之處，事實上企業經營價值即在於此，企業要經營得出色，必須透過經營的不斷合理化降低成本、提高利潤，並回饋給客戶與同仁，如此經營才會永續。

　　這些年來，信義從幼苗堅韌地發芽、成長到茁壯，但是我們不會因此而自滿，我們不但要滿足客戶目前的需求，更要逐步規劃更多的新服務以滿足客戶未來的需求。我們還希望能從建構一個以「信義」精神為主的企業集團，以「信義」推己及人，進而將此精神推廣到產業、到國家、到世界。

　　未來，信義企業集團更將繼續朝向顧客、產業、資訊、技術等相關的領域發展更完整的事業體系，並依據著客戶、同仁、公司三者皆能滿意，以及兼顧企業、產業、環境的長期發展策略，以求企業生生不息、永續經營。

圖 14-4　信義企業集團創辦人的講述

資料來源：http://www.sinyi.com.tw/about/idea.php

（二）組織文化的維持

　　組織從創立之初，經過一段時間，漸漸有了組織文化，為了讓組織文化得以維持，組織會透過有形和無形的作法讓組織成員都能依組織期望的行事風格展現組織文化的思考與行為模式，讓組織文化可以維持。有形的作法如新進人員的甄選、公司的績效評估制度、教育訓練、生涯發展，甚至獎勵與懲罰辦法等等，無形的方法如透過管理者的理念傳播、組織成員的互動等方式讓員工於潛移默化中維持組織的文化。這些有形和無形的作法，歸納出三個影響組織文化維持的因素：甄選原則、高階主管，以及社會化。

1. 甄選原則

圖 14-5 從一個人的態度可知其價值觀

組織在甄選員工時，除了應徵人員的知識、技能之外，還有一個重要的因素，就是態度！一個人所呈現的態度，其背後的影響因素便是這個人的價值觀，如果員工的價值觀和組織文化的價值觀愈相近，則日後員工的績效表現就會愈好，正向積極的行為產生的可能性也愈高，而日後在組織中的發展也會愈順利，近年來，有關個人 - 組織適合度（Person-organization Fit, P-O Fit）的研究中亦證明此一觀點。

例如 IKEA 在其公司招募人才的網頁中明白表示：我們是一群務實坦誠、熱愛家居布置的人，來自世界各地，背景各有不同，但卻有同一個目標：為大眾締造更美好的生活。我們以共同的價值觀實踐目標。這些價值觀是我們工作的基礎，也是共融關愛、開明坦誠文化的基石。我們提倡團隊文化，熱誠樂觀，歡迎與我們態度及價值觀相同的人才加入。

另外佛教慈濟綜合醫院在其應徵人員履歷表中說明：「為了讓我們的需求單位對您有更深的了解，也請您在來函中簡要的說明下列四個問題的想法：(1) 您所認識的慈濟。(2) 您為何要應徵慈濟的工作。(3) 您能在慈濟發揮或貢獻的專長為何？(4) 請分享您的「人生的關鍵時刻」？帶給您的影響或啟發？」

2. 高階管理者

組織文化之建立與維持，除了創辦人的理念與作法之外，後續的維持必需藉著高階管理者的影響力。透過高階主管們建立的規章、制度，將規範組織成員的做事原則，以及解決問題的方式。

例如大家所知道的中鋼（中國鋼鐵股份有限公司），其中鋼文化便是歷屆董事長、總經理、高階主管們透過由上而下的方式，身體力行、以身作則，成為全體員工學習組織文化的最佳楷模。有關前董事長趙耀東先生的故事在中鋼公司流傳甚多，趙耀東先生規定禁止上班看報、不能代打卡、非用餐時間不能提早吃飯等等，中鋼的紀律文化便因此累積起來，而他自己更是身體力行，2002 年 11 月趙耀東到大陸接受母校武漢大學頒授名譽教授，中鋼公司打算支付 10 萬元機票與住宿費用，便遭到趙耀東先生的婉拒。

3. 社會化

組織盡可能在新進人員甄選階段，篩選出和組織文化、價值觀相似的人員，但一般人在轉換至新環境時，一開始都會有所謂的適應期，經過一段時間後才能漸漸融入新環境、適應新環境，如果適應不良，反而影響其適應組織文化的效果，因此組織會協助新進人員適應組織文化，而這個從局外人變成局內人的適應過程便稱為社會化（Socilization）。有些公司偏好喜歡聘用沒有工作經驗的社會新鮮人，目的即希望透過組織社會化過程，塑造新進人員的目標、價值觀與行事風格和組織文化一致。

一個良好的社會化過程，將會帶來新進人員生產力提高、組織認同感提升，以及離職率下降的結果。

社會化的過程可以分為三個階段：職前期、接觸期、蛻變期。

(1) 職前期（Prearrival Stage）

職前期指的是員工個人在未進入公司之前，如同本書前幾個章節所述，個人會擁有一套屬於自己的價值觀、態度，呈現不同的個人特質，因此，組織為了讓員工進入公司之後，產生順利的社會化過程，除了在甄選過程中盡量讓應徵者瞭解組織的文化，以及未來的工作環境和工作內容之外，個人與組織的適合度（P-O Fit）與否，也是應徵人員的甄選條件之一。

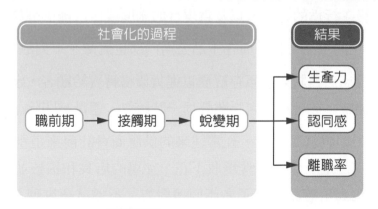

圖 14-6　組織社會化過程

資料來源：Robbins, S.P. & Judge, T.A.(2019). Organizational Behavior. 18th ed. NJ: Person Education.

(2) 接觸期（Encounter Stage）

新進人員經過甄選過程之後，進入公司後，便進入了接觸期。在接觸期中，除了工作單位協助其適應能力外，組織一般會安排新進人員的職前訓練。

新進人員職前訓練所扮演的重要功能之一，便是讓組織的新進員工能有順利的社會化過程，增加其適應能力和降低離職率。

(3)蛻變期（Metamorphosis Stage）

新進員工在接觸期階段需不斷適應公司這個新環境，而這個適應與調整的過程，便是蛻變期，經過蛻變期的調整與改變，便完成了整個社會化過程。成功的蛻變期也就表示社會化過程是順利的，將帶來生產力提高、組織認同感提升，以及離職傾向下降的結果。

14-4 組織文化的落實

員工社會化的過程使得員工順利適應組織的文化，但為了組織可以順利轉化至每位員工，甚至可長久落實，組織可以利用故事、儀式、符號象徵，以及語言等四種形式來教導並落實組織文化。

（一）故事

在公司常會流傳著一些傳奇或故事，這些故事有些可能是真實的，有些也可能是杜撰的，但這些故事所要表達的正是組織想要傳遞的價值和理念。透過淺顯易懂的故事，代代相傳，將組織現在的運作與過去的傳統緊緊連結在一起，並明確地指出員工行為的方向，以及為現行的制度或作法提供解釋與正當性。

在圖 14-7 中的王品文化，而在王品公司內部也流傳了下列故事：

『有一家分店店長將店內庫存紅酒以進貨價格轉賣給顧客，忘了交出貨款，當查出庫存短缺時才被發現，店長雖聲稱一時疏忽，還是被開除了！』

『有位員工即將調派大陸，經常往來的供應商會計前來道別，順便買了朵玫瑰花為她送別，她一時感動當場收下花，在場的店長和稽核並未表示意見，而當事人事後也表示感激還買了名產回送對方。不過這朵玫瑰花要價高達 150 元，超過內部規定的 100 元上限，最後這位同仁、未及時提出糾舉的店長和稽核等三人，都被記申誡處罰。』

| 王品文化_龜毛家族 | 經營理念 | 龜毛家族 | 董事長愛說笑 |

1. 遲到者，每分鐘罰100元
2. 公司沒有交際費（特殊狀況須事先呈報）
3. 上司不聽耳語，讓耳語文化在公司絕跡
4. 被公司挖角禮聘來的高階同仁（六職等以上），禁止再向其原任公司挖角
5. 王品人應完成「3個30」。（一生登30座百岳、一生遊30個國家、一年吃30家餐廳）
6. 中常會和二代菁英，每天須步行10000步
7. 迷信六不：不放生、不印善書、不問神明、不算命、不看座向方位、不擇日
8. 少燒金紙：每次拜拜金紙費用不超過100元
9. 對外演講每人每月總共不得超出二場
10. 演講或座談會等酬勞，當場捐給兒童福利聯盟文教基金會
11. 公務利得的紀念品或禮品，一律歸公，不得私用
12. 可以參加社團，但不得當社團負責人
13. 過年時，不須向上司拜年
14. 上司不得接受下屬為其所辦的慶生活動
    （上司可以接受的慶生禮是一張卡片、一通電話或當面道賀）
15. 上司不得接受下屬財物、禮物的贈予
    （上司結婚時，下屬送的禮金或禮物不得超出1000元）
16. 如屬團體性、慰勞性及例行性且在公開場所之聚餐及使用飲料，上司可以使用，
    不受贈予規範。
17. 上司不得向下屬借貸與邀會
18. 任何人皆不得為政治候選人
19. 上司禁止向下屬推銷某一特定候選人
20. 選舉時，董事長不去投票
21. 購車總價不超出150萬元
22. 不崇尚名貴品牌
23. 不使用仿冒品
24. 辦公室夠用即可，不求豪華派頭
25. 禁止炒作股票，若要投資是買進與賣出的時間，須在一年以上
26. 個人盡量避免與公司往來的廠商作私人交易
27. 除非為非常優秀的人才，否則勿推薦給下屬任用
28. 除非為非常傑出的廠商，否則勿推薦給下屬採用

圖 14-7　王品文化

資料來源：王品集團官方網站

　　在中鋼公司中流傳一個有名的故事，趙耀東先生（當時為總經理）為了端正風氣，不准員工遲到早退。他會到餐廳去抓提前吃午餐的員工；也會在一點五分去工廠巡視，有沒有人還在睡午覺。有一次，他抓到提前吃午餐的員工，那位員工往前跑，「趙老大」在後面追，結果摔了一跤，那位員工只好回來，把「趙老大」扶起來。

（二）儀式

儀式是指組織一系列重複性的活動，並透過這些活動不斷地表達並強化組織的價值觀，例如「台塑集團年度運動會」便是一個台塑精神展現的重要活動，而多數組織每年會舉辦模範員工選拔、升遷儀式、百萬業務員表揚大會等等均是透過這些活動不斷地強調組織的價值觀與行為模式。

（三）符號象徵

用符號來表示組織的文化，例如企業標誌（Logo）。如統一企業標誌是由英文字"President"之字首"P"演變而來，而翅膀的三條斜線和身軀，則表示「三好一公道」的品牌精神（即品質好、信用好、服務好、價格公道）。而霖園集團（國泰相關企業）的一棵大樹，便傳達企業組織宣示「向下紮根、向上發展的」企業理念。

圖 14-8　企業標誌

（四）語言

大多數的組織都有其共通或使用的語言，藉此辨識個人是否屬於該組織。組織單位內的文化也有其單位內的專屬語言。例如佛教慈濟綜合醫院中常聽到：「感恩、知足」。

14-5 職場靈性

有關靈性的描述，一般靈性指的是個人在環境中的各種關係都能達到平衡的最佳狀態，各種環境包括本身個體、社會團體、自然環境，還有宗教世界。而靈性表示個體基於個人的意義以及價值觀去看這個世界，包含了希望、夢想、思考模式、情緒、感覺和行為。可見靈性會影響個體的行為模式以及其對於這個世界周遭的感知，所以，組織內的員工也可會受到靈性的影響。

員工在工作環境中也會發展出的靈性。所謂職場靈性（Workplace Spirituality）是指在職場環境下，員工將感受到自己歸屬於職場這個共同體、覺得擁有內在

生活以及有意義的工作。職場靈性主要包含三個成分：「內在生命的認同」、「有意義的工作」、「共同體」。

（一）內在生命的認同

職場靈性認為人的生命同時擁有外在層面和內在層面，人們應該體認內在層面的生命具有神聖的力量，並運用此內在力量使得外在層面的生命更具意義與完整。因此靈性的發展與心智同等重要，組織的職場靈性發展會同時兼具心智與心靈，例如心智的發展代表組織和員工的成長，而心智方面則如員工士氣的提升。

（二）有意義的工作

員工需要從工作中獲得生命意義。有意義的工作意旨深層生活、意義、目的、喜悅，以及對於組織、人群的貢獻。例如佛教慈濟綜合醫院中的醫療特色說明：「人生要過得有意義，必須懷抱著為社會需要而勇於投入的使命感，以『職業即道業，職場即道場』的心，體會『做中學，學中覺』。」，便是職場工作的意義。

（三）共同體

職場靈性的意義便是將職場視為一種社群，工作本身就是靈性成長與他人連結一種來源，個體可以在組織這個社群中感受到人類的相互依存感，降低孤獨、失望與痛苦的感覺。

所以組織可以視職場靈性為一種組織價值的架構，而這個價值可以藉由一些組織文化來展現，例如：讓員工在工作過程中具有超越自我的經驗，或是藉由提供完整性和愉悅感等正面經驗，促進員工能擁有與他人休戚與共的生命共同體的感覺。而一般研究也指出職場靈性對於工作意義的賦與、對任務的使命感、工作滿意、工作投入以及生產力都有正向影響。而在組織變革時，靈性亦可以提供最根本的目的給個人，為個人提供生命的意義，並且可以成為人們的支持來源，在遭遇壓力和變革的時候，注入信心，使個人得以有更多的資源去面對挑戰。

1. 組織文化指組織內大部分員工共同的價值觀與行為模式。

2. 一般認為組織文化有下列十個基本的特徵，即注意細節、成果導向、員工導向、團隊導向、企圖心、穩定性、創新與冒險、控制程度、衝突容忍度與報酬制度。

3. 組織文化的要素可以分為三個層次，如組織文化水蓮圖，第一層為浮在水面的蓮花和蓮葉，稱為人為飾品；第二層為蓮花的莖，稱為價值觀；第三層為蓮花的根，稱為基本假設。

4. 組織文化是如何建立與維持？組織文化建立的因素主要來自於組織的創辦人；影響組織文化維持的因素包括甄選原則、高階管理者、社會化等因素。

5. 組織在甄選員工時，除應徵人員的知識、技能之外，態度是一個重要的因素一個人所呈現的態度，其背後的影響因素即為此人的價值觀，若員工的價值觀和組織文化的價值觀愈相近，則日後員工的績效表現會愈好。

6. 組織文化的建立與維持，除創辦人的理念與作法之外，後續的維持必須藉著高階管理者的影響力。透過高階主管們建立的規章、制度，將規範組織成員的做事原則及解決問題的方式。

7. 一般人在轉換至新環境時，會有所謂的適應期，經過一段時間後才能漸漸融入新環境。若適應不良，反而影響其適應組織文化的效果，因此組織會協助新進人員適應組織文化，從局外人變成局內人的適應過程便稱為社會（Socilization）。

8. 良好的社會化過程，將帶來新進人員生產力提高、組織認同感提升及離職率下降的結果。社會化的過程可以分為三個階段：職前期、接觸期、蛻變期。

9. 員工社會化的過程使得員工順利適應組織的文化，為了組織可以順利轉化至每位員工，甚至可長久落實，組織可以利用故事、儀式、符號象徵等形式教導並落實組織文化。

一、選擇題

( ) 1. 組織內大部分員工共同的價值觀與行為模式,稱之? (A) 組織策略 (B) 組織章程 (C) 組織文化 (D) 組織學習。

( ) 2. 組織文化中,組織成員並不認同組織的核心價值,組織價值觀的共享性低,對員工的影響程度也不高,稱之? (A) 強文化 (B) 弱文化 (C) 主人化 (D) 次文化。

( ) 3. 組織中因部門化、地理位置區隔或是專業領域的不同,而形成各個部門、單位或不同地區的文化,稱之? (A) 強文化 (B) 弱文化 (C) 主人化 (D) 次文化。

( ) 4. 請問組織文化最早的根源來自於? (A) 創辦人 (B) 董事會 (C) 高階主管 (D) 股東。

( ) 5. 組織會透過有形和無形的作法讓組織成員都能依組織期望的行事風格展現組織文化的思考與行為模式,讓組織文化可以維持,下列何者是影響組織文化維持的因素? (A) 甄選原則 (B) 高階主管 (C) 社會化 (D) 以上皆是。

( ) 6. 組織會協助新進人員適應組織文化,而這個從局外人變成局內人的適應過程,稱之? (A) 適配原則 (B) 適應力 (C) 社會化 (D) 感染力。

( ) 7. 在職場環境下,員工將感受到自己歸屬於職場這個共同體、覺得擁有內在生活以及有意義的工作,稱之? (A) 職場靈性 (B) 組織社會化 (C) 組織變革 (D) 組織文化。

( ) 8. 下列何者是組織用符號表示企業文化? (A) 組織設計 (B) 組織建築物 (C) 企業標誌 (D) 組織辦公室。

( ) 9. 下列何者是組織落實企業文化的方式? (A) 故事 (B) 儀式 (C) 符號象徵 (D) 以上皆是。

( ) 10. 組織文化的要素可以分為三個層次,其中可見度最高的是? (A) 第一層:人為飾品 (B) 第二層:價值觀 (C) 第三層:基本假設 (D) 以上皆非。

二、簡答題

1. 請簡述高階主管對組織文化的影響。

2. 請說明社會化對組織文化的影響。

本章習題

3. 請簡述說明組織新進員工社會化的三個階段。

4. 請簡述四種落實組織文化的方式。

5. 何謂職場靈性？它如何協助員工適應組織？

三、問題討論

1. 試以組織文化的七個基本特徵，描述兩家不同的公司。

2. 何謂組織文化？

3. 強勢文化和弱勢文化有何不同？

4. 組織文化的特性為何？

5. 影響組織文化維持的因素？

6. 高階主管如何影響組織文化？

7. 組織應該如何落實組文化？

8. 何謂職場靈性？其對組織和個人有何影響？

Chapter 15

組織變革與發展

學習目標

1. 明瞭驅動組織變革的力量
2. 瞭解組織變革的型態
3. 清楚描述組織變革的抗拒與因應
4. 瞭解如何藉由組織發展管理變革
5. 明瞭組織變革的當代議題

章首小品

　　聯合新聞網（2021/09/16）報載指出，美國銀行（BofA）策略師發表一份稱為科技「登月計劃」的全新清單，要幫投資人找到下一個亞馬遜（Amazon）或蘋果（Apple）。面對經營環境的改變，企業不斷地採取行動方案，不但為了獲利，更需確保長期的生存與發展。然而面臨巨大、趨勢化的改變，更加考驗經營者的能耐。由於創新加速，現有企業以更快的速度被取代。美銀的數據顯示，以標普 500 指數成分公司的壽命為例，1958 年公司的平均壽命為 61 年，到 2016 年縮短至 24 年，預計 2027 年時更將減半至只有 12 年。

→ 前言

組織變革與發展是不能避免的競爭與生存策略，本章即在探討組織如何因應環境的改變，從事組織變革，確保組織變革的成功，達成組織獲利、成長的目標。最後介紹組織變革中較為軟性、人性化的技術--「組織發展」，用以降低變革的抗拒並提高變革的成功率。

15-1 組織變革的本質

「不變革，就滅亡」，清楚地說明這是一個不僅變化快速的時代，也是一個機會和危機瞬間轉換的年代。在這樣的經營環境中，企業必須體認改變的重要性與必要性，「變」是隨時在發生的。變革（Change）是指一個系統維持穩定的力量受到改變，而組織變革（Organizational Change）指的組織對現在的狀態進行大的改變，轉換至另一個狀態。

組織面臨經營環境會不斷地採取因應對策，例如生產力提升計畫、品質改善促進方案、成本降低計畫、擴大營業範圍、增加產品線等等，但這些都稱不上變革，組織變革是組織為了求生存與發展，所展開全面、根本、大規模的改變，影響層面是全公司性的。因此，除非必要，組織一般不會進行如此大規模的變革行動。

圖 15-1　快速化的時代

組織為什麼需要變革？本節主要探討驅動組織變革力量的來源，以及組織對變革過程的觀點。

（一）驅動組織變革的力量

組織生態理論指出，當組織無法適時改變阻止本身，來適應環境的變化時，就產生自然生態理論的物競天擇現象，也就是適者生存，不適者淘汰。因此，

驅動組織變革的力量，主要來自組織經營的環境。一般組織經營的環境可以分為外在環境（政治、經濟、社會文化、科技與全球化；競爭者、供應商、顧客、投資者、人力資源市場等等）和內在環境（技術、人力、財務、物力、管理、組織文化等等），同樣地，變革力量的來源就是來自組織經營環境，其驅動力量分為外部力量與內部力量，如圖 15-2 所示。

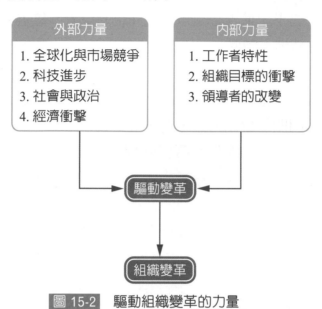

圖 15-2　驅動組織變革的力量

1. 外部力量

舉凡組織經營環境的外在環境（政治、經濟、社會文化、科技與全球化；競爭者、供應商、顧客、投資者、人力資源市場等等）均有可能形成組織變革的起因。政治當中的政府法規會限制、或允許行業的經營項目會造成企業經營策略與營運方向的改變，例如 1993 年開放保險公司成立，使得保險業的競爭白熱化；2001 年金融六法成立，促進金融業的合併，金融業的併購聲頓時響起。

在全球化環境下，提高經營環境的不確定性，也使得經濟環境變得「牽一法動全身」的局面，2008 年底的金融海嘯、2011 年的歐債問題，使得企業環境變得更混沌、更難預測。

科技變遷的速度是當今企業面臨的重大挑戰之一，一旦跟不上變化的趨勢，隨即呈現的便是虧損，甚至造成公司的滅亡，如前述的柯達公司面臨的數位化革命，而芬蘭知名的手機大廠 NOKIA，一直都是市場的龍頭，卻在一波智慧型手機的浪潮下，公司盈餘逐漸式微，2010 年 NOKIA 淨收入還有 10 億歐元，卻在 2011 年 7 月負債 1 億 7600 萬歐元。

2. 內部力量

來自於組織變革內部的力量主要有工作者特性、組織目標的衝擊和領導者的改變因素。

在多元化的社會中,組織中的工作者亦曾現多元化現象,如性別的組成、世代間的多元、價值觀的差異、宗教信仰的不同,甚至國家種族的不同,在面對多元化員工之下,使得必須重視多元化的現象、尊重多元化的差異,進而改變其組織在結構、制度、工作內容上的設計。

組織目標的衝擊會牽動組織的變革,當組織目標的執行情形無法如預期,使得組織必須改變以確保目標的達成,例如功能別組織隨著組織產品範圍的擴大,各功能部門間的協調困難,造成市場顧客需求的掌握與反應變慢,此時便會產生組織變革,組織設計可能朝向事業部組織。

組織領導者的改變也是組織變革的驅動力之一。領導者有自己一套的管理哲學、領導風格和形式作風,不同的領導者會帶來不同的新氣象,產生組織結構、制度上的改變;而組織一般會更動領導者,一般會發生在組織虧損、危機或是組織策略目標改變時,正也是啟動組織變革的時機。

(二) 組織變革的型態

一般組織變革的型態可以區分為計畫性變革與回應性變革,以及漸進式變革和激進式變革。

1. 計畫性變革與回應性變革

計畫性變革是指組織因應環境的變化,進行有計畫、有目標、有特定程序的變革,這種變革所面臨的問題較複雜,事前需要收集大量的資訊與詳細的評估,變革所歷經的時間較長、影響的層面也較廣。

回應性變革是指組織將變革視為偶發性、或是隨機性的管理作法,相較於計畫性變革,這種變革屬於非計畫性的,所面臨的問題複雜性低、不確定性也低,變革的進行可能先從公司的某一部門、或某一作業流程先開始,視情況需要,再逐一推展至全公司。

2. 漸進式變革和激進式變革

組織為了適應環境或因應環境的變化,而啟動變革,變革可依影響的範圍分為兩種:漸進式變革(Incremental Change)和激進式變革(Radical Change),如圖 15-3 所示,漸進式變革變革和激進式變革分屬於變革影響範圍的兩端。

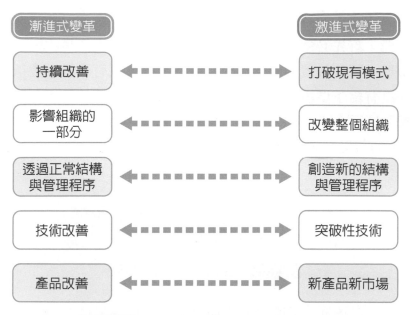

圖 15-3　漸進式變革變革和激進式變革

資料來源：Richard L. Daft,2004. Organization Theory and Design, 8th Ed.. OH: Thompson, South-Western, pp.402.

漸進式變革是指組織為了適應環境或因應環境的變化，所進行較小幅度的改變，通常可能用「改善」（Improvement）這個概念來取代。

激進式變革是指大幅度的改變，有可能是一種徹底、從根本的改變，通常可能用「創新」（Innovation）這個概念取代。

（三）變革過程的觀點

一般組織變革的過程有兩種觀點，一為靜海行船觀點，另一個為急流泛舟觀點。

1. 靜海行船觀點

靜海行船觀點顧名思義，組織就像是一艘在大海中航行的船隻，在船長有經驗、有計畫的帶領下，航向預定的港口，然而，在航行的過程中，偶遇大風浪，船長和船員們能進行最好的反應，度過此次風浪之後，又回到風平浪靜的時刻。

靜海行船觀點的變革，認為組織變革只有在某些情況下，偶爾才需要變革，而變革是對現有狀況的改變，然後再回到另一個穩定的狀況。Kurt Lewin 的變革三步驟最能代表此種觀點的變革。

如圖 15-4 所示，Lewin 認為變革是將現狀改變至另一個新的狀態，必須經

過解凍、改變和再凍結三個步驟。例如，想要將一塊方形的冰塊改變成一塊圓形的冰塊，首先必須先改變現狀，就是解凍，之後便是改變。改變之時就是加以塑形，將其放置圓形容器中。但是，如果只有改變，變革不一定會成功，如果沒有給予環境的支持與配合，那麼一定會「故態復萌」，因此最後一個步驟便是再凍結，如同必須將圓形容器的水放置 0℃以下，才會結凍，而且 0℃以下的環境必須維持，才不會又回到原狀。

圖 15-4　Lewin 的變革三步驟

因此，Lewin 的變革三步驟是將組織變革過程視為平衡狀態的突破，如下圖 15-5 變革的場理論一樣，組織由狀態一變革至狀態二，解凍必須啟動變革驅動力，改變必須抑制變革抗拒力，最後利用再凍結維持在變革後的狀態二。

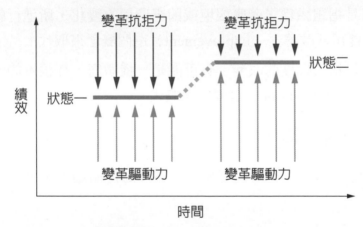

圖 15-5　Lewin 變革的場理論

資料來源：Kurt, Lewin,1951. Field Theory in Social Science. NY: Harper and Row.

2. 急流泛舟觀點

組織變革過程的第二個觀點是急流泛舟觀點，前述之靜海行舟觀點被認為比較不足以形容現今多變且變化快速的競爭環境中。現今的組織不像是一艘航行在大海中的大船，而是像漂流在湍急河流中的竹筏，航行水域變化多端，航行目標不是很明確，必須隨時因應水域的變化調整航行方向和竹筏上的人員，改變是隨時在發生的。

現今的經營環境不就正是如此，每個組織都必須在詭譎多變的環境中求生存，一波未平、一波又起，改變是持續的、常態的。

 ## 15-2 組織變革的抗拒與因應

　　組織變革意味著組織必須打破現狀，而打破現狀表示對未來的掌控性和可預期性降低，更擔心影響既有的權力和利益，使得組織變革勢必帶來抗拒。但抗拒變革的力量有可能是功能性衝突（如本書第十二章所述），當抗拒焦點在組織任務與工作上時，可以為組織帶來正面的思考，針對變革問題尋找對策，達到變革的目標。

　　變革的抗拒行為可以是積極外顯或消極內隱的，可能是及時直接的或是延遲累積的，積極外顯、及時直接的抗拒比較容易處理，員工的抗拒行為如圖15-6 變革抗拒行為的連續帶所示。

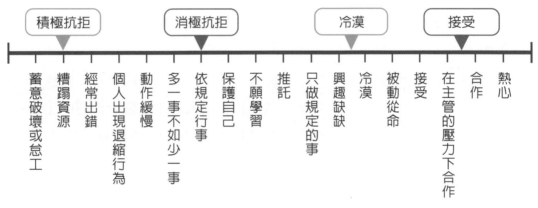

圖 15-6　變革抗拒行為的連續帶

資料來源：
1. A S Judson, Changing Behavior in Organizations: Minimizing Resistance to Change Combridge, MA: Basil Black well, Inc.. p.48.
2. 康裕民譯（2008）。組織行為。第七版。台北：美商麥格羅‧希爾。P.611。

　　變革一定會帶來抗拒，負面效果的抗拒會抵制變革的驅動力（如圖15-6），嚴重的話會導致變革的失敗，因此必須對變革抗拒的原因與因應對策加以瞭解。

（一）變革的抗拒

變革抗拒的原因可能來自於個人因素或組織因素。

1. 個人因素

人類是習慣性的產物，我們雖然面臨不同的每一天，但是我們自有一套近似標準化的生活方式，例如不知不覺每天到學校、或公司會走同樣一條路，習慣地在某個路口左轉、在下一個路口右轉；習慣地在固定店家食用午餐、晚餐。如果有一天道路施工，會發現到學校、或公司怎麼那麼不順利，即使施工未完成，還是會不知不覺地在某個路口左轉、在下一個路口右轉。因此，改變對我們來說是會造成許多的困擾，習慣性會轉變成抗拒改變的力量。

另一個抗拒的個人因素是安全感。對改變所造成未來的不確定性，會更加害怕，因這種安全感的喪失，而產生抗拒力。在組織中我們會害怕變革後造成權力、利益、或經濟因素上的損失，例如兩家公司合併，無論那家公司的員工都會有不安全的感覺，害怕工作權喪失、害怕薪資、福利會縮減。

2. 組織因素

另一個抗拒變革的原因是組織因素，是來自於組織情境的相關因素，有以下幾點因素：

(1)結構慣性：組織結構的設計本身就是為了組織運作的穩定性，組織會透過遴選方式挑選組織適合的人選；透過教育訓練傳達組織所需要的工作技巧與態度；透過標準化作業流程（Standard Operation Process, SOP）讓員工的工作有所依循，減少錯誤的機率。然而這些結構的慣性卻是很難克服的穩定力量，所以組織在面臨變革時，便形成一種穩定的抗衡力量。

(2)系統結構：組織是一個由許多子系統所組成的大系統，如果組織只想改變某個子系統，而忽略子系統彼此之間的相互依存關係，這種變革是無法成功的。例如生產技術的改變，不僅發生在生產子系統，如果不同時修正工作設計、教育訓練、管理技能等等子系統，生產技術的改變是很難成功的。

(3)團體慣性：因為團體角色、團體規範的限制下，不得不對變革採取抗拒。例如身為營業單位的一份子，雖然贊同獎金分配辦法的修正，但團體傾向不支持改革方案，在團體規範下，個人也會持抗拒的態度。

（二）變革抗拒的因應

組織可透過許多因應方式來減低變革抗拒的力量，如溝通與促銷變革、教育與訓練、參與、提供支持、獎勵、強制或脅迫。

1. 溝通與促銷變革

溝通變革的必要性是變革中最重要的因素。組織變革一般是高階主管首先體認到變革的必要性與迫切性，但組織中其他員工是否有同樣的認知，便關係到變革成功的機率。組織可能因為資訊不足、溝通不良而導致員工對變革的未來性產生不確定感，而引發變革的抗拒力，如果能讓員工瞭解變革的需要，甚至管理者可以「促銷」變革的需求，讓員工不但瞭解組織變革的需要性，更能創造和高階主管同樣對變革迫切性的體認。

2. 教育與訓練

員工對變革的抗拒可能因為對未來未知的恐懼，害怕因變革而使得自己所擁有的工作技能或專業能力喪失，如果能事先給予教育訓練，教導未來可能用得到的知識、技術和能力，提高員工的安全感，進而減低變革抗拒的態度和行為。例如當公司引進新設備、新技術時，事先給予新工作模式的教育訓練，對於新設備、新技術的成功引進是非常有幫助的。

3. 參與

在變革決策過程中，參與決策過程的人會比未參與者，更能體會變革的需求，對於變革所採行的決策方案會更認同與投入，如同員工參與決策、團體決策一樣，人們對於自己參與的決策、共同拍板決定的執行方案，較不會產生抗拒力。因此當組織進行變革時，不妨將有影響力、具專業能力的人，使其參與決策過程，以獲得承諾，不僅可以減緩變革抗拒力，還能提高決策品質。

4. 提供支持

管理者或是變革方案的執行者可以利用許多支持性的方式，如積極傾聽、同理心，以降低變革所帶來的不安全感、恐懼感，本章15-3節將介紹此類方法。

5. 獎勵

透過增強物給予（本書第五章5-3增強理論所述）可以改變、塑造員工的行為，因此，當員工出現符合變革期待要求的行為，組織可以給予獎勵，如口頭肯定、讚賞、加薪或是晉升，以強化其行為，甚至成為其他人仿效的對象，成為變革的驅動力。

6. 強制或脅迫

強制或脅迫是一個高度風險的因應方式，也是組織最後、不得不的方法。面對極力抗拒者、或是變革的迫切性高、沒有其他更有效的方式時，強制或脅迫就會成為減低變革抗拒力的選項，此種方法也可達殺雞儆猴之效。

15-3 藉由組織發展管理變革

21 世紀人工智慧的發展，科技與資訊更加快速變遷，促使同業以及潛在競爭者快速出現，過去在校時可獲得 80%，離校後再學習 20% 便可勝任工作，而今，有 80 ～ 90% 的知識靠離校工作後再學習而來，組織發展（Organizational Development, OD）興起於 1940 年代，主要推動者為 Kurt Lewin。組織發展是將行為科學的技術與理論，運用在組織有計畫性的變革上，根據傅蘭琪與貝爾 (French and Bell,1995) 對組織發展的定義：「組織發展乃是一項促進組織解決問題和變革過程的長期性努力，主要透過更有效及更協同參與的管理方式來改變組織文化。」，因此組織發展是基於人性面與民主價值的精神來推動組織有計畫的變革，是一個重視個人和組織的成長、協同與參與的過程，一同改善組織效能與員工福祉的方法。因此組織發展具有下列幾點價值上的特徵：

1. 重視文化與過程導向。

2. 強調尊重他人、權力平等、信賴與支持。

3. 可以跨越垂直與水平的組織界線坦誠溝通。

4. 管理者與部屬同心協力的參與問題的解決與決策的制定。

5. 透過各式各樣的團隊運作。

6. 強調組織中的人性面與社會面。

7. 強調組織整個系統的變革。

8. 透過自我分析的方法，培養持續學習所需的技能與知識，使接受變革的組織能自己解決問題。

9. 將組織變革視為在不斷變遷的環境中一種持續進行的過程。

10. 建立個人與組織兩者能「雙贏」（Win-win）的問題解決方案。

　　組織發展提供許多介入技巧以強化組織的人性面，建立個人與組織的雙贏方式來實現組織變革的目的。常用的介入技巧（Intervention Techniques）有敏感性訓練、調查回饋、過程諮詢、團隊建立、團體間的發展。

（一）敏感性訓練（Sensitivity Training）

　　敏感性訓練又稱實驗室訓練（Laboratory Training）、T 團體（T-group），這是一種透過面對面的非結構式團體互動，提高對於人際互動的敏感性，達到個人行為的改變的方法。是過程導向，而非內容導向的。

　　敏感性訓練透由小團體（不超過 15 人）和一名帶領訓練的專家進行，進行內容大致如下：

1. 不規定正式的討論議程和團體召集人，是一種針對「此時此地」所發生的事情進行討論。

2. 由帶領專家以鬆散的方式帶領討論的進行，讓參與者自由發言，彼此互動、互相討論與啟發，增進彼此間的瞭解。

3. 參與人員不評論，只是坦誠地談出自己的看法，並就其他學員行為作出反饋。但是，對參加者的反饋資訊，主要來自訓練期間的行為。

4. 參與者從其他人對自己行為的看法中得到回饋，是極富價值的學習經驗，可以作為個人知識和發展的來源；參與者亦可同時學習到團體行為及團體間的關係。

5. 著重增進人際關係，互相學習，促進新的合作行為；

6. 可以將訓練過程的學習經驗轉移至實際工作中，鞏固學習效果。

　　因此敏感性的訓練可以進行自我探索、增進自我覺察能力、提高自信、促進人際互動關係、提升人際溝通能力，進而強化團隊精神、創造更高的團隊凝聚力。但是，敏感性訓練也有其缺點，可能使參與者感受內心隱密處被揭露的壓力、有侵犯隱私之風險。

（二）調查回饋（Survey Feedback）

　　調查回饋是一種用專門設計的問卷表來評估和分析員工態度和組織氣候，有系統地找出彼此知覺差異之處，進而發現問題、收集解決問題的意見和方法。

　　調查回饋所使用的問卷一般包括三方面：領導行為評價；組織溝通、決策、

協調與激勵情況；以及員工對組織、工作、同事、主管各方面的滿意度情形。調查回饋進行的方法如圖 15-7 所示，說明如下：

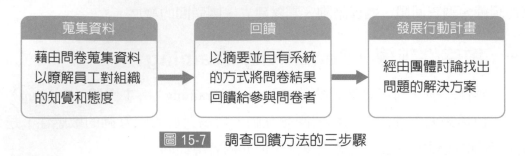

蒐集資料	回饋	發展行動計畫
藉由問卷蒐集資料以瞭解員工對組織的知覺和態度	以摘要並且有系統的方式將問卷結果回饋給參與問卷者	經由團體討論找出問題的解決方案

圖 15-7　調查回饋方法的三步驟

1. **蒐集資料**：藉由問卷調查所蒐集的資料，來了解員工對於各種因素的知覺和態度，尤其是組織中的管理方面。

2. **回饋**：以摘要並且有系統的方式將問卷結果回饋給參與問卷者。所謂的有系統，是指回饋是有階段性的，首先開始於組織的高階團隊，接著再依循組織的正式層級向下依部門別或團隊列表，最後再發給每位員工。

3. **發展行動計畫**：經由團體討論找出問題的解決方案。

調查回饋此種方法可以比較準確地發現組織或員工所困擾的問題，找出所存在的問題，進而找到解決的辦法，並促進員工態度和行為的轉變，改善整個組織的氣氛，實現組織發展的目標，如此將有住珠變革的推動。

（三）過程諮詢（Process Consultation）

所謂「當局者迷，旁觀者清」，過程諮詢便是透外部專家或顧問的諮詢協助，使組織成員（通常是管理者）可以瞭解並解決個人或人際互動過程中的問題。因此過程諮詢相較於敏感性訓練，它是內容導向、是聚焦且問題解決導向的。

而敏感性訓練和過程諮詢有一個類似的基本假設：認為組織效能問題可以透過人際關係和員工參與投入的方法獲得解決，而過程諮詢的特性是組織內部和外部的顧問專家共同診斷，以找出組織必須改進的內容。

過程諮詢此種介入方法有兩個優點：一是藉由外部顧問專家幫助組織解決自身存在的問題；二是可以解決組織在面臨工作或群體間的人際協調問題。但是此種方法也有其缺點，即組織成員無法像其他組織發展介入技巧一樣，讓大部分的員工參與，而且過程諮詢一般所耗費的時間較長、費用較大。

（四）團隊建立（Team Building）

團隊建立是透過高度互動的團隊運作方式（詳如本書第九章所述），增進團隊成員間的互信與彼此接納，進而發展出更好的人際關係。團隊建立的方法有四個步驟：

1. **預備活動**：預備活動類似 Lewin 變革三步驟中的「解凍」，其重點在瞭解與面對可能存在的問題，準備接受變革。

2. **診斷活動**：可以透過問卷或診斷的方式蒐集問題相關資訊，並進而分析，找出初步的解決建議方案。

3. **全員參與**：透過全員參與的團隊運作模式訂定問題解決的目標與完成目標的計畫。

4. **顧問促進**：類似過程諮詢方法，可以藉由外部顧問來促進與協調目標計畫方案的實施。

團隊建立是在互信、彼此接納、合作的氣氛中提高單位工作的效能與效率，此方法不但可以改進溝通過程，也能增進處理人際問題的能力。

（五）團體間的發展（Intergroup Development）

在組織變革中，由於團體與團體之間工作、成員的差異，對於問題的認知、解決方式可能產生衝突，如圖 15-8 人際間不同互動對象的競爭程度中，以團體對團體的競爭程度是最大的。而團體間的發展則是透過訓練或是發展活動，藉以改善不同工作團體間的關係。即透過改變一個團體對另一個團體的態度、刻板印象、以及知覺與認知，來降低不同團體間因相互依賴關係所造成的衝突，並促進彼此的合作。

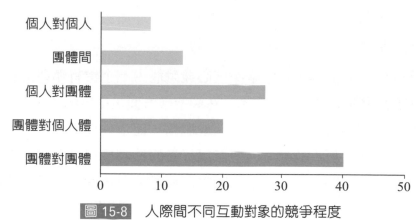

圖 15-8　人際間不同互動對象的競爭程度

資料來源：Forsyth, D. R.(1999).Group Dynamics (3rd ed.). Belmont, CA.: Wadsworth

團體間的發展最主要就是要消彌兩個團體間的衝突，透過團體間的接觸（Intergroup Contract），如分享活動、直接面對問題是一個不錯的方法。另外可以透過促進團體間的合作方式來降低衝突，例如設定需要兩個團體共同合作的更高目標。

因此團體間的發展方法需先釐清有哪些干擾因素影響著團體間的關係？而團體間衝突的認知基礎爲何？最後再來尋找如何促進團體間關係的方法。

15-4 組織變革的當代議題

在面臨多變、且變化迅速的經營環境中，茲介紹兩種組織變革的當代議題：流程再造與學習型組織。

（一）流程再造

流程再造（Business Process Reengineering, BPR）指的是企業對其最關鍵、最基本的管理流程或作業流程進行重新設計的過程。依據漢默（Michael Hammer）和錢辟（James Champy）的定義，這是一個從根本上徹底的改變企業作業流程，使得企業在成本、品質、服務和速度上獲得大幅度戲劇性的改善。所以流程再造有其四個特點：流程的、根本的、徹底的和戲劇性的。

流程再造有三個關鍵因素：找出競爭能力、評估核心流程，以及依照核心流程進行水平整合。

首先必須先找出企業最具核心的競爭能力，這個能力是具競爭地位，比其他競爭對手更優勢的。以銀行業爲例，顧客的管理與服務是競爭力所在，良好的顧客關係管理能讓企業取得競爭上的優勢。

其次爲評估核心流程，爲了確保核心競爭能力，企業有哪些流程是具關鍵性的，可以讓競爭能力更具競爭價值。在製造業方面，從原物料、資金、人力、設備，經過生產轉換成顧客需求的產品或服務，而這一連串的流程，如何讓每個流程增值，以獲取更大的競爭力。而銀行業的核心流程是顧客的管理與服務流程，如何做好顧客關係管理、增加顧客價值是公司最關鍵、最基本的作業流程。

最後是作業流程的水平整合，一般企業的作業流程是垂直的，依企業功能生產、行銷、人力資源、研發、財務獨立運作，這種垂直、獨立分工的作業流程容易發生溝通、協調的問題，對外在環境變化的反應較慢，爲了增加作業流程的價值性，必須依作業流程加以水平整合，如表 15-1 所示。

表 15-1　流程與功能關係

流程 （Processes）	研發	製造	行銷	財務	人資
新產品開發	✓	✓	✓		
新產品上市	✓	✓	✓		
生產規劃		✓	✓	✓	✓
物料管理		✓		✓	
組織	✓	✓	✓	✓	✓
帳單收款		✓	✓	✓	
人力資源訓練	✓	✓	✓	✓	✓
顧客需求分析	✓		✓		
訂單處理履行		✓	✓	✓	

再以銀行爲例，早期銀行對顧客的服務是依不同的作業需求進行顧客服務，如圖 15-9，經過核心流程的水平整合，如圖 15-10 之銀行流程再造後，顧客服務是整合性，對顧客的服務價值也可以大幅度的提升。

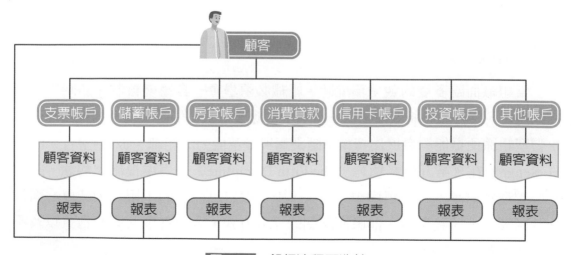

圖 15-9　銀行流程再造前

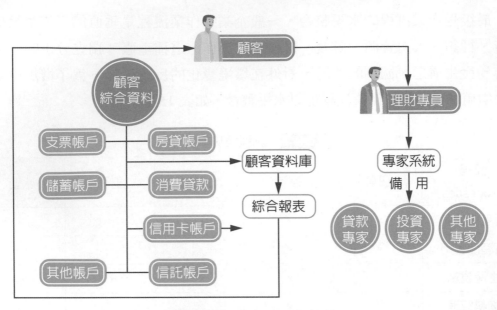

圖 15-10　銀行流程再造後

　　企業流程再造的失敗率很高，一項調查表顯示約約 75% 的流程再造活動是失敗的。企業施行流程再造對員工來說是一大挑戰，新的流程可能造成許多人失業、新流程需面臨新的工作內容、需學習新的技術和能力，如果處理不好，流程在造的這項變革就會遇到很大的困難，甚至失敗。

　　因此企業的流程再造除了須消除因變革所產生不確定性、不安全感的抗拒外，還需注意相關配套的組織結構、人力資源政策和作業規範等方面同時改進的規劃，形成整體系統的企業再造方案。另外，想要員工接受新工作流程改變，需先改變過去舊有的思考模式和工作方法，可以透過本章所述的組織發展介入技巧，塑造新的組織文化，透過文化的再造確保流程再造的成功。

（二）學習型組織

　　當組織面臨多變的競爭環境時，組織必須學會一套應變機制，隨時因應環境的變化，這種隨時將改變形成一種習慣的應變方式，便是學習型組織的概念。學習型組織便是能夠發展出持續不斷調適與變革能力的組織。彼得•聖吉（Peter M. Senge）在《第五項修煉》（The Fifth Discipline）一書中提出此觀念，認為立學習型組織是：「在組織中，大家不斷突破自己能力的上限，創造真心嚮往的共同願景，培養全新、前瞻而開闊的思考方式，全力實現共同的抱負以及不斷一起學習如何共同學習。」。

　　傳統組織中的學習傾向個人的學習，個人的學習是封閉式的單循環學習（Single-loop Learning），當遇到問題時，透過自己對知識、技能的吸收，形成自己的技術與能力，而學習型組織是一種開放式的雙循環學習（Double-loop Learning），當遇到問題需解決時，透過團隊內成員以及團隊之間的互動，形成大家共同的想法、智慧與知識。如圖 15-11，學習型組織是個人學習、團隊學習、以及團隊間的學習共同整合而成的。

　　學習型組織具有幾點特徵：(1) 要具有因應外在環境的組織型態與結構；(2) 要繼續不斷地進行各種層次的學習；(3) 要跨越組織垂直與水平的界線，坦誠溝通；(4) 要強調系統思考的心靈轉化過程，將組織所有活動視為一個互動系統；(5) 要有認同的共同願景，並實現共同創新成長的成果。

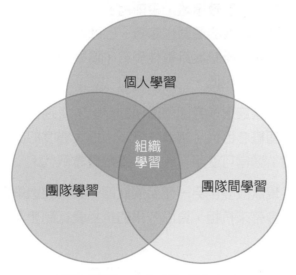

圖 15-11　學習型組織的概念

　　如何建構一個學習型組織？學習型組織改變傳統組織的思考模式，必須讓員工從態度、行為進行改變，因此管理者必須：

1. 建立清楚的策略，明確地表達變革、持續創新的想法。

2. 重新設計組織結構，傳統的組織是層級式、垂直控制、命令統一，而學習型組織是一種更彈性的組織，強調水平溝通與整合、團隊合作、系統思考。

3. 重塑企業文化，可以透過本章所述的組織發展介入技巧，塑造新的組織文化，如開放、創新、不斷接受改變的文化。

1. 變革指一個系統維持穩定的力量受到改變；組織變革指組織對現在的狀態進行巨大的改變，轉換至另一個狀態。

2. 一般組織經營的環境可以分為外在環境與內在環境。外在環境包含：政治、經濟、社會文化、科技、全球化、競爭者、供應商、顧客、投資者及人力資源市場等；內在環境包含：技術、人力、財務、物力、管理、組織文化等。

3. 一般組織變革的形態可以區分為計畫性變革、回應性變革、漸進式變革與激進式變革。

4. 計畫性變革指組織因應環境的變化，進行有計畫、有目標、有特定程序的變革，這種變革所面臨的問題較複雜，事前需要蒐集大量的資訊與詳細的評估，變革所歷經的時間較長、影響的層面也較廣。回應性變革指組織將變革視為偶發性或是隨機性的管理做法，相較於計畫性變革，這種變革屬於非計畫性，所面臨的問題複雜性低且不確定性也低。

5. 漸進式變革指組織為適應環境或因應環境的變化，所進行較小幅度的改變，通常可使用「改善」這個概念取代；激進式變革：指大幅度的改變，有可能是一種澈底、從根本的改變，通常可使用「創新」這個概念取代。

6. 勒溫認為變革是將現狀改變至另一個新的狀態，必須經過解凍、改變和再凍結三個步驟。變革一定會帶來抗拒，負面效果的抗拒會抵制變革的驅動力，嚴重的話將導致變革的失敗。

7. 變革抗拒的原因可能來自於個人因素或組織因素，個人因素有習慣性與安全感；組織因素有結構慣性、系統結構、團體慣性。

8. 組織可透過許多因應方式減低變革抗拒的力量，如溝通與促銷變革、教育與訓練、參與、提供支持、獎勵、強制或脅迫。

9. 流程再造有三個關鍵因素：找出競爭能力、評估核心流程及依照作業流程進行水平整合。

10. 建構學習型組織，必須讓員工從態度、行為進行改變，因此組織必須進行：a. 建立清楚的策略，明確地表達變革、持續創新的想法；b. 重新設計組織結構，傳統的組織是層級式、垂直控制、命令統一，而學習型組織是一種更彈性的組織，強調水平溝通與整合、團隊合作、系統思考；c. 重塑企業文化，塑造新的組織文化，如開放、創新、不斷接受改變的文化。

一、選擇題

(　　) 1. 有些組織除非必要，組織一般不會進行如此大規模的變革行動，這樣的變革屬於哪一類型？　(A) 計畫性變革　(B) 回應性變革　(C) 漸進式變革　(D) 激進式變革。

(　　) 2. 21 世紀的人工智慧衝擊下，組織變革依影響的範圍大多屬於什麼樣的變革？　(A) 計畫性變革　(B) 回應性變革　(C) 漸進式變革　(D) 激進式變革。

(　　) 3. Lewin 的變革三步驟中，抑制變革抗拒力是在哪一步驟？　(A) 解凍　(B) 改變　(C) 再凍結。

(　　) 4. 組織變革對於個人可能產生什麼影響，而致使個人抗拒變革？　(A) 習慣　(B) 害怕變革後造成權力、利益、或經濟因素上的損失　(C) 以上均是。

(　　) 5. 為了組織運作的穩定性，組織會透過遴選機制，透過教育訓練以及標準化作業流程等管理程序，讓組織穩定運作，這在組織變革時可能引起什麼樣的抗拒因素？　(A) 系統結構　(B) 團體慣性　(C) 結構慣性。

(　　) 6. 組織發展提供許多介入技巧以強化組織的人性面，提高對於人際互動的敏感性，達到個人行為的改變的方法，是指哪項介入的技巧？　(A) 敏感性訓練　(B) 過程諮詢　(C) 團隊建立　(D) 團體間的發展。

(　　) 7. 組織發展提供許多介入技巧以強化組織的人性面，透過訓練或是發展活動，藉以改善不同工作團體間的關係，是指哪項介入的技巧？　(A) 敏感性訓練　(B) 過程諮詢　(C) 團隊建立　(D) 團體間的發展。

(　　) 8. 流程再造有三個關鍵因素，第一關鍵因素是？　(A) 評估核心流程　(B) 進行水平整合　(C) 找出競爭能力　(D) 提升訓練機制效能。

(　　) 9. 蘋果公司從功能式手機佔有市場是屬於什麼樣的創新？　(A) 漸進式變革　(B) 激進式變革　(C) 計畫性變革　(D) 回應性變革。

(　　) 10. 學習型組織是由什麼學習而形成？　(A) 個人學習　(B) 團隊學習　(C) 團隊間的學習　(D) 以上均是。

二、問答題

1. 驅動組織變革的力量包含哪些外在環境力量？

2. 一般組織變革的型態可以區分為哪四類？

3. 組織變革的過程有兩種觀點，一為靜海行船觀點，另一個為急流泛舟觀點。

4. 變革抗拒的原因可能來自於組織因素有哪些？

5. 如何建構一個學習型組織？

三、問題討論

1. 請問組織為什麼要進行變革？驅動變革的力量為何？

2. 計畫性變革與回應性變革，有何不同？

3. 漸進式變革和激進式變革，有何不同？

4. 請闡述 Lewin 的變革三步驟。

5. 員工為什麼會抗拒變革？

6. 組織如何因應變革的抗拒力？

7. 何謂組織發展？其和組織變革有何關係？

8. 組織發展介入技巧有哪些？這些介入技巧有何特點？

9. 何謂流程再造，其特點為何？

10. 何謂學習型組織，其特性為何？

參考文獻

CH1

1. 林奇伯（2016,9.1），管理新顯學就是心理學：冰山下的眞心話，他沒說的，你也懂！ Cheers 雜誌第 192 期。

2. 洪南（2012,4.5），自己反對自己，檢自 htp:/www.cw.com/blogTopic.nction?id-5&nid- 15480

3. 劉世南（2003），組織行爲再定義與新典範：西方的回顧與展望，應用心理研究，20，頁 139-180。

4. 鄭伯壎（2003），台灣的組織行爲研究：現在、過去及未來，應用心理研究，19，頁 35-870。

5. 林子雯（1996），成人學生多重角色與幸福感知相關研究（未出版之碩士論文），國立高 雄師範大學，高雄市。

6. 聯合新聞網（2021,09.16），別錯過下一個蘋果、亞馬遜 美銀點名 14 項未來科技。

7. Argyle, M.（1987）. The psychology of happiness. London and New York: Routedge.

CH2

1. Bouaziz, F. (2008). Public Administration Presence on the Web. The Electronic Journal of e-Government, (1), pp.11-22.

2. Burchell, S., Clubb, C., Hopwood, A. G.,, Hughes, J. & Nahapiet, J. (1980). The Roles of Accounting in Organizations and Society. Accounting, Organizations, and Society,5(1), pp.5-27.

3. Currivan, Douglas B., (1999).The Causal Order of Job Satisfaction and Organizational Commitment in Models of Employee Turnover. Human Resource Management Review, 9(4),pp.495-524.

4. DeLong, D, W. & Fahey, L. (2000). Diagnosing Cultural Barriers to Knowledge Management. Academy of Management Executive, 14(4), pp.113-127.

5. Doll, J.& Ajzen, I. (1992), Accessibility and Stability of Predictors in the Theory of Planned Behavior. Journal of Personality and Social Psychology, 63, pp.754-765.

6. Gardner, H, (1997). Multiple Intelligences as a Partner in School Improvement.Educational Leadership, 55(1), pp.20-21

7. Gardner, W. L.. & Cleavenger, D, (1998), The Impression Management Strategicsd with Transformational Leadership at the World-Class Level. Me Communication Quartcrty, 12(1), pp.3-41.

8. Glaman, L. R. & Albarracin, D. (2006). Forming attitudes that predict future-Analysis of the Attitude-Behavior Relation. Psychological Bulletin, pp.822.

9. Hofstede, G. & M. H. Bond. (1988). The Confucius Connection: From Cult to Economic Growth. Organizational Dynamics, 16(4), pp.4-21.

10. Hofstede, G.(2001). Culture's Consequences. Comparing Values, Beh utions, and Organizations Across Nations. Thousand Oaks, Califor Publicatona Inc.

11. LockE. A.(1976). What Is Job Satisfaction? Organizational Behavior an Performance,4, pp.309-336.

12. Meyer, J. P., & Allen, N. J. (1991). A Three-Component Conceptuali Organizational Commitment. Human Resource Management Review, I(1), pp.61-89.

13. Meyer, J. P., Allen, N. J., & Smith, C. A. (1993). Commitment to Organiza cupations: Extension and Test of a Three-Component Conceptualizatio of Applied Psychology, 78(4), pp.538-551.

14. Mowday, R. T., Steers, R. M., & Porter, L. W. (1982). Employee Organization Linkages:The Psychology of Commitment, Absenteeism, and Turnover: New York: Academic Press.

15. Rabinovich, A., Morton, T., & Postmes, T. (2010). Time Perspective and Attitude-Behavior Consistency in Future-Oriented Behaviors. British Journal of Social Psychology, 49, pp.69-89.

16. Robbins, Stephen P. (2005). Essentials of Organizational Behavior (8th ed.). Taipei:Pearson Education Taiwan.

17. Sackmann, S. A. (1992). Culture and Sub-Cultures: An Analysis of Orga and Karahanna, E. (2006). The Role of Espoused National Cultural Knowledge. Administrative Science Quarterly, 37(1), pp.140-161.

18. Srite,M. (1977). Antecedents and Outcomes of Organizational Co Technology Acceptance. MIS Quarterly, 30(3), pp. 679-704.

19. Streberg, Robert J. (1997). The Conception of Intelligence and Its Role in Learning. American Psychologist, 52(10), pp. 1030-1037.

20. Super, D. E. (1980). A Life Span, Life Space Approach to Career Development of Vocational Behavior, 16(30), pp.282-298.

21. Taylor, M. S. (1987). American Manager in Japanese Subsidiaries : How Cultural Differences Are Affecting the Work Place. Human Resource Planning, 14, pp.43-49.

22. Wiener, Y. (1982). Commitment in Organizations: A Normative View. Ac Management Reviem, 7(3), pp.418-428.

23. Wood, S. E., Wood, E. G., & Boyd, D. (2005). The World of Psychology. Bo and Bacon.

24. Zivnuska, S., Kacmar, K. M., Witt, L. A., Carlson, D. S., & Bratton, V. K. (2004).ive Effects of Impression Management and Organizational Politic performance. Journal of Organizational Behavior, 25(5), pp.627-640.

25. Hofstede(2005). Cultures and organ ; zations : sofware of the mind. INMcGraw-Hill , P. pp.225-258.

CH3

1. 張春興 (2001)，現代心理學，臺北：東華。

2. Aluja, A., Kuhlman, M,, & Zuckerman, M, (2010). Development of the Zuckerman-Kuhlman-Aluja Personality Questionnaire (ZKA-PO): A Factor/Facet Version of the Zuckerman-Kuhlman Personality Questionnaire (7KPO), Journal of Personality Assessment, 92(5), pp. 43-416.

3. Burger, Jerry M. (1993), Personality. California; brooks/ cole publishing company.

4. Cobb-Clark, Dcborah A., & Schurer, Stefanic, (2012). The stability of Big-f'ive Personality Traits, Economies Letters, II5(I), pp. 11-15.

5. DuBrin, Andrew J. (2004). Applying Psychology: Iindividual and Organizational Effectiveness. (6th Ed.). New Jerscy: Pcarson.

6. Grcenberg, Jerald (2002). Managing Behavior in Organizations, Boston: Pearson Education.

7. Holland J. L. (1996). Exploring Careers with a Typology: What We Have Learned and Some New Directions. American Psychologist, April, pp.397-406.

8. Hough, L.M, (1992), The" Big Five" Personality Variables-Construct Confusion:Description Versus Prediction. Human Performance, 5, pp.139-155.

9. Hunsley, J., Lec, C,M, & Wood, J.M, (2004), Controversial and Questionable Assessment Techniqucs. Science and Pseudoscience in Clinical Psychology,Lilienfeld, S.O., Lohr, J.M,,& Lyn, S.J.(Eds.). NT:Guilford,

10. Jose M. A., Juan L. N., Jose G, N, & Fernando G, (2007), The Rosenberg Sclf-Esteem scale: Translation and validation in university students. The Spanish Journal of Psychology,10(2), pp.458-467.

11. Judgc, T, A,, Heller, D., & Mount, M, K. (2002). Five-Factor Model of Personality and Job Satisfaction; A Meta-Analysis, Journal of Applied Psychology, 87(3), pp. 530-541.

12. Judge, T, A., & llics, R, (2002), Relationship of Personality to Performance Motivation; A Meta-Analysis. Journal of Applied Psycholosy, 87(3), pp.530-541.

13. Nicolai, Jennifer, Demmel, Ralf, & Moshagen, Morten, (2010), The Comprchensive Alcohol Expectancy Questionnaire: Confirmatory Factor Analysis, Scale Refincment,and Further Validation, Journal of Personality Assessment, 92(5), pp. 400-409.

14. Pitenger, D. J. (1993). The Utility of the Myers-Briggs Type Indicator. Educational Research, 63, pp.467-488.

15. Robbins, Stephen P. (2005). Essentials of Organizational Behavior (8th ed)Pearson Education Taiwan.

16. Saul Kassin (2001). Psychology 3rd. NJ: Prentice Hall.

17. Stilwell, N., Wallick, M., Thal, S., & Burleson, J. (2000). Myers-Briggs Type and Medical Specialty Choice: A New Look at An Old Question. Teaching and in Medicine, 12, pp. 14-20.

18. Wood, S. E., Wood, E. G., & Boyd, D. (2005). The World of Psychology. Boston:Pearson Education.

CH4

1. 呂勝瑛（民 70），創造思考的藝術，資優教育，創刊號，頁 13-140。

2. 徐斌（民 99），創新也有技巧，頁 18，新北：博誌文化。

3. Amabile, T. M. (1997). Motivation Creativity in Organization: On Doing What You Love and Loving What You Do. California Management Review, 40(1), 39-58.

4. Amabile, T. M., Hennessey, B. A., & Grossman, B. S. (1986). Social influence on creativity:

組織行為

The effects of contracted-for reward. Journal of Personality and Social Psychology, 50(1), 14-29.

5. Amabile, T. M., Conti, R., Coon, H., Lazenby, J., & Herron, M. (1996). Assessing the work environment for creativity. Academy of Management Journal, 39(5), 1154-1185.

6. Banks, A. P,,& Millward, L. J. (2000). Running shared model as a distributed cognitive process. British Journal of Psychology, 1I(4), 513-531.

7. Betz, F. (1993). Strategic Technology Management. NY: McGraw-Hill.

8. Bandura, A. (1976). A Social Learning Theory. NJ: Prentice Hall.

9. Castiaux, Annick (2007). Radical innovation in established organizations: Being a knowledge predator. Journal of Engineering and Technology Management, 24(1-2), Chandy, R. K., & Tellis, G. J. (2000). The incumbent 's curse? Invumbency, size and radical product innovation. Journal of Marketing, 64(3), pp.1-17.

10. Cohen, W., & Levinthal, S. (1990). Absorptive Capacity: A New Perspective on Learning and Innovation. Administrative Science Quarterly, 35, pp.128-152.

11. Cowan, R., Jonard, N., & Ozman, M. (2004). Knowledge dynamics in a network industry. Technological Forecasting and Social Change, 71(5), pp.469-484.

12. Christensen, C. M. & Bower, J. L. (1996). Customer Power, Strategic Investm the Failure of Leading Firms. Strategic Management Journal, 1 7, pp.197-218.

13. Cohen, Wesley M., & Levinthal, Daniel A. (1990). Absorptive Capacity: A New Perspective on Learning and Innovation. Administrative ScienceQuarterly, 35(1),pp.128-152.

14. Damanpour, F. (1987). The adoption of technological, administrative, and ancillary innovations: Impact of organizational factors. Journal of Management, 1 3(4), pp.675-688.

15. Davis Blake, A., Broschak, J. P. , & George E. (2003). Happy together? H standard workers affects exit, voice, and loyalty among standarden Academy of Management Journal, 46(4), pp.475-485.

16. Damanpour, F.,& Evan, W. M. (1984). Organizational innovation and perfor problem of organizational lag. Administration Science Quarterly, 29, pp.392-409.

17. Ettlie., & Reza, E. M. (1992). Organizational integration and process innova Academy of Mangement Journal, 35(4), pp.795-827.

18. Jan Feller, Annaleena Parhankangas & Riitta Smeds (2006). Process lalliances developing radical versus incremental innovations: Evidence from the unications industry. Knowledge and Process Management, 13(3),pp.36-52.

19. Gronhang, F. A., & Kaufmann, S.H. (1990). Innovation: A cross-disciplinary perspective. R &e D Management, 20(2), pp.187-202.

20. Herzog, V. L. (2001). Trust building on corporate collaborative project teams. Project Management Journal, 32(1), pp.28-37.

21. Hinsz, V. B. (1995). Mental model of groups as social system. Small Group Research,26(2), pp.200-233.

22. Huang, X., Soutar, G. N., & Brown, A. (2004). Measuring new product success: Anempirical

investigation of Australian SMEs. Industrial marketing management, 33(2), pp.117-123.

23. Jantunrn, A. (2005). Knowledge-Processing Capabilities and Innovative performance:An Empirical Study. European Journal of Innovation Management, 8(3), pp.336-349.

24. Kahle, D. (2000). Teaching your organization to learn. Agency Sales Magaz pp.61-64.

25. Kaye, B. & Jacobson, B. (1995). Mentoring: A group guide. Training & De 49(4), pp.23-27.

26. Kayes, Anna B., Kayes, D. Christophor & Kolb, David. (2005). Experiential teams. Simulation and Gaming, 36(3), pp.334.

27. Kim, D. H. (1993). The link between individual and organizational Learning. Sloan Management Review, Fall.

28. Kinlaw, D. C. (1987). Teaming up for management training. Training & Development Journal, 41(11), pp. 44-46.

CH5

1. 馬康莊、陳信木 (譯) (1992)，社會學理論，臺北：麥格羅・希爾。

2. 張春興 (2013)，現代心理學，臺北：東華。

3. DuBrin, Andrew J. (2004). Applying psychology : Individual and Organizational Effectiveness (6th Ed.) . NJ: Pearson.

4. Ericsson, K.A., & Staszewski, J.J. (989). Skilled memory and expertise : Mechanisms of exceptional performance. In Klahr, D.K. & Kotovski, K. (Eds.) , Complex information processing The impact of Herbert A. Simon. Hillsdale, NJ: Erlbaum.

5. Simon, A. H. (1988). Rationality as process and as product of thought. Bell, D. E., Raiffa, H. and Tversky, A. (Eds.), Decision Making Descriptive, Normative, and Prescriptive Interactions, pp. 58-77. Cambridge : Cambridge University Press.

6. Smith, Ken G., & Hitt, Michael A. (2005). Great Minds in Management : The Process of Theory Development. Oxford, British: OXFORD University Press.

CH6

1. 工商時報（2021.04.20）。給面子比實際獎勵更能激勵員工。

CH7

1. Barsade, S. (2002). The Ripple Effect: Emotional Contagion and Its Infuence on Group Behavior. Administrative Science Quarterly, 47(4), pp.644-675.

2. Bono, J. E. & Ilies, R. (2006). Charisma, Positive Emotions and Mood Contagion. The Leadership Quarterly, 17(4), pp. 317-334.

3. Csikszentmihalyi, M.& Csikszentmihalyi, I. S. (2006). A Life Worth Living: Contributions to Positive Psychology. Ney York: Oxford University Press.

4. Davidson, R. J., (1994) Asymmetric brain function, affective style, and psychopathology:The role of early experience and plasticity. Development and Psychopathology,6(4),pp. 741-758.

5. Frijda, Nico H.,Lewis, Michael & Haviland, Jeannette M. (1993). The place of appraisal in emotion. NY, US: Guilford Press,pp. 381-403.

6. George, J.M., and Brief, A.P. (1992). Feeling good - doing good: A Conceptual Analysis of the Mood at Work - Organizational Spontaneity Relationship. Psychological Bulletin, 112 , pp. 310-29.

7. George, J.M., and Brief, A.P. (1996). Motivational Agendas in the Workplace: The Effects of Feelings on Focus of Attention and Work Motivation. Research in Organizational Behavior, 18, pp. 75-109.

8. George, J.M. (2000) Emotions and Leadership: The Role of Emotional Intelligence. Human Relations, 53, pp,1027-55.

9. Goleman, D. (1995). Emotional Intelligence: Why It Can Matter More Than IQ. New York: Bantam Books.

10. Gross, J. J. (1999). Emotion Regulation: Past, Present, Future. Cognition and Emotion,13, pp. 551-573.

11. Gross, J.J(2002). Emotion Regulation: Affective, Cognitive, and Social con Psychophysiology, 39, pp. 281-291.

12. Law,D.W., Sweeney, J. T., & Summers, S. L. (2008). An Examination of the ontextual and Individual Variables on Public Accountants' Exhaustio in Accounting Behavioral Research, 11,pp. 129-135.

13. Morris, William N., Schnurr, Paula P.,(1989) Mood: The frame of minc Springer-Verlag Publishing, pp. 261.

14. Morris, William N., Margaret S. & Thousand, Oaks (1992). A Functional Analysis of the Role of Mood in Affective Systems. US: Sage Publications, pp. 256-293 .

15. Neumann, R. & Strack, F. (2000). Mood contagion: The Automatic Transfer of Moods Between Persons. Journal of Personality and Social Psychology, 79(2), pp. 211-223 .

16. Oatley, K.,Jenkins, J. M., Malden, M., (1996). Understanding Emotions. US: Blackwell Publishing, pp. 448.

17. Rafaeli, A., & Sutton, R. I. (1989). The Expression of Emotion in Organizational Life. In L. L.Cummings & B. M. Staw (Eds.), Research in organizational behavior, Il,1-42. Greenwich, CT: JAI Press.

18. Rafaeli, A., & Sutton, R.(1990). Busy Stores and Demanding Customers: How Do They Affect the Display of Positive Emotion? Academy of Management Journal, 33, pp. 623-637.

19. Sachs, J., & Blackmore, J. (1998). You Never Show You Cant Cope: Women in School Leadership Roles Managing Their Emotions. Gender and Education, 10 (3), pp. 265-279.

20. Soderlund, M. & Rosengren, S. (2007). Receiving Word-of-Mouth from the Service Customer: An Emotion-Based Effectiveness Assessment. Journal of Retailing and Consumer Services, 14(2), pp. 123-136.

21. Wharton, A. S. (1993). The Affective Consequences of Service Work: Managing Emotions on the Job. Work and Occupation, 20, pp. 205-232.

22. Zajonc, R. B.,(1980) Feeling and Thinking: Preferences Need No Inferences. American Psychologist, 35(2), pp. 151-175.

CH8

1. 宋鎮照（2000），團體動力學，臺北市：五南，頁 269。

2. 趙居蓮（譯）（1998），社會心理學 (原作者 :A.L.Weber)，臺北市：桂冠，頁 163-164。

3. 余伯泉、李茂興（譯）（2004），社會心理學 (原作者： E.Aronson,T.Wilson,& R.Akert) 臺北市：弘智，頁 345-348。

4. 官如玉（2007,6.27），距離不是問題虛擬團隊運作十大法則，聯合人網，檢自 http:lpro. udnjob.com/mag2/hr/storypage.jsp?f_ART_ID=34548

5. Reitz, H. J. (1981). Behavior in Organizations, Richard D. Irwin, Inc.

6. Forsyth, D. R. (2006). Group Dynamics (4th Ed.), , 209. NY : Wadsworth.

7. Hare, A. P. (1962). Handbook of small group research. NY: Macmillan.

CH9

1. 劉信吾（2009），《組織與管理心理學》，心理出版社。

2. 陳昕彤（2010），創新可以有方法！工業技術與資訊月刊，223 期；

3. Clark, N.（1994），Team vuilding: A practical guide for trainers. NY: McGraw-Hill.

4. 耿筠、謝立詩（2006），〈影響研究機構跨功能團隊績效之組織因素之研究〉，中山管理評論，14（2），頁 339-366。

5. 聯合人力網（2007,6.27），虛擬團隊運作十大法則。（取材自華爾街日報、經濟日報／官如玉）

6. 卡優新聞網（2011,6.28），新北市不動產系統　免費查詢建照成交價。【http://tw.news. yahoo.com/article/url/d/a/110628/52/2u2q2.html】

7. Hackman, J. R. and Oldham, G. R.,（1976）."Motivation through the design of works: Test of a theory." Organizational Behavior and Human Performance, August,pp.250-279.

8. Lawler,E.E.,III,Mohrman,S.A.,& Ledford,G.E.,Jr.,（1995）."Creating high performance organizations: Practices and results of employee involvement and total quality management in Fortune 1000 companies." San Francisco:Jossey-Bass.

9. Suzanne, K. B.,（1999）"From My Experience Cross-Functional Project Teams in Functionally aligned organizations" ,Project Management Journal, Vol.30,No.3, 6-12.

10. Gordon,J.（1992）. "Work teams: How far have they come?" Training, （October）,pp. 59-65.

CH10

1. Calabrese,R.L.,Zepeda,S.J.,&Shoho,A.R.（1996）.Decisionmaking:Acomparisonofgroupandindividualdecision-makingdifferences.JournalofSchoolLeadership,6,pp.555-572.

2. Ellis,D.G.,&Fisher,B.A.（1994）.Smallgroupdecisionmaking:Communicationandthegroupprocess（4thed.）.NewYork:McGraw-Hill.

3. Faure,C.（2004）.BeyondBrainstorming:EffectsofDifferentGroupProceduresonSelectionofIdeasandSatisfactionwiththeProcess.JournalofCreativeBehavior,38,pp.13-34.

4. Forsyth,D.R.（2006）.Groupdynamics（4thed.）.Belmont,CA:Wadsworth.

5. Green,S.G.,&Taber,T.D.（1980）.Theeffectsofthreesocialdecisionschemesondecisiongroupprocess.OrganizationalBehaviorandHumanPerformance,25,pp.97-106.

6. Hogarth,R.M,（19870.Judgmentandchoice:ThePsychologyofDecision,London:JohnWileyandSons.

7. Janis,I..（1982）.Groupthink:Psychologicalstudiesofpolicydecisionsandfiascoes.Boston:HoughtonMifflin.

8. Jehn,K.A.&Mannix,E.A.（2001）.TheDynamicNatureofConflict:ALongitudinalStudyofIntra-groupConflictandGroupPerformance.AcademyofManagementJournal,44（2）,pp.238-251.

9. Kerr,N.L.andTindale,R.S.（2004）.GroupPerformanceandDecisionMaking,AnnualReviewofPsychology,55:pp.623-655.

10. Moorhead,G.,&Griffin,R.W.（1989）.Organizationalbehavior（2nded.）.Boston,MA:HoughtonMifflin.

11. Ornstein,A.C.&Hunkins,F.（1993）.CurriculumFoundation,Principles,andTheory.Boston:AllynandBacon.

12. Senge,P.M.,（1990）.TheFifthDiscipline:TheArtandPracticeoftheLearningOrganization,NewYork:Doubleday.

13. Wegner,D.M.（1995）.Acomputernetworkmodelofhumantransactivememory.SocialCognition,13（3）,pp.319–339.

14. YangJ.&Mossholder,K.W.（2004）.DecouplingTaskandRelationshipConflict:TheRoleofIntra-groupEmotionalProcessing.JournalofOrganizationalBehavior,25（5）,pp.589-605.

CH11

1. 溫玲玉（2010），《商業溝通》，台北：前程。

2. 秦夢群（民86），《教育行政理論部分》，台北：五南。

3. 廖永凱（民94），《國際人力資源管理》，台北智勝文化。

4. Bryman A.（1992）."Charisma and Leadership in Organization". London:SAGE,pp. 1.

CH12

1. 曾華源、劉曉春譯（民8），《社會心理學》，原作者 :RobertA.Baron&Donn Byrne，臺北：洪葉。

2. Robbins, S. P.（2000），Organizational Behavior（6th ed）. New York:Prentice-Hall.

3. 彭郁芬（2002），組織政治行為對成員工作投入之影響（未出版之碩士論文）。國立中山大學，高雄市。

CH13

1. Boudreau, M., Loch, K. D., Robey, D., & Straud, D.（1998）Going Global: Using Information Technology to Advance the Competitiveness of the Virtual Transnational Organization. Academy of Management Executive, 12（4）, pp.120-128.

2. 張善智譯（2006），組織行為（Managing Behavior in Organization，Jerald Greenberg 原著），p.370-371。

3. 游舒帆（2021），四種常見的組織架構與優缺點。商業思維學院。

4. Deloitte 新趨勢下所對應的組織設計－團隊網絡的崛起。【https://www2.deloitte.com/tw/tc/pages/strategy-operations/articles/trend-emerging-network.html】

5. Gulati, R. (2018). 劉純佑譯。網飛讓組織架構自由，Structure That's Not Stifling。HBR, May-June 2018。

6. TED 演講：面對工作愈來 愈複雜，應用六條規則去簡化吧！【https://www.ted.com/talks/yves_morieux_as_work_gets_more_complex_6_rules_to_simplify/transcript?/&language=zh-tw】

CH14

1. 林宜諄（2004.8），王品集團 一朵花差點讓人「走路」，遠見雜誌第 218 期。

2. 鄭伯壎（1990），組織文化價值之數量衡鑑。中華心理月刊，32 卷，頁 31-49。

3. 蕭鈺（2008），職場靈性概念及其對人力資源發展的意義。T&S 飛訊，66 期，1-15。

4. 余宜芳著（2007），台積 DNA－年輕工作者的 40 堂修練課。台北：天下遠見。

5. 佛教慈濟綜合醫院檢自 http://www.tzuchi.com.tw/tzuchi/mainpage/Default.aspx

6. 郭建志 (2003)，組織文化研究之回顧與前瞻。應用心理研究，20 期，83-114 頁。

7. 陳明見（2020），喚醒職場生命力：個人、組織、領導管理的靈性塑造。城邦印書館。

8. 今周刊（2021），台積電罕見一次開除 7 人！科技業員工遭大動作解雇，原因為何？https://esg.businesstoday.com.tw

9. 圖照片檢自 http://www.epochtimes.com/b5/7/3/22/n1654399.htm

10. Ashmos, D.,& Duchon, D. P. (2000). Spirituality at work: A conceptualization and measure. Journal of Management Inquiry, 9(2),pp. 134–145.

11. Jurkiewicz, C. L.,Giacalone, R. A.(2004). A Values Framework for Measuring the Impact of Workplace Spirituality on Organizational Performance.Journal of Business Ethics,49(2), pp.129-142.

12. Schein, E. H. (1992). Organizational Culture and Leadership. San Francisco: Jossey-Bass.p.17。

13. Hawkins, P. (1997). Organizational culture: Sailing between evangelism and complex economic growth, Human Relations, 16(4),pp. 10.

14. Robbins, S.P. & Judge, T.A.(2019) . Organizational Behavior. 18th ed. NJ: Person Education.

15. Cameron, K. S. and Quinn, R. E. (2006). Diagnosing and changing organizational culture: Based on the competing values framework. San Frncisco, CA: Jossey-Bass.

CH15

1. 天下雜誌（2011,11.2），柯達由勝轉敗的三大關鍵，484 期。

2. 中山大學企業管理學系（2005），管理學─整合觀點與創新思維。前程企管。

3. 孫本初、吳復新、夏學理、許道然編著（1999），組織發展，國立空中大學出版。

4. 康欲民譯（2008），組織行為，第七版，台北：美商麥格羅‧希爾。

5. 李青芬、李雅婷、趙慕芬譯（2006），組織行為，第 11 版，Stephen P. Robbins 原著，台北：華泰文化。

6. 聯合新聞網（2021/09/16），別錯過下一個蘋果、亞馬遜　美銀點名 14 項未來科技。

7. Dent, H. S. (1990). Growth through new development. Small Business Reports,pp.30-40.

8. Daft, R. L. (2004). Organization Theory and Design, 8th Ed.. OH: Thompson, South-Western, pp.402.

9. Hannan, M. T. & Carroll G. R. (1995). An Introduction to Organizational Ecology, Organizations in Industry: Strategy, Structure, and Selection. NY: Oxford University Press.

10. Lewin, K. (1951). Field Theory in Social Science. NY: Harper and Row.

11. Lewin, K. (1952). Group decision and social change, in G. E. Swanson, T. M. Newcome, and E. L. Hartley (eds.), Readings in Social Psychology, 2nd, ed. NY: Holt,pp.459-473.

11. Judson, A. S. (1991). `Changing Behavior in Organizations: Minimizing Resistance to Change Combridge, MA: Basil Black well, Inc.. pp.48.

12. Forsyth, D. R.(1999).Group Dynamics (3rd ed.). Belmont, CA.: Wadsworth

國家圖書館出版品預行編目資料

組織行為/田靜婷, 徐克成編著. -- 初版. -- 新北市：
全華圖書股份有限公司, 2021.10
　面；　公分
ISBN 978-986-503-953-0(平裝)
1.組織行為

494.2　　　　　　　　　　　　　110017342

組織行為

作者 / 田靜婷、徐克成

發行人 / 陳本源

執行編輯 / 楊軒竺

封面設計 / 盧怡瑄

出版者 / 全華圖書股份有限公司

郵政帳號 / 0100836-1 號

印刷者 / 宏懋打字印刷股份有限公司

圖書編號 / 08300

初版一刷 / 2021 年 11 月

定價 / 新台幣 490 元

ISBN / 978-986-503-953-0(平裝)

全華圖書 / www.chwa.com.tw

全華網路書店 Open Tech / www.opentech.com.tw

若您對書籍內容、排版印刷有任何問題，歡迎來信指導 book@chwa.com.tw

臺北總公司(北區營業處)
地址：23671 新北市土城區忠義路 21 號
電話：(02) 2262-5666
傳真：(02) 6637-3695、6637-3696

南區營業處
地址：80769 高雄市三民區應安街 12 號
電話：(07) 381-1377
傳真：(07) 862-5562

中區營業處
地址：40256 臺中市南區樹義一巷 26 號
電話：(04) 2261-8485
傳真：(04) 3600-9806(高中職)
　　　(04) 3601-8600(大專)

得　分	全華圖書	班級：＿＿＿＿＿＿＿＿
	組織行為	學號：＿＿＿＿＿＿＿＿
	團體討論、自我評估量表	姓名：＿＿＿＿＿＿＿＿
	CH01 組織行為概論	

團體討論

1. 在本章前言中敘述畫家、木匠和植物學家在爬山的過程中，同時看到一棵古樹時，三個人對同一棵樹有不同的態度與看法，為什麼面對同一件事物，確有不同的反應？

2. 人工智慧的發展對於組織經營與員工行為將產生什麼樣的影響？試著從運端運算、行動裝置、人工智慧(機器學習)以及物聯網的發展，討論可能的情況發展。

自我評估量表

你快樂嗎？

　　幸福感（Well-Being）是現今許多人所關心的議題，試著回答下列問題，衡量一下你的幸福感指數。計分方式為：總是如此得5分、時常如此得4分、偶而如此得3分、很少如此得2分、從未如此得1分。

	總是 如此	時常 如此	偶而 如此	很少 如此	從未 如此
1.我相信我的理想是可以實現的					
2.我認為世上的事情是美好的					
3.我認為這世界是個好地方					
4.我喜歡我的生活					
5.我的生活是有意義、有目標的					
6.我以愉快的心情面對每天					
7.我覺得生活有保障及安全感					
8.我有興趣關心其他人的事					
9.我可以帶給別人快樂					
10.我身邊有許多關心我的人					

（請沿虛線撕下）

	總是 如此	時常 如此	偶而 如此	很少 如此	從未 如此
11.我對別人有愛心					
12.我覺得和朋友在一起很有趣					
13.我喜歡幫助別人					
14.我可以控制我的生活					
15.我會和別人分享生活體驗					
16.我有能力解決自己的問題					
17.我喜歡我自己					
18.我認為我有吸引力					
19.我對自己很有信心					
20.我的健康狀況良好					
21.我有好的飲食習慣					
22.我常保持輕鬆自在的心情					
23.我經常定時從事運動					
24.我的睡眠充足					
25.我生活上的表現，讓我有成就感					
26.我容易入睡					
27.我以愉快的心情面對每天					

　　填答完之後，算一下自己的分數，總分從27分至130分。進一步可以看看自己在「生活滿意」、「人際關係」、「自我肯定」、「身心健康」等四方面，哪一方面的分數最高，而哪一方面的分數最低。

● 「生活滿意」分數為2、3、4、5、7題之加總。

● 「人際關係」分數為8、9、10、11、12、13、15題之加總。

● 「自我肯定」分數為1、14、16、17、18、19、25題之加總。「身心健康」分數為6、20、21、22、23、24、26題之加總。

參考資料：林子雯（1996）。成人學生多重角色與幸福感知相關研究（未出版之碩士論文）。
　　　　　國立高雄師範大學，高雄市。

Argyle, M. (1987). The psychology of happiness. London and New York: Routedge.

得　分	全華圖書

全華圖書
組織行為
團體討論、自我評估量表
CH02 個體行為的基礎

班級：＿＿＿＿＿＿＿＿＿
學號：＿＿＿＿＿＿＿＿＿
姓名：＿＿＿＿＿＿＿＿＿

　　相關研究顯示個人特質（成就動機、年齡、教育程度）、工作特性（工作完整性、互動性、回饋性）及工作經驗皆會影響組織承諾，而組織承諾與留職意願及留職傾向有高度相關；組織承諾與出席率為中度相關；組織承諾與工作績效卻不必然存有相關。

團體討論

1. 為什麼組織承諾與工作績效卻不必然存有相關？
2. 為什麼組織承諾與留職意願及留職傾向有高度相關？

自我評估量表

　　以下量表為工作價值觀的衡量，同學們可以自己的感覺，就下列49題，試想對以後工作的看法，分別表達你自己的重要程度，「非常不重要」1分、「不重要」2分、「無意見」3分、「重要」4分及「非常重要」5分等五種選擇。

	非常不重要	不重要	無意見	重要	非常重要
1. 在工作中能不斷獲得新知識和技術					
2. 在工作中能有充分進修的機會					
3. 在工作中能對事情做深入的分析研究					
4. 在工作中能有勇於嘗試新的做事方法					
5. 在工作中能充分發揮自己的創造力					
6. 能從事具有前瞻性的工作					
7. 能充分開創自己的工作生涯					
8. 工作中能實現自己的人生理想					
9. 在工作中能充分發揮自己的專長					
10. 在工作中能按部就班地舒展個人抱負					

（請沿虛線撕下）

	非常 不重要	不重要	無意見	重要	非常 重要
11. 能經由工作提升生活品質					
12. 能經由工作使自己生活更為多采多姿					
13. 能為社會做有意義的工作					
14. 能經由工作服務社會人群或增進社會福祉					
15. 能在工作中獲得成就感					
16. 能因看到自己工作的具體成果而產生成就感					
17. 能擔任自己的工作責任					
18. 能經由工作獲得自我肯定與自我信任					
19. 工作時能獲得上司的充份授權					
20. 能經由工作獲得別人的肯定					
21. 在工作中能擁有充份的支配權					
22. 能在不危害身心健康的環境工作					
23. 工作之餘能從事戶外活動或體能活動					
24. 工作時間彈性較大，得以適切地安排自己的生活					
25. 公司每年都能有較長的假期，可以從事休閒活動					
26. 工作時上司能善解人意					
27. 同事之間能互相照顧、彼此關懷					
28. 同事之間不會為私人利益而互相攻擊					
29. 能愉快地與同事一起完成工作					
30. 同事之間能融洽相處					
31. 能經常處於人際關係良好的工作環境					
32. 在工作中能真誠對待周遭的人					
33. 生病時能得到公司妥善的照顧					
34. 公司有完善的安全措施					

	非常 不重要	不重要	無意見	重要	非常 重要
35. 公司的薪資分配公平合理					
36. 公司有完善的保險制度					
37. 能適度獲得加薪或分紅					
38. 自己對工作的付出，能獲得合理的報酬					
39. 公司有健全的福利制度					
40. 工作時間能充份配合生活作息					
41. 能從事富變化但不致紊亂的工作					
42. 工作時不必處理很多繁雜瑣碎的事					
43. 能避免工作競爭所衍生的各種焦慮					
44. 工作中不會時常感到緊張					
45. 下班後不必經常擔心公司的事					
46. 工作時不會對未來前途感到徬徨或恐懼					
47. 能避免過多的交際應酬，以保持身體健康					
48. 能服務於交通便利的公司					
49. 上下班能避免塞車之苦					

經過上述得分的測量，請將1-21題分數加總，得分為你在目的價值觀的總得分；將22-49題分數加總，得分為你在工具價值觀的總得分。

參考資料：吳鐵雄、李坤崇、劉佑星、歐慧敏（1996）。工作價值觀工作量表之研究。臺北：行政院青年輔導委員會。

（請沿虛線撕下）

得　分	全華圖書	
	組織行為	班級：＿＿＿＿＿＿
	團體討論、自我評估量表	學號：＿＿＿＿＿＿
	CH03 人格與自我	姓名：＿＿＿＿＿＿

團體討論

1. 個體的人格、自我概念、自我效能以及自尊有何不同？

2. 依據六項人格類型模式的說法，團隊成員為什麼有可能產生人際衝突？

3. 職能條件為什麼應該包含人格與自我概念？應當包含自我效能與自尊嗎？

4. 能舉例說明該如何提升個體自尊嗎？

自我評估量表

以下為自尊量表，計有10項問題，請問你對自己的看法。

		非常同意	同意	無意見	不同意	非常不同意
1	我覺得自己沒什麼可以感到驕傲的					
2	我覺得自己很積極					
3	有時候我覺得自己一無是處					
4	我覺得自己跟別人一樣有價值					
5	我的生活沒有什麼值得一提的					
6	我有自信能做到與多數人的表現一樣好					
7	我覺得自己什麼事都做不好					
8	我覺得自己有不少優點					
9	我覺得自己是一個失敗者					
10	整體而言，我對自己很滿意					

填好之後，算一算你所得的分數。其中第1、3、5、7、9題，「非常不同意」5分、「不同意」4分、「無意見」3分、「同意」2分及「非常同意」1分，第2、4、6、8、10題「非常不同意」1分、「不同意」2分、「普通」3分、「同意」4

分及「非常同意」5分。

之後,將1-10題的分數加總,便是「自尊」的得分,分數越高,表示你是高自尊者,你傾向更接納自己、喜歡自己。

參考資料:Rosenberg, M. (1979). Conceiving the self. New York, NY: W. W. Norton.

得　分	全華圖書	班級：＿＿＿＿＿＿＿＿
	組織行為	學號：＿＿＿＿＿＿＿＿
	團體討論、自我評估量表	姓名：＿＿＿＿＿＿＿＿
	CH04 學習與創新	

團體討論

　　遠見雜誌2021-04-29刊載「大健康時代來臨！遠距、分散式醫療照護將爆發新商機，台灣電子大廠也為此摩拳擦掌。不過，規模小、起跑又慢的英華達，為何如今已遙遙領先同業？」電子廠英華達2020年推出的「全家寶全方位生理量測系統」，能多合一量測血糖、血壓、心電圖等多種數值，並進行雲端管理。推出僅一年多，就已達成同業多年無法企及的進度：與全國10家醫院、約100家診所達成合作，更跨出醫界，與保險、運輸、房產業者異業聯盟。

　　英華達官方網站指出，「全家寶全方位生理量測系統」能達成醫材等級，五合一量測系統，雲端儲存，一覽健康趨勢，家人群組，健康時時關懷，安全與優質保證。

● 問題討論

1. 英華達主要業務是消費性電子產品代工，不僅跨足醫療器材產業，也自創品牌，試問英華達的經營思維有怎麼樣的突破？

2. 從創造力的三要素來看，英華達在專業以及創造力相關技能兩方面有什麼樣的發展？

3. 2020年新冠疫情與英華達成功跨足醫療器材產業有甚麼樣的關聯？

自我評估量表

　　想知道自己的學習型態嗎？

　　請回想自己最近的學習情況，然後填答下列12個問題，每個問題有四種回答，根據各個狀況的描述與您的狀況相像程度，分別以1、2、3、4排列（請勿重複或漏填）。

　　其中最像的句子以1表示，而最不像的句子以4表示，而2、3分別代表第二像、第三像。

例如：當我學習時，　3 A.我是很強調分析的。　　　　1＝最像你

　　　　　　　　　　　4 B.我依自己心情而定。　　　　2＝第二像你

　　　　　　　　　　　1 C.我喜歡自己先問自己問題。　3＝第三像你

　　　　　　　　　　　2 D.我重視學習效用。　　　　　4＝最不像你

1.在我學習的時候，	2.在我學習的時候，
A.我喜歡加入自己的感受	A.我能接受新的經驗
B.我喜歡觀察與聆聽	B.我會從各個層面思考問題
C.我喜歡針對觀念進行思考	C.我喜歡分析事情，並將其分解成更小的問題
D.我喜歡實際操作	D.我喜歡試著實際動手
3.我最好的學習狀況，是在…時候	4.我在學習的當下，
A.我相信我的直覺與感受時	A.我是個直覺型的人
B.我仔細聆聽與觀察時	B.我是個觀察型的人
C.我依賴邏輯思考時	C.我是個邏輯型的人
D.我努力完成實作時	D.我是個行動型的人
5.我在學習的當下，	6.我最好的學習狀況，是在…時候
A.我有強烈的感覺及反應	A.同事間的討論
B.我是安靜、謹慎的	B.觀察
C.我是試著將事情想通	C.理論
D.我負責所有實作	D.試作及練習
7.我的學習是經由	8.在我學習的時候，
A.感覺	A.我覺得整個人都投入學習中
B.觀察	B.我會在行動前都盡量準備妥當
C.思考	C.我喜歡觀念及理論
D.實作	D.我喜歡看到自己實作的成果
9.我最好的學習狀況，是在…時候	10.在我學習的時候，
A.我依賴自己的感覺時	A.我會專注於學習
B.我依賴自己的觀察力時	B.我喜歡觀察
C.我依賴自己的觀念時	C.我評估事物
D.自己試作一些事情時	D.我喜歡積極參與
11.在我學習的時候，	12.我最好的學習狀況，是在…時候
A.我是一個容易接受觀念的人	A.接受他人看法、開放心胸時
B.我是一個審慎的人	B.非常小心時
C.我是個理智的人	C.分析想法時
D.我是個能負責的人	D.實際動手做時

依本章之圖4-3，每題有Ａ、Ｂ、Ｃ、Ｄ四種對學習的描述，填答者依據每題之題意依自己偏好的學習方式依序填上４、３、２、１，不可以重覆或漏填，和自己最像的描述填上４，３為第二像，２為第三像，１表示最不像。

依填答結果可在Ａ、Ｂ、Ｃ、Ｄ四種偏好描述中得到12題的加總分數，分別獲得四個學習型態分數，Ａ為具體經驗分數、Ｂ為反思觀察分數、Ｃ為抽象概念分數與Ｄ為主動驗證分數。再則將抽象概念分數（Ｃ總分）減去具體經驗分數（Ａ總分）得到「思考─直覺」此學習型態維度的分數，而將主動驗證分數（Ｄ總分）減去反思觀察分數（Ｂ總分）得到「執行─觀察」此學習型態維度的分數，最後用這兩個維度的正負值，即Ｘ、Ｙ軸的分數，形成擴散型、同化型、聚斂型與調適型四種學習型態。

資料來源：Kolb, D. A. (1999). Learning Style Inventory, Version 3. Boston, MA: Hay Group.

全華
科友
版權所有‧翻印必究

得　分

全華圖書
組織行為
團體討論、自我評估量表
CH05 知覺、認知與個體決策

班級：＿＿＿＿＿＿＿＿

學號：＿＿＿＿＿＿＿＿

姓名：＿＿＿＿＿＿＿＿

團體討論

　　面對工作不滿意的情況時，有些人感到疲乏；有些人卻更加努力工作。對工作感到困倦乏味的人，也許認為是公司或主管的因素，使他們有懷才不遇的感受，導致自己提不起興致努力工作，產生工作不滿意，用逃避工作讓自己帶來一些心理平衡。面對工作不滿意時，有些人卻更加努力，他們想要轉換至更加滿意的工作環境，能讓他們有機會轉換更佳的工作環境，常常須具備更好的能力與工作績效，努力工作能藉由「做中學」的過程學習，提升自己能力、增進工作績效、大幅增進轉換工作的機會。

● 問題

1. 一般人面對工作不滿意時會感到工作疲乏還是更加努力？

2. 讓自己本身產生更好效益的情況是工作疲乏還是奮力工作？

3. 為什麼努力工作能有好的發展？

自我評估量表

　　請你看看下列圖片。乍看之下，你可能會以為這是一堆沒有意義的大大小小黑點。再仔細注意一下，你會發現有一隻大麥町狗正在嗅地上的東西呢！

　　所以，知覺是一個反覆處理感覺訊息，引發情感與認知活動的精詳歷程。除了經驗、態度和價值所累積的心向之外，無論是刺激對象所在的時空、情境或個體主觀覺受的能力和習性，都有可能干擾、增強或修正知覺的結果！

資料來源：洪蘭（譯）（2002），大腦的秘密檔案（原作者：Rita Carter），臺北：遠流。

得　分	**全華圖書**	
	組織行為	班級：＿＿＿＿＿＿＿
	團體討論、自我評估量表	學號：＿＿＿＿＿＿＿
	CH06 激勵	姓名：＿＿＿＿＿＿＿

團體討論

高階主管領所謂的「高薪」，您認為公平嗎？

　　2007年07月美國次級房貸與房利美（Fannie Mae US-FNM）、房地美（Freddie Mac US-FRE）二房的風暴，接著2008年09月雷曼兄弟控股公司（Lehman Brothers Holding Inc.）宣告破產等金融事件所引爆的全球金融風暴，造成全球經濟的萎縮，在這一波的金融海嘯中，最受萬眾矚目的無非是美國華爾街公司的「肥貓」高階主管們。

　　依美國智庫「政策研究所」（Institute for Policy Studies）所發布的報告中發現，美國政府緊急救援的20家銀行執行長（CEO）的薪資，較「標準普爾指數」（S & P 500 Index）500家公司執行長平均年薪（約1000萬美元）高出37%，這些有錢人，可能是企業中有權為自己加薪的人，他們在企業中所獲得的高報酬，如本薪、紅利、股票、離職金與退休金等，不僅得到保障，還高出一般行情許多，結果，他們為公司主要的經營者，不僅公司經營績效差，導致全球的經濟危機，造成巨大的社會問題，最後必須由政府出面援助。

　　許多人抱怨高階主管的總薪資報酬過高，如果純粹以薪資所得分析，臺灣在2006年平均經理級的中階主管薪資是一般員工的2.5倍，總經理級的高階主管則是一般員工的8.55倍；而2007年則上升到2.8與9.52倍。若加上股票分紅，一般員工領到股票價值只占整體薪酬的15%～30%，中高階主管則占40%～60%，總經理、執行長層級的高階主管甚至達到50%～70%，加上股票的分紅，高階主管和一般員工的總薪資報酬差距就非常的巨大。而在美國銀行的CEO和高階主管，其本薪約占年薪的10%，另外90%則來自獎金或釭利。

　　公司高階主管的薪資應該多少才合理？希臘有名的哲學家柏拉圖曾說社會中的任何一個人所賺的錢都不應該超過社會中薪資最低者的5倍。另外，管理大師彼得杜拉克認為高階主管和一般員工的薪資倍數，合理的數字為20倍。為什麼高階主管可以領所謂的「高薪」，您認為公平嗎？

參考資料：黃采薇（2007.12.6），08年薪資調幅大預測，Cheer雜誌；87林文政
　　　　　（2010），稱他們「肥貓」，公平嗎？經理人月刊。

自我評估量表

一、請你從下面12項需求困擾中，挑出自己「最常遭遇」的3項困擾，在它的前面打✓。

☐1.身體健康困擾

☐2.經濟困擾

☐3.家庭生活安定困擾

☐4.學校生活安定困擾

☐5.學校同學間人際關係困擾

☐6.異性人際關係困擾

☐7.朋友或同事人際關係困擾

☐8.家庭親情關係困擾

☐9.受人尊重困擾

☐10.自我成長困擾

☐11.生活品質困擾

☐12.追求夢想困擾

二、請你從下面12項困擾中，挑出自己「最少遭遇」的3項困擾，在它的前面打✓。

☐1.身體健康困擾

☐2.經濟困擾

☐3.家庭生活安定困擾

☐4.學校生活安定困擾

☐5.學校同學間人際關係困擾

☐6.異性人際關係困擾

☐7.朋友或同事人際關係困擾

☐8.家庭親情關係困擾

☐9.受人尊重困擾

☐10.自我成長困擾

☐11.生活品質困擾

☐12.追求夢想困擾

● 評分

1. 第1-4題表示生存需求，第5-8題表示關係需求，第9-12題表示成長需求。

2. 請你想一想在生存需求、關係需求及成長需求中，哪一個需求你最困擾？哪一種需求最少遭遇？

3. 請和艾德佛的ERG理論相較，你勾選的結果和理論一致嗎？想一想一致的內容為何？不一致的可能原因又為何？

參考資料：李坤崇（1997）大學生需求困擾量表的信效度與結果運用，中央研究院調查研究5，頁75-166。

（請沿虛線撕下）

<table>
<tr><td>得　分</td><td>全華圖書</td><td>班級：_____</td></tr>
<tr><td></td><td>組織行為
團體討論、個案討論、自我評估量表
CH07 情緒與心情</td><td>學號：_____
姓名：_____</td></tr>
</table>

團體討論

1. 心情與情緒之間存在著什麼關聯？

2. 情緒為什麼能夠調節？

3. 情緒勞務對於個體為什麼可能會產生情緒失調？

4. 情緒勞務對於西方與華人的壓力？文化上存在什麼差異？

5. 要求員工提供情緒勞務，要如何降低員工情緒耗竭？

個案討論

　　星期一的早晨，小張拿著假單走進課長辦公室，將手上的假單遞給課長，同時說：課長我要請假，不論你准不准許，我明天都不來上班。課長當下惱怒大聲斥喝小張，你是來向我申請事假，還是報備事假？隨手將假單扔在地上，起身走出辦公室，留下小張一人不知所措站在辦公室。

　　走出辦公室的課長，腦中瞬間閃出一種想法，小張是藍領人員，小張不大會表達自己意思吧，我是他的課長，有義務包容他、指導他阿。我是他的課長，有義務包容他、指導他阿。接著課長轉回頭走進辦公室，看著一臉不知所措的小張還待站著。隨即課長問著小張，你是不是明天有非常重要的事情要處哩，一定要去處理是嗎？小張說：是阿。接著課長跟小張道歉，為自己剛剛大聲斥喝又扔下假單而道歉，也跟小張說明，請假應該說明清楚請假事由，不要不說明事由就要課長同意請假。課長和小張兩人都笑著跟對方說抱歉。

● 問題

1. 課長職責有提供情緒勞務的義務嗎？課長對於下屬應該提供什麼樣的情緒勞務？

2. 課長室如何調整自己的情緒，表達抑制還是認知重評？

自我評估量表

想知道你自己情緒調節的方法嗎？根據下列問題，請您在適當的選項中打「✓」。

		非常同意	同意	無意見	不同意	非常不同意
1	我藉由改變對當時情境的看法來控制我的情緒					
2	當我想減少負面情緒，我會想改變目前的情況					
3	當我想要有正面情緒，我會想改變目前的情況					
4	當我想要有正面情緒（如喜悅或歡樂），我會改變我的想法					
5	當我想減少負面情緒（如悲傷或憤怒），我會改變我的想法					
6	當我面臨壓力時，我會思考可以幫助我保持冷靜的方法					
7	我會藉由控制我的情緒，不將它們表現出來					
8	當我有負面情緒時，我確信我不會表現出來					
9	我不輕易表達自己的情緒					
10	當我有正面情緒時，我會謹慎地不將它表現出來					

填好了之後，算一算你所得的分數。「非常不同意」1分、「不同意」2分、「無意見」3分、「同意」4分及「非常同意」5分。

將1-6題的分數加總，便是「認知重評」的得分，將7-10題的分數加總，得出「表達抑制」的得分。

哪一個調節策略分數越高，表示你傾向的調節方式。

參考資料：Gross, J. J., & John, O. P. (2003). Individual differences in two emotion regulation processes: Implications for affect, relationships, and well-being. Journal of Personality and Social Psychology, 85, pp.348-362.

全華圖書
組織行為
團體討論、自我評估量表
CH08 團體行為

班級：＿＿＿＿＿＿＿＿

學號：＿＿＿＿＿＿＿＿

姓名：＿＿＿＿＿＿＿＿

團體討論

　　以下團體活動可以瞭解團體成員間相互吸引的程度，根據完成的社會關係圖（Sociogram）可以判斷成員彼此間的互動情形、凝聚力高低。

步驟一：選擇其中一個問題回答即可。例如：「在這個團體中，誰是你 喜歡的人？」、「在這個團體中，你碰到問題會請教誰？」、「在這個團體中，你喜歡和誰一起參與活動」等問題。

步驟二：請每位成員列舉一至三人。

步驟三：完成社會關係圖。女性為圓形，男性為三角形。

1. 圖形中寫上姓名（座號），並依被選的次數多寡決定位置。

2. 位置在中央的是被選擇次數最多的，再者是被選擇次數次多的，而在最外圍位置的是被選擇次數最少的。

3. 枊用箭頭的線段連接選擇的對象，單項選擇以單一箭頭表示，相互選擇以雙箭頭表示。

　　完成的圖例如下：

社會關係圖

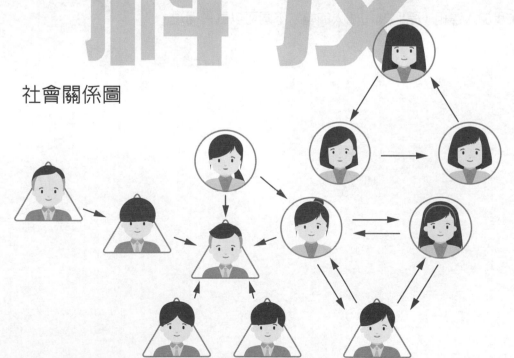

自我評估量表

　　在學校課堂中，常會有分組作業，需要同學以分組的方式完成，請你想一想，你們為什麼會成為一組，你加入這個組別原因為何？

1. 我加入這組，是因為我覺得我受到尊敬。

2. 我加入這組，是因為我覺得我受到肯定。

3. 我加入這組，是因為我覺得我能提升自己的地位。

4. 我加入這組，是因為平時就是很要好的朋友。

5. 我加入這組，是因為平時都是一起出去玩的朋友0

6. 我加入這組，是因為朋友間較容易溝通。

7. 我會驕傲的告訴別人，我是這組的成員。

8. 我加入這組，讓我非常開心。

9. 我加入這組，讓我很有成就感。

10.我加入這組，是因為彼此住得很近。

11.我加入這組，是因為每個人方便聯絡。

12.我加入這組，是因為每個人的時間很好約。

13.我加入這組，是因為組員的能力較好。

14.我加入這組，是因為組員較細心。

15.我加入這組，是因為每個人的能力不同可以截長補短。

得　分	全華圖書	
	組織行為	班級：_____
	團體討論、自我評估量表	學號：_____
	CH09 團隊與團隊工作	姓名：_____

團體討論

假如您是一位新接任半年的單位主管，您有五位主要幹部。其中，A君是位55歲、在公司擁有近25年資歷的男性，他打算在5年後退休，因此，他不太接受高挑戰的任務，希望能在5年後順利辦理退休；B君是位職業婦女，擁有二位就讀幼稚園的小孩，工作認真，但常覺得自己是位蠟燭兩頭燒的人，因此對於她認為「額外」的工作，配合度不高；C君是位剛進公司不到1年的年輕人，當初退伍時，找了近半年的工作，均無著落，進入公司是透過親戚介紹，且暫時讓父母覺得自己不是「無業遊民」，他認為自己是一位有實力的人，現在的工作只不過是一個過渡期；D君男性、擁有碩士學位，在公司已滿3年資歷，是單位內工作表現與績效最好的一位，企圖心強、努力朝公司管理階層往上爬，相信自己是可以做到的，可是，他也是單位內人緣最不好的一位；E君是位大學剛畢業的小女生，凡事都在起步學習中。

面臨這樣一個團隊，請問您如何帶領這個團隊，使您的單位成為一個高績效的團隊。

自我評估量表

無論現在在學校或是畢業後就業，你會擔任許多工作或任務，例如：社團工作、系學會工作、工讀等等，或是想像一下你畢業後工作的性質如何。現在，你可以利用下列題目，衡量一下你現在工作任務或是未來工作的活力激勵指數。

1---技能變化性 2、3---工作完整性 4、10、12---回饋性 6、9、13---自主性 14---工作重要性	非常同意	同意	無意見	不同意	非常不同意
1. 我的工作需要運用許多複雜或高水準的技能	☐	☐	☐	☐	☐
2. 我的工作需要和同仁密切合作	☐	☐	☐	☐	☐

（請沿虛線撕下）

	非常同意	同意	無意見	不同意	非常不同意
1---技能變化性 2、3---工作完整性 4、10、12---回饋性 6、9、13---自主性 14---工作重要性					
3. 我的工作是完整的工作的一部份（部份工作須由別人或機器來完成）	☐	☐	☐	☐	☐
4. 我有許多機會知道自己工作成績的好壞	☐	☐	☐	☐	☐
5. 我的工作是反覆做簡單的工作	☐	☐	☐	☐	☐
6. 我的工作可以一個人單獨完成，不必與別人談論或商酌	☐	☐	☐	☐	☐
7. 主管和同事幾乎從未讓我知道我做得如何	☐	☐	☐	☐	☐
8. 我的工作結果的好壞會影響到他人	☐	☐	☐	☐	☐
9. 工作上，我幾乎沒有機會運用個人的創造力或判斷力	☐	☐	☐	☐	☐
10. 主管經常告訴我，他們對我工作表現的看法	☐	☐	☐	☐	☐
11. 我的工作是一完整的工作，從頭到尾必須由我獨立完成	☐	☐	☐	☐	☐
12. 工作本身幾乎不能讓我知道自己是否表現良好	☐	☐	☐	☐	☐
13. 工作給我相當大的機會，以便獨力自由地工作	☐	☐	☐	☐	☐
14. 就整體性而言，我的工作並不是非常重要	☐	☐	☐	☐	☐

　　算一算你勾選的題項的分數，非常同意5分、同意4分、普通3分、不同意2分、非常不同意1分，瞭解一下你目前工作或任務的激勵性：

1. 將第1題和第5題，加總後平均→為「技能多樣性」得分。

2. 將第2題、第3題和第11題，加總後平均→為「任務完整性」得分。

3. 將第4題、第7題、第10題和第12題，加總後平均→為「任務重要性」得分。

4. 將第6題、第9題和第13題，加總後平均→為「工作自主性」得分。

5. 將第8題和第14題，加總後平均→為「工作回饋性」得分。

　　最後再依下例公式計算你工作或任務的活力激勵指數有多高！

$$MPS = \left(\frac{技能多樣性 + 任務完整性 + 任務重要性}{3} \right) \times 工作自主性 \times 工作回饋性$$

全華圖書
組織行為
團體討論、自我評估量表
CH10 團體決策

得　分

班級：_____
學號：_____
姓名：_____

團體討論

　　某一物業管理公司的客戶服務部門具有相當高的凝聚力，主管的意見經常受到高度重視。在某次客訴案件會議，討論的客訴問題是社區總幹事被要求更換。客戶提出更換的理由是不勝任，並未進一步說明不適任的具體事項與理由。客服部門主管認為顧客至上，隨即主張應該撤換總幹事以平息客戶抱怨。會議中全體成員一致通過撤換的決策。在討論會議中，小周保持沉默不語。

　　小周雖然知道該總幹事被要求撤換的原因是總幹事懲處了社區清潔員小珠小姐，小珠長期利用上班時間為社區某一住戶打掃室內，引發其他住戶舉發，總幹事幾番指正並要求改善，小珠卻依然利用上班時間為該住戶打掃室內住屋，因而受到懲處，該住戶因而要求撤換總幹事。

　　撤換總幹事之後，社區其他幾名住戶則又提出不滿更換總幹事的客訴，而物業管理公司部分員工的士氣也受到打擊。

● 問題討論

1. 高凝聚力會對團體決策產生什麼樣的影響呢？

2. 客服部門主管在客訴會議上，一開始就提出自己的看法，對團體決策有什麼影響？如果你是該主管，你覺得應該如何主持該客訴會議呢？

自我評估量表

1. 為什麼團體決策能夠促進決策品質？

2. 為什麼團體決策能夠促進決策的執行？

3. 社會系統模式的意義？對決策會產生什麼影響？

4. 團體動力理論的主要論述是什麼？對團體決策有什麼影響？

5. 任務性衝突與關係性衝突的意義？分別對團體決策有何影響？

6. 團體決策有哪些優點與缺點？

7. 成功的團體決策容易遭致哪些困難？

8. 有效團體決策的原則有哪些？

9. 有效的團體決策步驟有哪幾項？

10.腦力激盪術、名目團體技術、以及德菲法是改善受他人干擾的哪些影響？

得　分	**全華圖書**

組織行為

團體討論、自我評估量表

CH11 領導與溝通

班級：_____

學號：_____

姓名：_____

團體討論

　　本章述及溝通的相關議題，同學可以完成下列二種遊戲。

1. 成語的比手劃腳。

2. 十人一組排成一列，進行傳話遊戲，由列首的同學將傳話內容逐一傳至列尾，最後再檢視排在列尾的同學所聽到的內容。遊戲可以將傳話內容分為簡單、複雜二種（也可口中含水），傳話的內容可以是一首歌詞、一段故事或餐廳裡的點菜內容。

　　簡單的如靜夜思：「床前明月光，疑是地上霜，舉頭望明月光，低頭思故鄉。」

　　複雜的內容，例如：「今天中午有貴賓來訪，必須訂便當34個，其中有

8個素的，26個葷的。貴賓不吃牛肉，總經理不吃豬肉，副總不吃魚，其他

可以隨意。便當11：30到，貴賓11：00到，記得至大門口迎接，直接帶至

總經理室，10：30前場地布置完成，桌布用紅色的，左邊放蘭花，右邊放插花，總經理喝咖啡，貴賓喝茶，副總喝熱開水，記得準備妥當。」

● 請同學討論：

1. 簡單和複雜的傳話內容，其溝通功效能有何不同？

2. 溝通過程中可能遇到的障礙。

3. 如何增進溝通的效能。

（請沿虛線撕下）

自我評估量表

下列評量是Fiedler發展出一「最不喜歡的共事者量表（least-preferred co-worker questionnaire, LPC）」，可以選擇一對象，想想和他共事的情形，這個對象可以是上司、部屬、朋友或是同學。

分數

	8	7	6	5	4	3	2	1		
1.令人愉快的									令人不快的	___
2.友善的									不友善的	___
3.拒絕的									接納的	___
4.緊張的									輕鬆的	___
5.遠離的									親密的	___
6.冷酷的									溫馨的	___
7.支持的									敵視的	___
8.枯燥無味的									有趣的	___
9.喜歡爭吵的									心平氣和的	___
10.憂鬱的									開朗的	___
11.開放的									防衛的	___
12.中傷人的									忠心的	___
13.不可信賴的									可信賴的	___
14.體貼的									不體貼的	___
15.壞心眼的									好心腸的	___
16.樂意承諾的									不易相交的	___
17.不誠懇的									誠懇的	___
18.親切的									不親切的	___

總分 _____

得 分

全華圖書
組織行為
團體討論、自我評估量表
CH12 衝突、權力與政治行為

班級：＿＿＿＿＿＿＿＿

學號：＿＿＿＿＿＿＿＿

姓名：＿＿＿＿＿＿＿＿

團體討論

　　2018年3月2日由國立清華大學原子科學院院長李敏、黃士修和中華民國醫學物理學會理事廖彥朋共同發起（黃士修領銜）提出全國性公投案「您是否同意：為避免非核家園政策所導致之空氣污染與生態浩劫，應廢除電業法第95條第一項；以終止非核家園政策，重啓核電機組，進而保障人民享有不缺電、不限電、不斷電與低廉電價的自由？」，即為「廢除電業法95條之1」案。

● 問題討論：

1. 試說明此公投議題是屬於哪種類型衝突。

2. 請評論支持與反對的立場。

3. 如何能夠化解核支持與反對的立場？

自我評估量表

　　你的衝突處理方式為何？

　　當你面臨衝突時，你通常會如何處理？下列共有20個選項，每題請依自己發生的頻率，依程度給分，常常如此5分、偶爾如此4分、少數如此2分、從來不會1分。

		常常如此	偶爾如此	少數如此	從來不會
1.	我會試圖將所有問題公開，以尋求最佳的解決方法				
2.	我會試著滿足他人的期望				
3.	我會試著得到雙方同意的解決方式				
4.	我會試著把個人需求放在第一順位				
5.	我試著不發表自己不同的意見				
6.	我會鼓勵他人充分表達他們感覺與看法				
7.	我會迎合他人的意見				
8.	我會尋找中間地帶以求解決意見不一的情形				

（請沿虛線撕下）

		常常如此	偶爾如此	少數如此	從來不會
9.	當意見不同發生時，我會堅持自己對事情的看法				
10.	我避免公開的討論爭論性的問題				
11.	我會努力從問題中學習				
12.	我會試著降低自己的需求，來維持和他人的關係				
13.	我會妥協達到雙方都可接受的狀況				
14.	我會希望別人讓步，但是不希望自己讓步				
15.	我會以忽視的方式當作問題不存在				
16.	我會公開分享事情與問題				
17.	我會試著盡我的力量來滿足他人的計畫				
18.	我會為了打破僵局而建議雙方妥協				
19.	我會想辦法讓其他人接受我的意見				
20.	我會遠離衝突，避免當大家的焦點				

計分標準如下，看看你那一型所得的分數最高。

合作型：1、6、11、16題 ＿＿＿＿＿＿＿＿＿＿。
順應型：2、7、12、17題 ＿＿＿＿＿＿＿＿＿＿。
妥協型：3、8、13、18題 ＿＿＿＿＿＿＿＿＿＿。
競爭型：4、9、14、19題 ＿＿＿＿＿＿＿＿＿＿。
逃避型：5、10、15、20題 ＿＿＿＿＿＿＿＿＿＿。

得　分

全華圖書
組織行為
團體討論、自我評估量表
CH13 組織結構與設計

班級：_____
學號：_____
姓名：_____

團體討論

創業之初運作良好，為什麼現在就不行了？

　　鈞益公司在5年前由張氏三兄弟合資成立，是一家傳統的生產代工公司。公司創立之初，三兄弟共同分擔公司事務，因為二哥為技術出身，因此技術生產方面的工作則由二哥負責督導，市場開發與銷售則由三弟負責，而大哥負責所有公司內部管理相關事宜，舉凡人事、總務和會計。

　　公司剛起步時，全公司員工含三兄弟僅有10人，雖然生產、行銷和內部管理由三兄弟分別監督與管理，但因公司所有產、銷事務三兄弟均相當熟悉，又是自家親兄弟，因此公司任何問題，員工也就自然而然地找三位中的任何一位尋求解決，而事情也都能順利、快速地獲得改善。因創立之初，其他7位員工隨時因應公司業務量而隨時調整工作，有時趕工急著出貨時，10位員工也都投入生產工作，大家齊心齊力，漸漸地公司業務量逐漸增大。

　　隨著公司的發展，5年後公司已成長為擁有近50位員工的公司，但近來公司常發生一些衝突，其中4名創業元老常抱怨有時需監督生產現場、有時需催促原物料、有時需要拜訪客戶、有時又需要緊急處理產品瑕疵問題，弄得這4名元老常自我開玩笑地說：「下星期的工作在哪？」，而其他員工也順應地答說：「您就貴人多幫點吧！您可是元老！」

　　除此之外，員工也抱怨有問題不知問誰，客戶訂單規格改變時，常常三弟接了訂單，直接下命令生產現場變更，但今天說變，隔天早上二哥又改變命令，發現機器規格無法馬上配合，此批訂單必須下星期才能生產，老員工也抱怨，為什麼以前遇到問題隨便找誰都能順利解決，現在呢？得到問題解決的答案都不樣，我們該聽誰的？

　　為什麼過去都可以，現在就不行了？問題應該如何解決？

自我評估量表

比較適合機械式組織？還是有機式組織？

以下問題是問你對於人性的假設？ 下列有八個題目各有兩個句子，回答時請選出最符合你自己的句子。

1. a.如果工作符合我的需求，我就會努力工作。

b.我會自動自發工作，不需要告訴我太多。

2. a.我不喜歡擔負工作責任。

b.我避免工作責任是因為我不知道工作的意義。

3. a.我不是一個有創造力的人。

b.我非常有創造力。

4. a.我是個基層員工，我的觀點毫無價值的。

b.我是個基層員工，但我的想法可能變成好的建議。

5. a.我如果知道得越多，越需要被督促。

b.我如果知道得越多，越能自動自發。

6. a.薪資多寡會影響我的工作投入。

b.工作越有趣，我會不在乎薪資。

7. a.我認為當主管承認員工是對的，會降低主管自己的威望。

b.我認為當主管承認員工是對的，反而能建立主管自己的威望。

8. a.我認為懲罰員工，才能提高員工的工作水準。

b.我認為原諒員工的錯誤，才能提高工作水準。

● 評分

1. 選a者得1分，選b者得0分，加總8題後，分數對為0分，最高分為8分。表示你較會傾向偏好機械式組織的分數。

2. 用8減去將上述得分，表示你較會傾向偏好有機式組織的分數。

● 討論

1. 你較偏好哪一種組織？

2. 你偏好的組織和你現在工作、或是過去工作的公司組織相似嗎？

3. 呈第2題，如果偏好相似，你工作起來較愉快嗎？若是不相似，你的心情又是如何？

得　分	**全華圖書**	班級：＿＿＿＿＿＿＿
	組織行為	
	團體討論、自我評估量表	學號：＿＿＿＿＿＿＿
	CH14 組織文化	姓名：＿＿＿＿＿＿＿

團體討論

不同的兩個事業部，屬於同一家公司嗎？

　　冠彩是一家歷史悠久的塗料公司，成立至今已經35年了，在業界享有品質與服務優良的口碑，公司創辦人（員工稱其為老董事長）相當善待公司員工，公司薪資和福利也都不錯，因此公司員工平均年資有15年以上。

　　就在15年前老董事長鑑於公司發展的需要，以及高科技技術發展的趨勢，成立另一個奈米塗料事業部，這是一個高科技產業，由老董事長的大兒子李智擔任事業部的總經理，而原有的塗料事業部由二兒子李仁擔任總經理，彼此兩個事業部獨立運作。

　　但5年前，也就是奈米塗料事業部成立10年後，李智總經理因個人因素離開公司經營層，老董事長為便於公司的營運與管理，決定由李仁擔任董事長兼總經理，掌管兩個事業部。合併經過5年後，公司員工還是以「我們」、「他們」稱呼兩個不同的事業部，造成公司內部溝通與協調的問題，甚至規章制度的修正每每遭遇更大的挑戰，每個事業部都說：「過去我們這樣都運作得好好的，為什麼要改，他們的辦法根本不適合我們！」；塗料事業部會說：「我在公司都20年了，他來公司才5年，根本不懂公司的文化是什麼？」；而奈米塗料事業部也說：「都已經是21世紀，還堅持那些古板的想法，一點也不懂得改變，遲早會被淘汰！」

　　總經理不經懊惱地說：「已經合併5年了，同屬一家公司，為什麼員工還是覺得分屬二個不同的公司？」

　　從過去的歷史來看，塗料事業部已經成立35年，從事傳統塗料的生產與銷售，員工年紀較大、資歷深，行事均依公司規章制度，或是由主管協調與下命令解決，是傳統的科層組織，偏向機械式組織。而奈米塗料事業部是個新事業，又是高科技產業，員工偏向年輕，加上李智經理的行事作風較美式，決策常常依協調而來，組織偏向扁平化，是個有機式組織。

　　如今合併5年了，雖是不同的事業部，為什麼不像同一家公司，到像是二家完全不相干的公司？問題出在那兒？雖然合併了，組織圖也畫在一起了，如何讓「員工的心」也合併？

自我評估量表

　　組織與個人價值觀的適合度愈高，個人愈能適應組織，未來呈現高工作績效的機率也會比較高。以下的問題可以測量你所偏好的組織文化，試著填填看，藉此瞭解一下自己偏好的組織文化為何？

　　以下問題總共有六個題組，每個題組有四個敘述句，請依你個人的感覺，覺得自己偏好的文化的偏好度如何。

　　每個題組的敘述句是獨立分別計分的，請依偏好程度由1至100分給分，數值愈高表示偏好程度愈高，每個題組的總分為100分。

題組一：你個人偏好的公司是	相似程度
A.非常個人化的地方，如大家庭，員工願意分享許多他們自己的事	
B.非常有活力和企業精神的地方，員工願意勇於冒險	
C.非常重視「結果導向」，主要關注工作的完成與否，員工非常競爭及成就導向	
D.非常具控制性和結構化的地方，通常以正式的規則統管員工的行動	
	100
題組二：你個人偏好的公司領導風格是	相似程度
A.通常重視：師徒式傳授、協助或培育方式等典型	
B.通常重視：追求企業家精神、創新或冒險等典型	
C.通常重視：實際高效率行為、有積極進取精神、明確結果導向等典型	
D.通常重視：具協調性、井然有序或平穩有效率運作等典型	
	100
題組三：你個人偏好的公司管理類型是	相似程度
A.具有團隊工作、共同的理念與共享的特徵	
B.具有個人冒險、創新、自主性和獨特性的特徵	
C.具有強烈驅使的競爭能力、高度要求和成就感的特徵	
D.具有就業保障、一致性、可預測性和穩定關係的特徵	
	100

題組四：你個人認為公司凝聚力量是	相似程度
A.忠誠度及彼此之間的信賴感，對組織運作的高度支持	
B.支持創新與發展，強調尖端先進	
C.強調成就感和目標的實現	
D.正式的規定和政策，而維持組織運作順暢最重要	
	100

題組五：你個人認為的公司應該是	相似程度
A.強調人的發展、堅持高度信任、公開及參與性	
B.強調獲取新的資源及創造新的挑戰，重視嘗試新事物和開創機會	
C.強調競爭性的行為和成就，努力達到目標和贏得市場很重要	
D.強調永續及穩定，效率、控制和穩健的運作很重要	
	100

題組六：你個人認為公司定義「成功」是	相似程度
A.建立在人力資源的發展、團隊工作、員工承諾和對人員關心的基礎上	
B.建立在擁有最具獨特性或最新型的產品，為產品的領導者和創新者的基礎上	
C.建立在占有市場及超越競爭者的基礎上；具競爭性的市場領導才能為是關鍵	
D.建立在效率的基礎上；如預期交貨、使排程流暢和低成本的生產不可或缺	
	100

接著：

請將各題組的A題加總，得到A的總分為：＿＿＿＿＿＿。

請將各題組的B題加總，得到B的總分為：＿＿＿＿＿＿。

請將各題組的C題加總，得到C的總分為：＿＿＿＿＿＿。

請將各題組的D題加總，得到D的總分為：＿＿＿＿＿＿。

　　如果你A總分得分較高，則你偏好的組織文化為：家族型文化。組織具有人情味、重視授權、參與、高度忠誠度，這是一個有佳的感覺的組織文化。

　　如果你B總分得分較高，則你偏好的組織文化為：專案型文化。組織中大部分人員擔任暫時性、專門性的工作，這是一個強調彈性、創造力的公司。

　　如果你C總分得分較高，則你偏好的組織文化為：市場型文化。組織外部環境比較不利於公司，組織文化偏向追求利潤、創造競爭優勢，組織呈現一種強調贏的氣氛。

　　如果你D總分得分較高，則你偏好的組織文化為：官僚型文化。組織重視效率，講究標準化，外部競爭環境穩定。

得　分

組織行為
團體討論、自我評估量表
CH15 組織變革與發展

班級：＿＿＿＿＿＿＿＿＿

學號：＿＿＿＿＿＿＿＿＿

姓名：＿＿＿＿＿＿＿＿＿

團體討論

　　聯合新聞網（2021/09/16）報載指出，美國銀行（BofA）策略師發表一份稱為科技「登月計劃」的全新清單，要幫投資人找到下一個亞馬遜（Amazon）或蘋果（Apple）。由於創新加速，現有企業以更快的速度被取代，美銀的數據顯示，以標普 500 指數成分公司的壽命為例，1958 年公司的平均壽命為 61 年，到 2016 年縮短至 24 年，預計 2027 年時更將減半至只有 12 年。

● 問題討論

1. 組織的平均壽命大幅縮短的原因為何？

2. 如何從事變革？可能遭遇的困難是什麼？變革成功的關鍵因素是什麼？

自我評量量表

一、請您就目前工作情形，請勾選出您對工作壓力的看法：

1. 您覺得您的工作壓力造成生活上的困擾嗎？

　一向有(1)　　　當然有(2)　　　有時有(3)　　　很少有(4)　　　從未有(5)

二、請您就目前工作的自主性感受，請勾選出您對每一個敘述的同意程度。

2. 在工作中，我需要學習新的事物。

　很不同意(1)　　　不同意(2)　　　同意(3)　　　很同意(4)

3. 在工作中，我做很多重複性的事。

　很不同意(1)　　　不同意(2)　　　同意(3)　　　很同意(4)

4. 在工作中，我必須具有創意（新點子）。

　很不同意(1)　　　不同意(2)　　　同意(3)　　　很同意(4)

5. 在工作中，很多事我可以自己作主。

　很不同意(1)　　　不同意(2)　　　同意(3)　　　很同意(4)

6. 我的工作需要高度的技術。

　很不同意(1)　　　不同意(2)　　　同意(3)　　　很同意(4)

7. 對於如何執行我的工作，我沒有決定權。

　很不同意(1)　　　不同意(2)　　　同意(3)　　　很同意(4)

8. 在工作中，我做各式各樣不同的事。

很不同意(1)　　不同意(2)　　同意(3)　　很同意(4)

9. 對於工作上發生的事，我的意見具有影響力。

很不同意(1)　　不同意(2)　　同意(3)　　很同意(4)

10. 在工作中，我有機會發展自己特殊的才能。

很不同意(1)　　不同意(2)　　同意(3)　　很同意(4)

三、請就您對目前工作上的工作負荷感受，請勾選出您對每一個敘述的同意程度。

11. 我的工作需要我做事做得很快。

很不同意(1)　　不同意(2)　　同意(3)　　很同意(4)

12. 我的工作很耗費體力。

很不同意(1)　　不同意(2)　　同意(3)　　很同意(4)

13. 我的工作不會過量。

很不同意(1)　　不同意(2)　　同意(3)　　很同意(4)

14. 我有足夠的時間來完成工作。

很不同意(1)　　不同意(2)　　同意(3)　　很同意(4)

15. 我不會被不同的人要求做互相抵觸的工作。

很不同意(1)　　不同意(2)　　同意(3)　　很同意(4)

四、請就您對目前工作上的工作場所人際關係，請勾選出您對每一個敘述的同意程度。

16. 我的主管會關心部屬的福利。

很不同意(1)　　不同意(2)　　同意(3)　　很同意(4)

17. 我的主管會聽取我的意見。

很不同意(1)　　不同意(2)　　同意(3)　　很同意(4)

18. 我的主管能幫助部屬做事。

很不同意(1)　　不同意(2)　　同意(3)　　很同意(4)

19. 我的主管能組織部屬來推動工作。

很不同意(1)　　不同意(2)　　同意(3)　　很同意(4)

20. 我的同事很稱職。

很不同意(1)　　不同意(2)　　同意(3)　　很同意(4)

21. 我的同事會關心我。

很不同意(1)　　不同意(2)　　同意(3)　　很同意(4)

22. 我的同事很友善。

很不同意(1)　　不同意(2)　　同意(3)　　很同意(4)

23. 我的同事需要時會幫忙我的工作。

很不同意(1)　　不同意(2)　　同意(3)　　很同意(4)

五、就您對目前工作滿意情形，請勾選出您的看法。

24. 整體而言，您對現在的工作感覺滿意。

很不滿意(1)　　不太滿意(2)　普通(3)　　　滿意(4)　　　很滿意(5)

資料來源：行政院勞工委員會，勞工工作壓力檢測http://data2.iosh.gov.tw/pressurenew/

（請沿虛線撕下）

（請由此線剪下）

歡迎加入 全華會員

● 會員獨享

會員購書折扣、紅利積點、生日禮金、不定期優惠活動…等。

● 如何加入會員

掃 ORcode 或填妥讀者回函卡直接傳真 (02) 2262-0900 或寄回，將由專人協助登入會員資料，待收到 E-MAIL 通知後即可成為會員。

如何購買 全華書籍

1. 網路購書

全華網路書店「http://www.opentech.com.tw」，加入會員購書更便利，並享有紅利積點回饋等各式優惠。

2. 實體門市

歡迎至全華門市（新北市土城區忠義路 21 號）或各大書局選購。

3. 來電訂購

(1) 訂購專線：(02) 2262-5666 轉 321-324

(2) 傳真專線：(02) 6637-3696

(3) 郵局劃撥（帳號：0100836-1　戶名：全華圖書股份有限公司）

※ 購書未滿 990 元者，酌收運費 80 元。

OpenTech.com.tw 全華網路書店

全華網路書店 www.opentech.com.tw
E-mail: service@chwa.com.tw

※ 本會員制如有變更則以最新修訂制度為準，造成不便請見諒。

讀者回函卡

掃 QRcode 線上填寫 ▶▶

姓名：

電話：(　　　)　　　　　　　手機：

e-mail：(必填)

生日：西元　　　年　　　月　　　日　性別：□男 □女

通訊處：□□□□□

學歷：□高中・職　□專科　□大學　□碩士　□博士

職業：□工程師　□教師　□學生　□軍・公　□其他

學校/公司：　　　　　　　　　科系/部門：

· 需求書類：

□A. 電子 □B. 電機 □C. 資訊 □D. 機械 □E. 汽車 □F. 工管 □G. 土木 □H. 化工 □I. 設計

□J. 商管 □K. 日文 □L. 美容 □M. 休閒 □N. 餐飲 □O. 其他

· 本次購買圖書為：　　　　　　　　書號：

· 您對本書的評價：

封面設計：□非常滿意 □滿意 □尚可 □需改善，請說明

內容表達：□非常滿意 □滿意 □尚可 □需改善，請說明

版面編排：□非常滿意 □滿意 □尚可 □需改善，請說明

印刷品質：□非常滿意 □滿意 □尚可 □需改善，請說明

書籍定價：□非常滿意 □滿意 □尚可 □需改善，請說明

整體評價：請說明

· 您在何處購買本書？

□書局 □網路書店 □書展 □團購 □其他

· 您購買本書的原因？(可複選)

□個人需要 □公司採購 □親友推薦 □老師指定用書 □其他

· 您希望全華以何種方式提供出版訊息及特惠活動？

□電子報 □DM □廣告 (媒體名稱　　　　　　)

· 您是否上過全華網路書店？(www.opentech.com.tw)

□是 □否　您的建議

· 您希望全華出版哪方面書籍？

· 您希望全華加強哪些服務？

感謝您提供寶貴意見，全華將秉持服務的熱忱，出版更多好書，以饗讀者。

填寫日期：　　/　　/

2020.09 修訂

註：數字零，請用 Φ 表示，數字 1 與英文 L 請另註明並書寫端正，謝謝。

親愛的讀者：

感謝您對全華圖書的支持與愛護，雖然我們很慎重的處理每一本書，但恐仍有疏漏之處，若您發現本書有任何錯誤，請填寫於勘誤表內寄回，我們將於再版時修正，您的批評與指教是我們進步的原動力，謝謝！

全華圖書　敬上

勘 誤 表

書號		書名		作者
頁數	行數		錯誤或不當之詞句	建議修改之詞句

我有話要說： (其它之批評與建議，如封面、編排、內容、印刷品質等...)